Martin Hilb · Integriertes Personal-Management

Martin Hilb

Integriertes Personal-Management

Ziele – Strategien – Instrumente

19. Auflage

Luchterhand
eine Marke von Wolters Kluwer Deutschland

Bibliografische Information der Deutschen Nationalbibliothek

Die Deutsche Nationalbibliothek verzeichnet diese Publikation in der Deutschen Nationalbibliografie; detaillierte bibliografische Daten sind im Internet über http://dnb.d-nb.de abrufbar.

Anmerkung zur Schreibweise in diesem Buch:
Um die Lesbarkeit des Textes nicht zu erschweren, werden alle Personenbenennungen in der männlichen Form gehalten und sind als Kurzform für beide Geschlechter gedacht.

ISBN 978-3-472-07537-0

www.wolterskluwer.de
www.personalwirtschaft.de

Lektorat: Richard Kastl
Herstellung: Michael Dullau

Umschlaggestaltung: Konzeption & Design, Köln
Cover-Illustration: Ute Helmbold, Essen
Satz: Satz-Offizin Hümmer GmbH, Waldbüttelbrunn
Druck: Wilhelm & Adam OHG, Heusenstamm

Gedruckt auf säurefreiem, alterungsbeständigem und chlorfreiem Papier.

Vorwort zur 19. Auflage

Fünfzehn Jahre nach der Erstveröffentlichung dieses Buches erscheint es jetzt in der 19. Auflage.

Wir danken allen unseren Lesern, die zu diesem Erfolg beigetragen und uns zahlreiche wertvolle Anregungen zur Verbesserung des Buches gegeben haben.

Mit diesem Buch wird ein allwettertaugliches, integriertes Konzept des Personalmanagements vorgestellt, das der Autor bereits in verschiedenen Unternehmen unterschiedlicher Größe, Branche und Länderkultur eingeführt und erprobt hat.

Es handelt sich bei diesem Konzept um (wie es Hans Ulrich gefordert hat) ein »Leerstellengerüst für Sinnvolles«, das wir für verschiedene Zielgruppen entwickelt und in verschiedenen Sprachen (zuletzt in russisch) herausgegeben haben.

Dieses Praxismodell entspricht der Forderung Antoine de Saint-Exupérys: »Vollkommenheit entsteht ... nicht dann, wenn man nichts mehr hinzuzufügen hat, sondern wenn man nichts mehr wegnehmen kann.«

Das Buch richtet sich gleichermaßen an forschungsinteressierte Unternehmer, Personal- und Linienverantwortliche als auch an praxisinteressierte Personalwissenschaftler und Studierende der Betriebswirtschaftslehre (Führungsnachwuchs).

Ein besonderer Dank gilt Knut Bleicher, Jan Krulis-Randa, Roman Lombriser, Marcel Oertig, Stephan Wittmann und Rolf Wunderer für die zahlreichen wertvollen Anregungen, Petra Ewald und Brigitte Meienberger für die professionelle Gestaltung und dem Verlag für die sorgfältige verlegerische Betreuung dieses Buches.

St. Gallen, im September 2009   Martin Hilb

Abbildung I: Titelblatt der vietnamesischen Ausgabe (2003 in 2. Auflage), der chinesischen Ausgabe (2004 in 1. Auflage) und der russischen Ausgabe (2006 in 1. Auflage)

Was will dieses Buch?

Wir wollen mit dieser Publikation erreichen, dass sich möglichst viele Organisationen gemäß Abbildung II in Richtung Soll-Zustand bewegen, in dem Vor-GeNetzte (statt Vor-GeSetzte) mit breiten Vertrauens- (und nicht mit Kontroll-)Spannen Mit-Unternehmer (und nicht Unter-Gebene) führen.

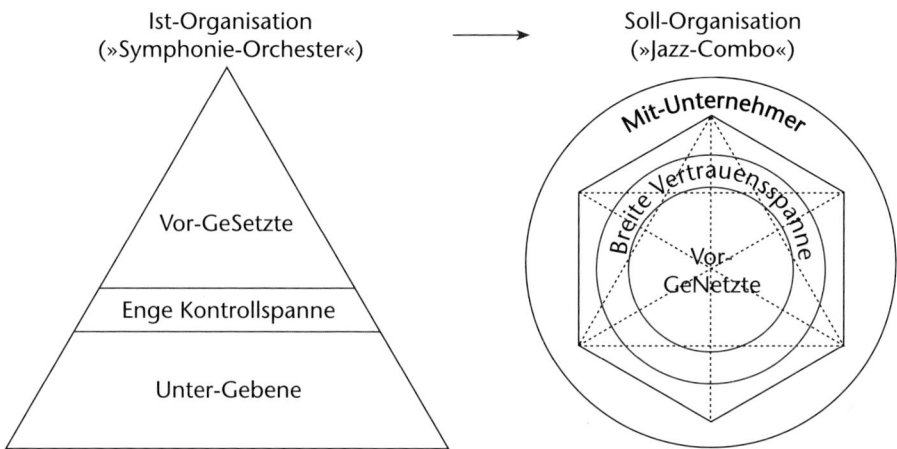

Abbildung II: Von der Ist- zur Soll-Organisation

Ziel ist die Entwicklung von Organisationen mit möglichst vielen »Humanen Mit-Unternehmern«, die sich so verhalten, als ob ihnen die Firma selbst gehört. Solche »Jazz-Combo-Unternehmen« meiden folgende Personalgruppen (vgl. Abbildung III):

- »Bunte Vögel«, die nur Visionen ohne Aktionen und damit Illusionen entwickeln,
- »Graue Mäuse«, die in blindem Aktionismus arbeitssüchtig tätig sind, ohne zu wissen warum,
- »Innerlich Gekündigte«, die auf Engagement bewusst oder unbewusst verzichten und visions- und aktionslos »Dienst nach Vorschrift« leisten.

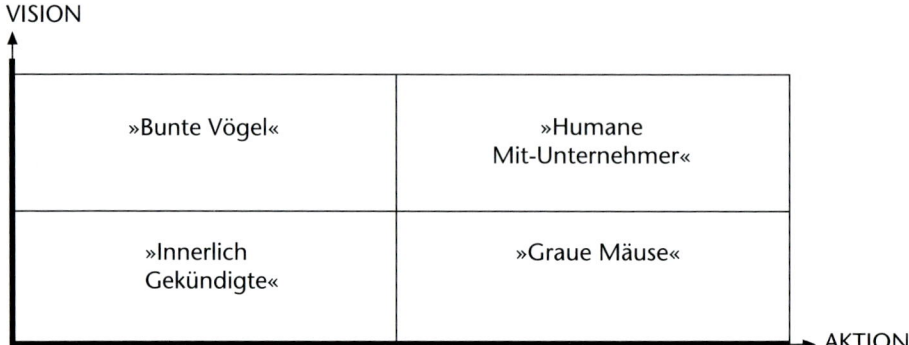

VISION

»Bunte Vögel«	»Humane Mit-Unternehmer«
»Innerlich Gekündigte«	»Graue Mäuse«

AKTION

Abbildung III: Visionen ohne Aktionen bleiben Illusionen

»Humane Mit-Unternehmer« sind kompetente, engagierte und integere Arbeitspartner, die sich auszeichnen durch »a cool head, a warm heart and working hands« und über eine ausgeprägte Gestaltungs-, Handlungs- und Sozial-Kompetenz verfügen (gemäss Abbildung IV).

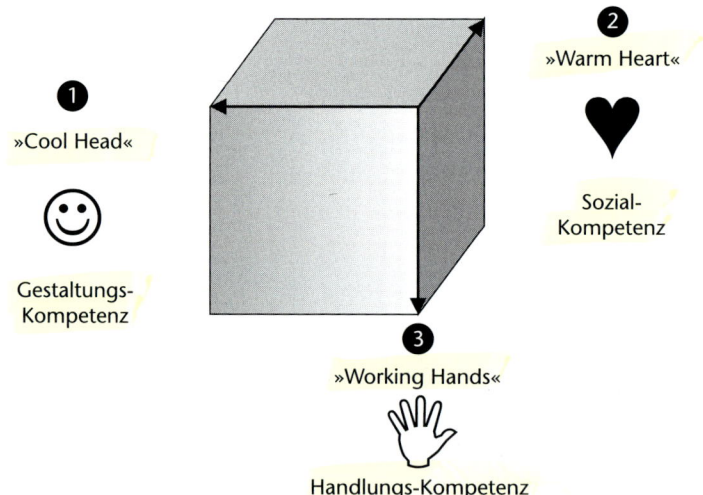

①

»Cool Head«

☺

Gestaltungs-Kompetenz

②

»Warm Heart«

♥

Sozial-Kompetenz

③

»Working Hands«

🖐

Handlungs-Kompetenz

Abbildung IV: Dimensionen des »Humanen Mit-Unternehmers«

Humane Mit-Unternehmer unterscheiden sich von brutalen Mit-Unternehmern (»Mafiosis«) dadurch, dass sie über Integrität (einer Hauptkomponente der Sozial-Kompetenz[1]) verfügen. Brutale Mit-Unternehmer weisen häufig »a cool heart, a hot head and passive hands« auf.

---

1 Wir unterscheiden bei der »Sozial-Kompetenz« folgende drei Kompetenzebenen: – Emotionale Intelligenz – Soziale Intelligenz – Integrität

Zum aktuellen Stand des Personalmanagements

Manche namhafte Unternehmen müssen sich gegenwärtig auf defensive Personalstrategien einstellen.

Krisen können dabei (nach Glasl) als »Geburtshelfer . . . der geistigen, sozialen und materiellen Entwicklung« dienen. Mit anderen Worten: Wo kein Mangel herrscht, gibt es häufig auch kein wirksames (Ver-)Lernen und keine langfristige Entwicklung. Dies gilt für Menschen, Organisationen und Nationen gleichermaßen.

Was heißt dies für das Personalmanagement?

Wir wissen, dass der Entwicklungsstand des Personalwesens in Theorie und Praxis noch in den Kinderschuhen steckt. Die Gefahr besteht darin, dass viele Unternehmen, die sich gegenwärtig in einer Schlechtwetterlage befinden, nun versuchen, sich verstärkt auf kurzfristige – und damit häufig auf kurzatmige – Personalmaßnahmen zu konzentrieren.

Es sind dies meist Organisationen, die in der Schönwetterperiode nach der Devise: »Wir kochen auch mit Wasser – drum brauchen wir weiterhin einen Wasserkopf!« oder gemäß Abbildung V nach dem Motto: »Fat and happy« operiert haben. Die in der folgerichtigen Schlechtwetterperiode häufig vorgenommene 180°-Kehrtwende nach dem Motto: »Lean and mean« ist zwar aufsehenerregend, aber meist kurzsichtig. Nicht »Entweder–Oder«-, sondern »Sowohl-als-auch«-(Allwetter-)Strategien nach dem Motto: »Fit and happy« sind gefragt.

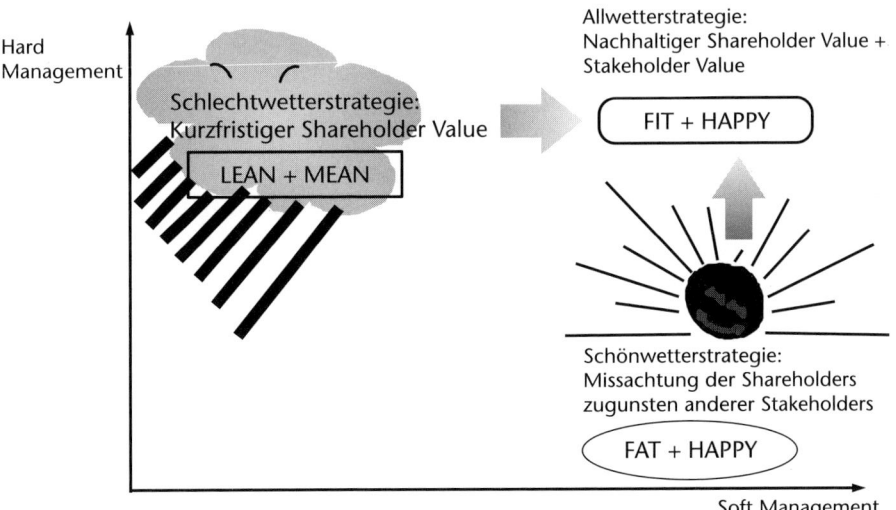

Abbildung V: Allwetterstrategie des Personalmanagements

Für das Personalmanagement heißt dies: Nicht entweder Organisationsentwicklung in Schönwetter- oder Bombenwurfstrategie in Schlechtwetterzeiten, sondern allwettertaugliche integrierte Konzepte sind gefragt.

Dies ergab auch eine empirische Untersuchung, die große Unterschiede zwischen ganzheitlich erfolgreichen und weniger erfolgreichen Unternehmen ermittelte:

»Weniger erfolgreiche Unternehmen praktizieren ein personalwirtschaftliches Krisenmanagement im Sinne eines ›shot-gun approach‹. Auf aktuelle Probleme wird kurzfristig und punktuell reagiert. Die Mitarbeitenden werden als disponible Faktoren betrachtet.

Demgegenüber kann bei den erfolgreichen Unternehmen eine integrierte (allwettertaugliche) Personalstrategie nachgewiesen werden. Die gesetzten Maßnahmen sind untereinander (horizontal) integriert, langfristig orientiert und mit der Unternehmensstrategie abgestimmt (vertikale Integration). Die Mitarbeiter werden als kritische Erfolgsfaktoren angesehen.« (Elsik)

Inhaltsverzeichnis

1
Einführung

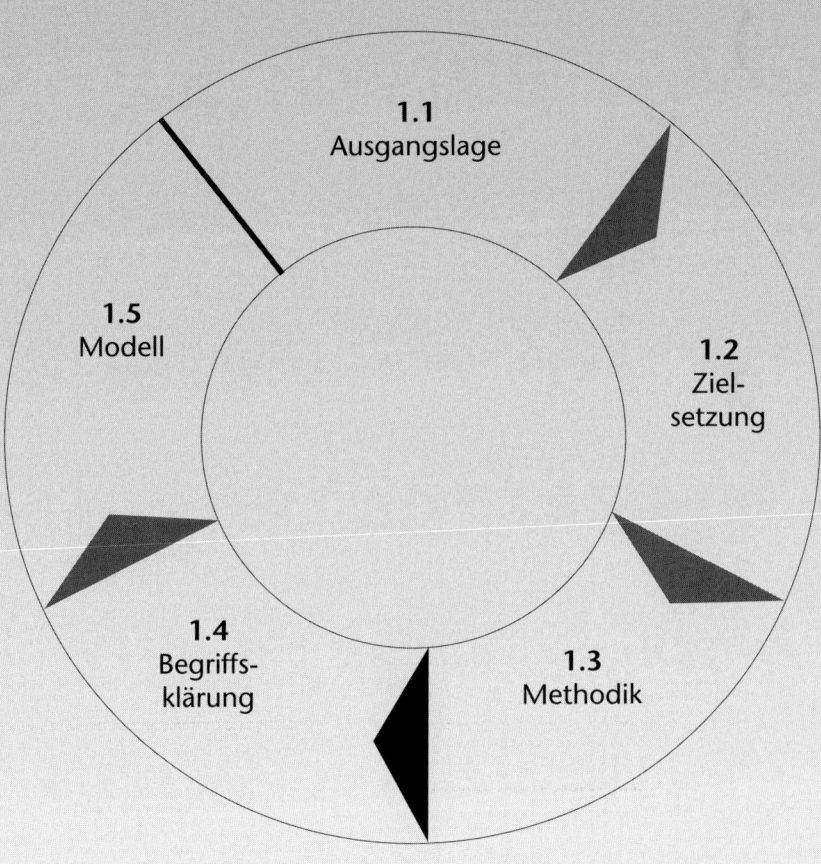

1.1
Ausgangslage

1.5
Modell

1.2
Ziel-
setzung

1.4
Begriffs-
klärung

1.3
Methodik

1.1 Ausgangslage

Aufgrund der Analyse der Ergebnisse neuer empirischer Studien[1] lassen sich folgende ausgeprägte Schwachstellen der **Personalmanagement-Praxis** identifizieren:

- Ungenügende Ausrichtung des Personalmanagements auf ein Unternehmensleitbild, das ganzheitlich auf die relevanten Anspruchsgruppen ausgerichtet ist.
- Mangelnde horizontale Integration der wichtigsten Personalmanagementfunktionen (wie Gewinnung, Beurteilung, Honorierung und Entwicklung von Mitarbeitenden).
- Fehlende Involvierung von Linienverantwortlichen und Mitarbeitenden bei der Entwicklung und Umsetzung der Personalmanagementkonzepte.
- Zu wenig objektive Erfolgsevaluation der Personalmanagementaktivitäten.

Personalmanagementkonzepte lassen sich anhand der beiden Dimensionen »Zeitliche Nutzenwirkung« und »Aktivitätsniveau« beschreiben.

Der Entwicklungsstand des Personalmanagements geht dabei selten über die Entwicklungsstufe 3 in Abbildung 1 hinaus.

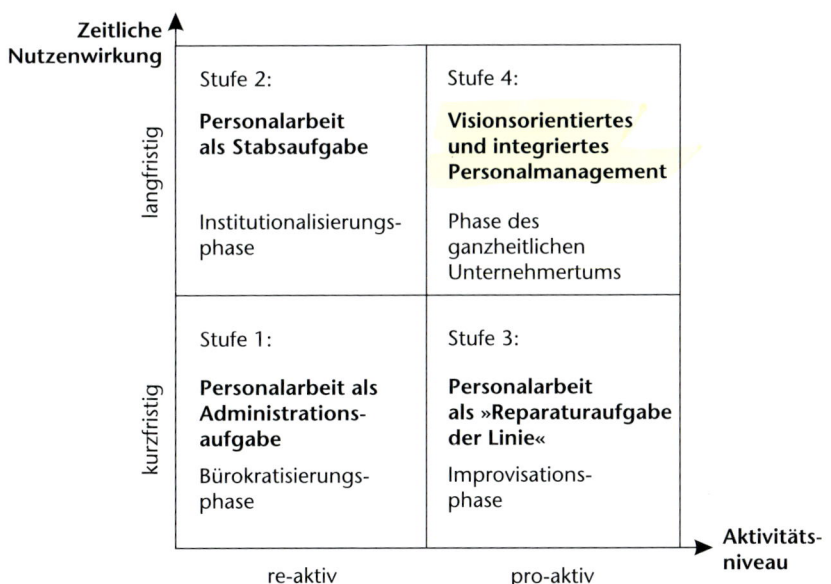

Abbildung 1: Entwicklungsstufen des Personalmanagements[2]

---

1 Vgl. z. B. Brewster et al. (1995) und Laukamm/Walsh (1986, S. 98).
2 Vgl. Freimuth (1990, S. 314), ferner Wunderer (1992, S. 201 ff.) und Weber in: Weber/Weinmann (1989, S. 4 ff.).

3

Während auf der

- **Stufe 1** die Personalarbeit auf operative Aufgaben der Personalverwaltung beschränkt ist, zeichnet sich
- **Stufe 2** dadurch aus, dass Personalverantwortliche reaktiv auf Anordnung der Unternehmensleitung, jedoch ohne Involvierung der Linienverantwortlichen versuchen, einzelne langfristig angelegte Personalinstrumente isoliert einzuführen. Als Reaktion darauf ergibt sich häufig die
- **Stufe 3**, in der die Linienverantwortlichen die Sache proaktiv »selbst in die Hand nehmen« und die Personalarbeit improvisiert als »Reparaturaufgabe der Linie« eigenständig erledigen. Auf der Entwicklungs-
- **Stufe 4** ist der Personalverantwortliche als strategischer Partner und Mitglied des Unternehmensleitungsteams dafür verantwortlich, dass gemeinsam mit den Linienverantwortlichen und unter Involvierung der Mitarbeitenden ein visionsorientiertes Personalmanagementkonzept entwickelt, eingeführt und überprüft wird. Dies hilft mit, die Unternehmensvision zu verwirklichen und die Integration der wichtigsten Personalmanagementfunktionen zu gewährleisten.

Der Entwicklungsstand des Personalmanagements weist dabei je nach Landes-, Branchen- und Unternehmenskultur große Unterschiede auf[3].

Die Cranfield-Studie zum Entwicklungsstand des Personalmanagements innerhalb Europas hat ergeben, dass je nach dem Ausmaß der strategischen Orientierung und je nach dem Grad der Dezentralisierung der Personalfunktionen an Linienverantwortliche große Unterschiede bestehen (vgl. Abbildung 2).

---

3 Vgl. Brewster et al. (2000).

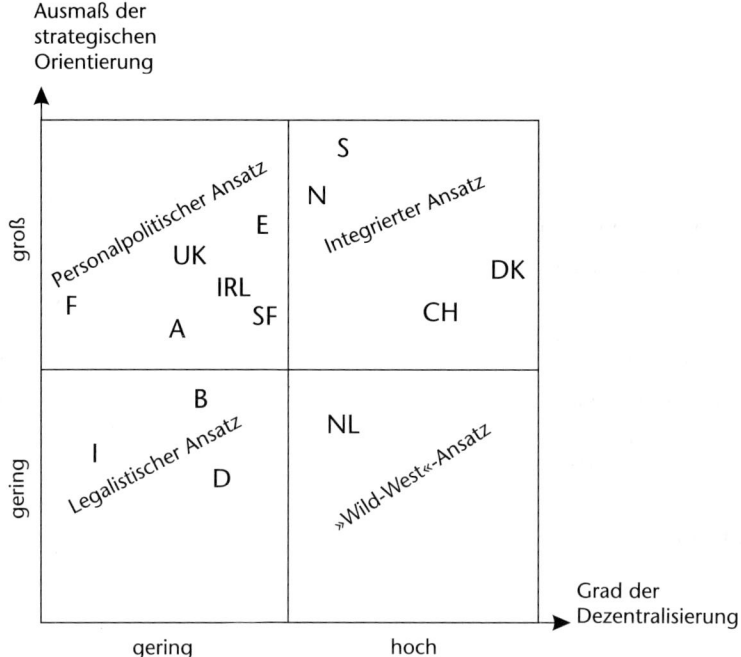

Ausmaß der
strategischen
Orientierung

Abbildung 2: Entwicklungsstand des Personalmanagements innerhalb Europas

In Abbildung 2 sind die Länder-Ergebnisse dieser »Euro-Personalmanagement-Umfrage« folgendermaßen zusammengefasst:

– Unternehmen in Italien, Belgien und Deutschland vertreten mehrheitlich den *mechanistisch-legalistischen Ansatz*. Zentrale Personalabteilungen erledigen (auf Anordnung, jedoch ohne umfassende Involvierung der Linienverantwortlichen) vorwiegend operative Personalaufgaben.

– Bei Unternehmen in Frankreich, Großbritannien, Irland, Finnland, Österreich und Spanien sind die Personalmanagementkonzepte meist strategisch ausgerichtet, wobei die Personalfunktionen zentral von der Personalabteilung wahrgenommen werden *(Personalpolitischer Ansatz)*.

– Unternehmen in den Niederlanden praktizieren vorwiegend den sog. *Wild-West-Ansatz*. Die wichtigsten Personalaufgaben werden mehrheitlich dezentral von den Linienverantwortlichen wahrgenommen.

– Bei Unternehmen in Schweden, Norwegen, Dänemark und der Schweiz wird häufig ein *integrierter Ansatz* angestrebt. Dabei wird versucht, die Personalfunktionen strategisch auszurichten und möglichst weitgehend dezentral durch die Linienverantwortlichen ausführen zu lassen.

Diese Trend-Ergebnisse sagen nicht aus, »... that all organizations in every country fit the ›typical mode‹: indeed there will probably be a range of all kinds of organization in each country. Nevertheless the country tendencies are clear.«[4]

Der Stand der **Forschung zum Thema Personalmanagement** lässt sich zusammenfassend wie folgt kennzeichnen:

»Es gibt auf der einen Seite Konzepte ohne empirische Präzisierung und auf der anderen Seite empirische Präzisierungen ohne Konzept....«[5]

Aufgrund der häufig ausgeprägten Spezialisierung und der fehlenden internationalen Personalmanagementerfahrung vieler Personalwissenschaftler zeichnet sich die Forschung durch einen Mangel an Ganzheitlichkeit, Integration und multikulturellen Vergleichsstudien aus[6].

So hat Hax dem Personalwesen »Theoriedefizite« vorgeworfen, die »sich der Integration in die betriebswirtschaftliche Theorieentwicklung sperrten«[7].

Wächter beklagt: »Statt die Praxis kritisch zu begleiten und ihr im allgemeinen konzeptionell und kreativ vorauszugehen, gibt es eine in ihrem Zustandekommen nicht nachzuvollziehende Zusammenstellung von Verfahren und Instrumenten, die dann irgendwie mit dem vorgestellten Konzept verbunden wird. Das Jäger- und Sammlerstadium haben wir noch nicht verlassen«[8].

Staehle/Karg sprechen denn auch abschätzig von einem »wissenschaftstheoretischen und interdisziplinären wissenschaftlichen Vorturnen«[9], da die »oft vorgestellten allgemeinen theoretischen und methodischen Konzepte ... erstaunlich folgenlos für die Beschreibung des Instrumentariums bleiben«[10]. Charakteristisch »für eine derartige Entwicklung ist der heute in der Personalmanagementtheorie vorherrschende Ansatzpluralismus und die damit einhergehende gewisse theoretische Beliebigkeit«[11].

Nach Elsik lassen sich trotz der Vielfalt dieser Personalmanagement-Konzepte in der Forschung folgende drei Schwachstellen identifizieren:

– Die Mehrzahl der Konzepte »nimmt kaum Rücksicht auf situative Unterschiede im Geltungsbereich und in den Anwendungsbedingungen«[12].

---

4 Vgl. Brewster/Larsen (1992, S. 425 ff.). Außerhalb Europas gelten Kanada (was den amerikanischen Kontinent betrifft) und Japan (was Asien betrifft) als die jeweils führenden Vertreter des integrierten Ansatzes. Vgl. hierzu den »United Nations Development Report 2000«, New York, S. 11.

5 Welge (1980, S. 57), vgl. ferner für den englischen Sprachraum Lingnick-Hall (1988, S. 454 ff.) und für den deutschen Sprachraum Ende (1982) und Wittmann (1993).

6 Vgl. Boxall (1992, S. 60). Als positives Beispiel vgl. z. B. Evans/Doz/Laurent (1989).

7 Hax in: Ordelheide et al. (1991).

8 Wächter (1992, S. 322).

9 Staehle/Karg (1981, S. 85).

10 Wächter (1981, S. 462 f.).

11 Wittmann (1993, S. 13).

12 Elsik (1992, S. 197).

6

– Die meisten Ansätze sind einseitig auf die Zielgruppen des oberen Managements ausgerichtet und vernachlässigen die anderen Personalgruppen.
– Die Mehrzahl der Beiträge orientiert sich einseitig an mechanistischen Konzepten der strategischen Planungslehre.
– Die meisten Modelle beschränken sich implizit auf die eigentümerorientierte
   Sichtweise und vernachlässigen die anderen relevanten Anspruchsgruppen
   des Unternehmens (wie Mitarbeitende, Kunden, Um- und Nachwelt).

Aufgrund dieser Ausgangslage der Personalmanagement-Praxis und -Forschung
lässt sich für dieses Buch folgende Zielsetzung ableiten:

1.2 Zielsetzung

In diesem Buch wird ein Ansatz vorgestellt, der das Personalmanagement aufgrund des Anspruchsgruppenkonzepts[13] aus ganzheitlicher Sicht betrachtet (vgl. Abbildung 3):

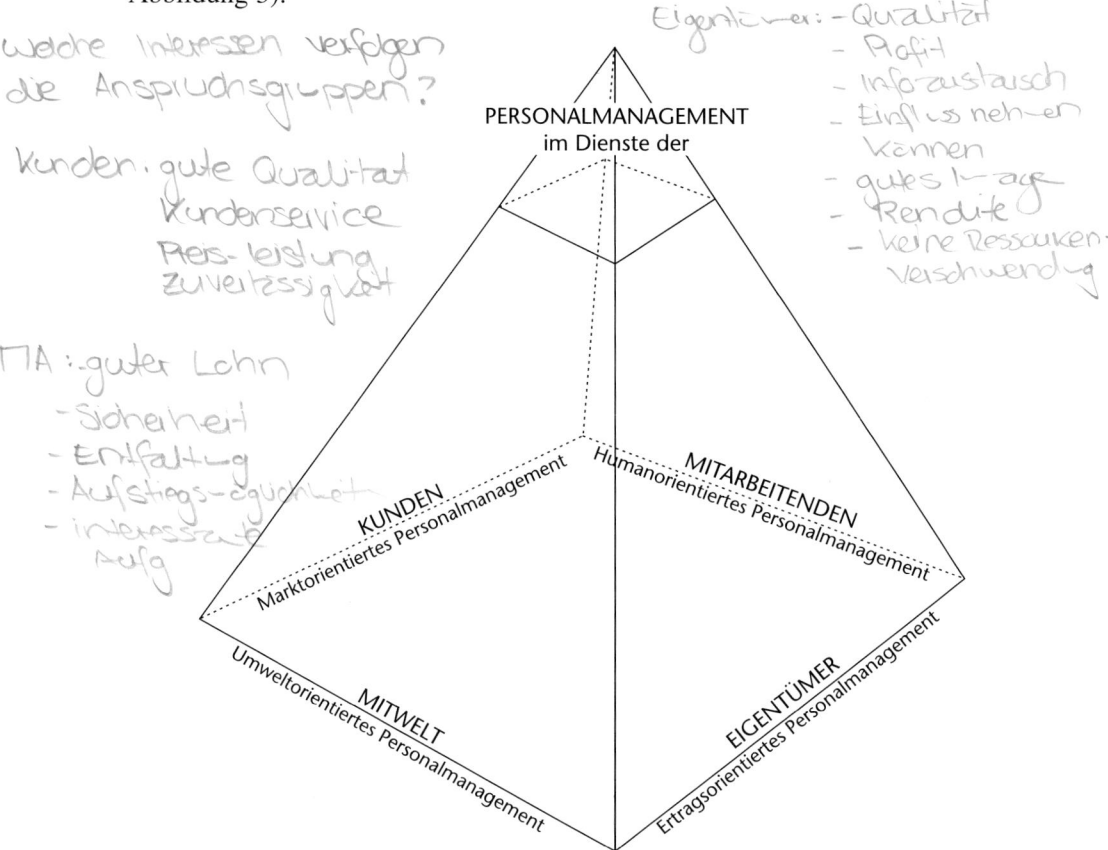

welche Interessen verfolgen die Anspruchsgruppen?

Kunden: gute Qualität Kundenservice Preis-Leistung Zuverlässigkeit

MA: guter Lohn - Sicherheit - Entfaltung - Aufstiegs-möglichkeit - interessante Aufg

Eigentümer: - Qualität - Profit - Info-austausch - Einfluss nehmen können - gutes Image - Rendite - keine Ressourcen-Verschwendung

Abbildung 3: Personalmanagement aus ganzheitlicher (»Pyramiden«-)Sicht der Mitarbeitenden, Kunden, Mitwelt (Natur und Öffentlichkeit) und Eigentümer

Zur Illustration wird das Symbol der Pyramide gewählt, um die Mehrdimensionalität des Ansatzes zu veranschaulichen: Während die traditionelle Betriebs- und Personalwirtschaftslehre und -praxis eine Variable, die eigentümerorien-

---

13 Das Anspruchsgruppen- oder »Stakeholder«-Konzept wurde 1963 am Stanford Research Institute (SRI) entwickelt. Ausgehend vom Begriff des »Stockholder« sollte die Aufmerksamkeit des Managements auf andere Individuen oder Gruppen, die ein legitimes Interesse am Unternehmen haben, gelenkt werden. »Stakeholders« sind Individuen oder Gruppen, die die Ziele einer Organisation beeinflussen können oder die von deren Zielerreichung betroffen sind (vgl. Freemann, 1984, S. 25).Vgl. zur Aktualität des Ansatzes in den USA: Beaumont in: Salaman (1992, S. 36).

tierte Größe, aus dem Zusammenhang herausriss und zu maximieren versuchte, geht es in der modernen Unternehmens- und Personalführungslehre und -praxis darum, nach einem optimalen und harmonischen Gleichgewicht aller wesentlichen Variablen zu streben[14], d. h. alle relevanten Anspruchsgruppen des Unternehmens (gemäß Abbildung 3) zu berücksichtigen und zu involvieren.

Dabei sollen anhand eines einfachen Modells (vgl. Abbildung 7):
1. Ein ganzheitliches Managementkonzept als Voraussetzung des visionsorientierten Personalmanagements,
2. ein Kreislaufkonzept der visionsorientierten Personal-Gewinnung, -Beurteilung, -Honorierung und -Entwicklung sowie
3. ein umfassendes innerbetriebliches Kommunikations-, Kooperations- und Erfolgsevaluations-Konzept zur Integration

vorgestellt werden.

Das Konzept soll den »KISS«-Anforderungen an das Personalmanagement entsprechen: »Keep it Integrated, Strategic, and Stimulating!« Mit anderen Worten: Die wichtigsten Personalmanagementinstrumente sind miteinander zu integrieren, auf eine ganzheitliche Unternehmensvision auszurichten und sollen durch die partizipative Entwicklung, Umsetzung und Evaluation des Konzepts möglichst auf alle Anspruchsgruppen des Unternehmens stimulierend wirken.

Dabei handelt es sich bei diesem Konzept im Sinne von H. Ulrich[15] um ein »Leerstellengerüst für Sinnvolles«. Es soll dem Leser systematisch zeigen, welche Handlungsoptionen ein zeitgemäßes Personalmanagement anbietet und wie das »Gefäß« durch Berücksichtigung und Involvierung der verschiedenen Anspruchsgruppen des Unternehmens »aufzufüllen« ist.

Das Konzept berücksichtigt auch die von Wächter geforderten drei neuen inhaltlichen Schwerpunkte im Personalbereich: Personalmanagement »soll sich strategisch ausrichten (statt nur reagierend und verwaltend); es soll den Menschen als Ressource begreifen (statt nur als Kostenfaktor), und die Personalfunktion soll als primäre Managementaufgabe (statt als spezialisierte Stabsfunktion) verstanden werden«[16].

---

14 Vgl. Krulis-Randa (1989, S. 213), Guntern (1992, S. 9), ferner Levering/Moskowitz/Katz (1985).
15 Vgl. Ulrich (1970).
16 Wächter (1991, S. 325).

1.3 Methodik

In dieser Arbeit werden drei Phasen unterschieden:

Phase I:
In der **Phase der Problemklärung** sollen Ausgangslage, Zielsetzung, Methodik, Begriff und Modell präzisiert werden (Einführungskapitel).

Phase II:
In der **Phase der Konzeptvorstellung** soll das Modell des visionsorientierten und integrierten Personalmanagements näher erläutert werden (Hauptkapitel 2, 3 und 4).

Das vorgestellte Konzept ist über Jahre langsam gereift, wobei der Autor in verschiedenen Rollen tätig war und dabei die Anschauungen unterschiedlicher Interessen kennen lernen durfte:

– *Als Lernender*: Teilnahme an internationalen Personalmanagement-Workshops der Michigan University in Ann Arbor, des Centers for Advanced Human Resource Studies der Cornell University in Ithaca, der Sophia University in Tokyo sowie des INSEAD in Fontainebleau.
– *Als Forscher*: Analyse ausgewählter wissenschaftlicher Arbeiten sowie Erfahrungsaustausch als Schweizer Mitglied des EuroResearchNetwork on Strategic Human Resource Management (HRM) in Cranfield und als Mitglied der Leitung der jährlichen Forschungsworkshops über Strategic HRM des European Institutes for Advanced Studies in Management (EIASM) in Brüssel.
– *Als Praktiker*: Erfahrung als Mitarbeiter, »Vorgenetzter«[17] und Geschäftsleitungs-Teammitglied; Entwicklung, Einführung und Erfolgsevaluation eines visionsorientierten und integrierten Personalmanagementkonzepts für eine multinationale Firmengruppe der Pharmazeutischen Industrie in Europa, Afrika und dem Mittleren Osten.
– *Als Lehrer*: Präsentation und Diskussion des Konzepts mit Studierenden der Universität St. Gallen und der Universität Dallas/Texas.
– *Als Moderator*: Leitung von überbetrieblichen Unternehmer- und Management Workshops zum »Integrierten Personalmanagement« im In- und Ausland.
– *Als Berater*: Entwicklung, Einführung und Erfolgsevaluation von integrierten Personalmanagement-Konzepten in verschiedenen Unternehmen unterschiedlicher Größe, Branche und Landeskultur.

---

17 Da wir in diesem Buch ein idealtypisches Konzept vorstellen, verwenden wir durchwegs den Begriff »Vorgenetzte« anstelle der üblichen mechanischen Bezeichnung »Vorgesetzte«. Dieser Ausdruck wurde 1991 vom St. Galler Textil-Pionier-Unternehmer R.J. Schläpfer geprägt. »Es gibt bei uns keine Vorgesetzten, nur VorgeNetzte ...«.

Phase III:

In der **Phase der Ergebnisbewertung** sollen schließlich der Geltungsbereich unseres Konzepts dargestellt und Folgerungen für zukünftige Arbeiten in Theorie und Praxis abgeleitet werden (Kapitel 5 und 6).

1.4 Begriffsklärung

In diesem Kapitel sollen die Begriffe

(1) »Personalmanagement«

(2) »Integriertes« Personalmanagement

(3) »Visionsorientiertes« Personalmanagement

bestimmt, abgegrenzt und eingeordnet werden.

(1) »Personalmanagement«

Unter »Personal« verstehen wir das gesamte Humanpotenzial eines produktiven sozialen Systems (einschließlich der Mitglieder der Unternehmensleitung), d. h. »die Gesamtheit menschlicher Arbeitskraft (Mitarbeitende und Führungskräfte mit ihrem Wissen, Können, Verhalten und ihren Werthaltungen), aus der die Unternehmung besteht.«[18]

»Personalmanagement«, das wir im Unterschied zur amerikanischen Praxis dem »Management der Human-Ressourcen« gleichsetzen[19], stellt die Gesamtheit aller Ziele, Strategien und Instrumente dar, die das Verhalten der Führungskräfte und der Mitarbeitenden prägen.

Wir verwenden bewusst nicht den »angestaubten« Begriff »Personalwesen«, der »zu sehr die Aufmerksamkeit auf das verwaltende und zu wenig auf das aktiv gestalterische Element der Tätigkeit«[20] legt. Ebenso distanzieren wir uns vom häufig noch in Deutschland verwendeten mechanistischen Begriff »Personalwirtschaftslehre«[21], der die verhaltenswissenschaftliche Orientierung zu wenig berücksichtigt. »Nachteilig« an dem, auch in diesem Buch verwendeten, Begriff »Personalmanagement« ist dessen Uneindeutigkeit[22]. Es gilt deshalb, den Begriff klar abzugrenzen. So kann Personalmanagement (zur indirekten Systemgestaltung) von der Mitarbeiterführung[23] (zur direkten Systemlenkung) und von der Organisationsentwicklung[24] (zur ständigen Systementwicklung) abgegrenzt und in ein Führungskonzept (in Abbildung 4) eingegliedert werden.

---

18 Wohlgemuth (1989, S. 335).

19 In den USA und Frankreich wird häufig unter »Personnel Management« die operative und unter »Human Resource Management« die strategische Personalarbeit verstanden. Vgl. z. B. Beer et al. (1985) bzw. Peretti (1990).

20 Wächter (1992, S. 316).

21 Vgl. z. B. Drumm (1989a).

22 Wächter (1992, S. 318).

23 Vgl. z. B. Wunderer/Grunwald (1980) oder Lattmann (1982).

24 Vgl. z. B. French/Bell (1978) und Beckhard in: Salaman (1992, S. 95 ff.).

Unter Führung wird dabei die Gesamtheit aller personellen Aspekte der Gestaltung, Lenkung und Entwicklung eines visionsorientierten sozialen Systems verstanden:

– *Gestaltung* heißt dabei Führung *für* das Personal, indem Systeme (in Abstimmung mit den internen und externen Kontextfaktoren) für die Prozesssteuerung erarbeitet werden.

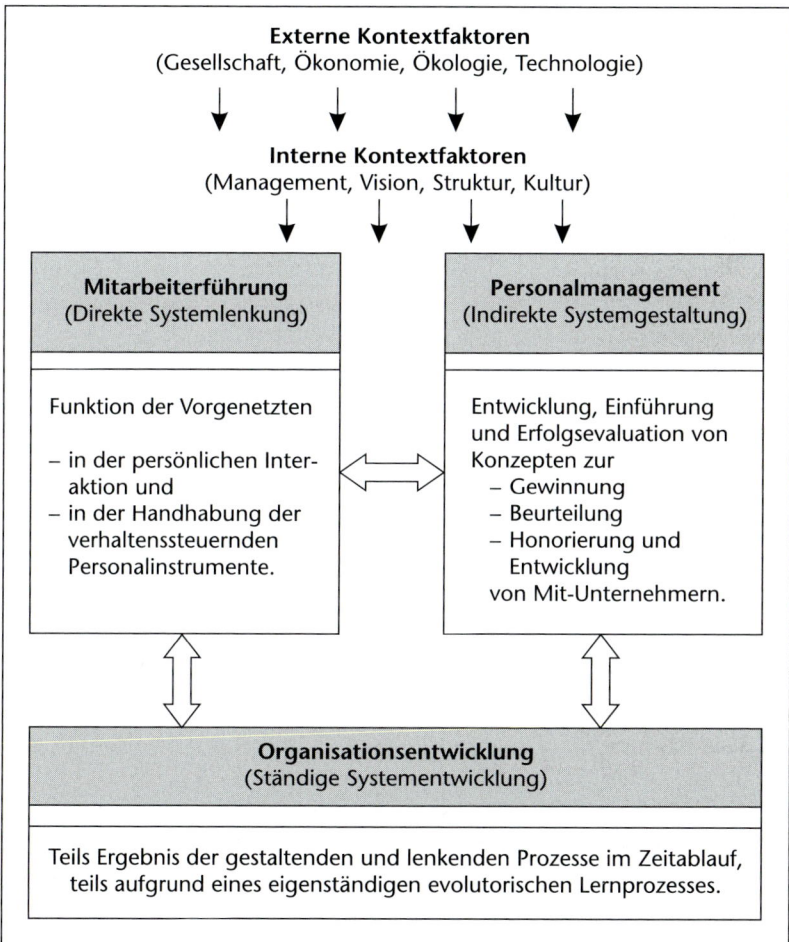

Abbildung 4: **Systematische Eingliederung des Personalmanagements in ein Führungskonzept**[25]

25 Vgl. Oertig (1993, S. 14 f.).

– *Lenkung* meint Führung *des* Personals im Sinne der Verhaltenssteuerung über die Mitarbeiterführung und die Handhabung der Personalsysteme.
– *Entwicklung* ist Führung zur Förderung der Lernfähigkeit im Sinne des ständigen Verbesserns der Systemgestaltung und -lenkung.

(2) »Integriertes« Personalmanagement

Aus der Vielzahl der personalwirtschaftlichen Teilfunktionen[26] wollen wir diejenigen auswählen, die langfristig und nachhaltig das Unternehmensgeschehen prägen.

Dazu eignen sich vor allem die folgenden vier »generischen«Teilfunktionen des Michigan-Ansatzes:

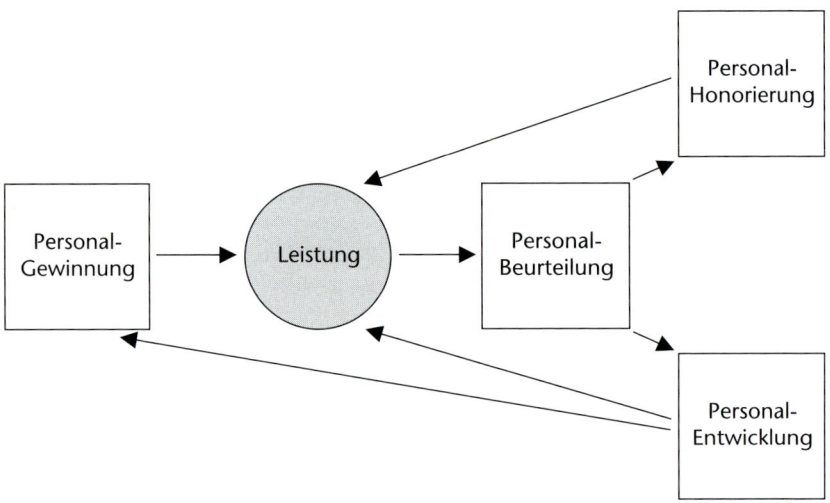

Abbildung 5: Integrationsmodell nach Devanna et al.[27]

– Personalgewinnung,
– Personalbeurteilung,
– Personalhonorierung und
– Personalentwicklung.

Dabei wird von einem einfachen Integrationsmodell ausgegangen (vgl. Abbildung 5).

---

26 Vgl. Hilb (1991, S. 127–142). Die **Personalfreisetzung** wird in unserem Konzept bewusst nicht als zentrale Teilfunktion integriert, weil sie aufgrund eines ganzheitlichen Management-Ansatzes nicht notwendig wird (vgl. hierzu z. B. unseren Grundsatz zur Personalbedarfsermittlung in Kapitel 2.1.1. (1)). Die **Arbeitsgestaltung** wird in unserem Konzept als integrierter Bestandteil der Personalentwicklungsfunktion verstanden.
27 Vgl. Devanna/Fombrun/Tichy (1984, S. 41).

Personalgewinnung, -beurteilung, -honorierung und -entwicklung sind in einem sequenziellen Prozess, der Rückkopplungen enthält, angeordnet. »Leistung ist in diesem System die abhängige Variable, auf die hin die einzelnen Teilfunktionen ausgerichtet sind.«[28]

Mit der Personalgewinnung werden diejenigen Personen ausgewählt, deren Eignungsprofile den Anforderungsprofilen am besten entsprechen. »Die von diesen Mitarbeitern erbrachte Arbeitsleistung wird durch die Personalbeurteilung erfasst und bewertet. Die Beurteilungsergebnisse dienen einerseits als Informationsgrundlage zur leistungsgerechten Entlohnung und Anreizgestaltung, womit motivationale Effekte erzielt werden; andererseits greift auch die Personalentwicklung die Ergebnisse der Beurteilung auf, um durch gezielte Entwicklungsmaßnahmen sowohl die gegenwärtige als auch die zukünftige Leistung der Mitarbeiter zu steigern«[28]. Die Schwachstelle dieses Integrationsansatzes liegt darin, dass dem Personalmanagement lediglich eine reaktive Rolle zugemessen und dass die Unternehmensvision als Bestimmungsfaktor der vier Personalmanagementfunktionen im Modell nicht berücksichtigt wird.

(3) »Visionsorientiertes« Personalmanagement

Unter »Vision« wird ein »klares, plastisches Bild von der Zukunft, die man erschaffen möchte«[29], verstanden. Personalmanagement kann dann als »visionsorientiert« bezeichnet werden, wenn einerseits die relevanten Anspruchsgruppen des Unternehmens bei der (Weiter-)Entwicklung, Umsetzung und Evaluation des Unternehmensleitbildes involviert werden und andererseits die personalpolitischen Ziele, Strategien und Instrumente aus einem ganzheitlichen Unternehmensleitbild abgeleitet werden, d. h. gleichzeitig die Interessen der Kunden, Mitarbeitenden, Eigentümer und der Umwelt berücksichtigen.

Wir vertreten somit einen interaktiven Ansatz, der davon ausgeht, dass Personal und Unternehmensleitbild sich wechselseitig beeinflussen müssen.

Als formale Grundlage zur Einordnung unseres »visionsorientierten« Personalmanagementkonzepts dient folgender Personalmanagement-Würfel:

---

28 Elsik (1992, S. 130).
29 Bonsen (1987, S. 49), vgl. ferner Mann (1990, S. 35), Block (1987, S. 102) sowie Peters (1988, S. 399 ff.).

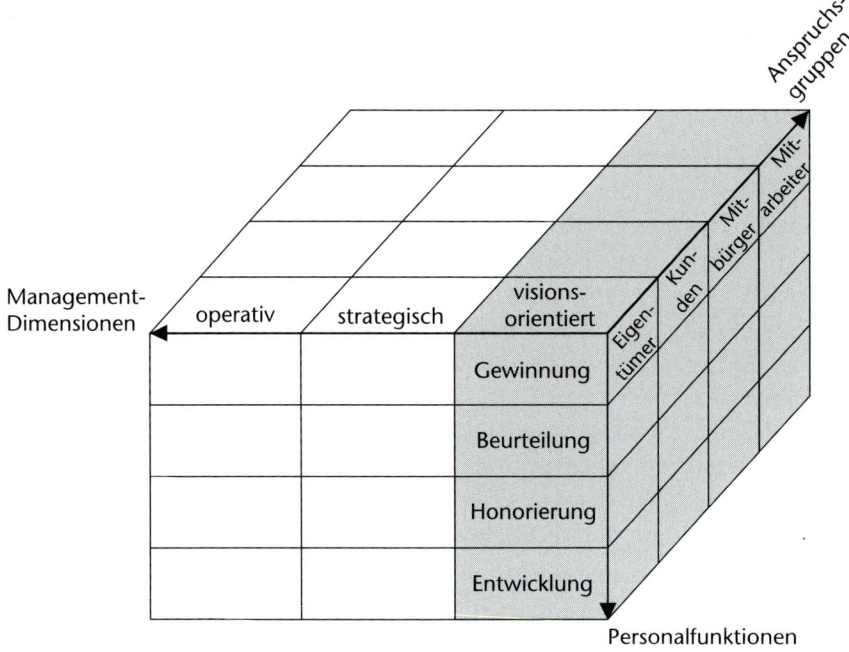

Abbildung 6: Personalmanagement-Würfel

Unser Würfel setzt sich aus

- vier »generischen« Teilfunktionen[30],
- vier zentralen Anspruchsgruppen[31] und
- drei Dimensionen der zeitlichen Nutzenwirkung[32]

des Personalmanagements zusammen.

Wir konzentrieren uns in diesem Buch auf den grauschraffierten Bereich des Würfels, d. h. wir stellen ein Konzept vor, das die Personal-Gewinnung, -Beurteilung, -Honorierung und -Entwicklung integriert und auf eine ganzheitliche Unternehmensvision ausrichtet und damit versucht, den Mitarbeitenden, Eigentümern, Kunden und der Mitwelt gleichzeitig Nutzen zu stiften.

---

30 Vgl. Devanna/Fombrun/Tichy (1984, S. 41). Die **Arbeitsgestaltung** wird dabei (wie erwähnt) als Teil der Personalentwicklungsfunktion betrachtet. Die **innerbetriebliche Kommunikation** wird in dem im nächsten Kapitel vorgestellten Modell als integrierende Komponente verstanden.

31 Vgl. Freeman (1984, S. 25) und Fußnote 13. In diesem Buch wird unter »Ganzheitlichkeit« die gezielte Berücksichtigung der Interessen der Mitarbeiter, Eigentümer, Kunden und Mitwelt verstanden.

32 Vgl. Tichy (1983, S. 405 ff.), der die strategische, führungsorientierte und operative und Bleicher (1991, S. 52 ff.), der die normative, strategische und operative Dimension unterscheidet.

Viele Unternehmen beschränken das Personalmanagement immer noch auf die operative Dimension sowie die Eigentümer als einzige Anspruchsgruppe und handhaben die einzelnen Personalfunktionskonzepte isoliert[33].

---

33 Vgl. Brewster et al. (1991, S. 4 f.) sowie Dyer (1988, S. 1–216).

1.5 Modell

Die Grenze der gegenwärtigen Personalmanagementlehre kann wie folgt zusammengefasst werden: »One short-coming has been the tendency of textbooks in the area to make prescriptions about the ›best practice‹ in particular personnel sub-functions... without providing a credible analytical framework for the students or the practitioners.«[34] Es herrscht ein ausgeprägter Mangel an integrierten Personalmanagementkonzepten. Die wenigen nennenswerten Ausnahmen[35] bilden das bereits vorgestellte Michigan-Modell von Devanna/Fombrun/Tichy[36] (gemäß Abbildung 5) und das Harvard-Modell von Beer[37].

Beide Ansätze weisen allerdings Mängel auf, die es bei einem umfassenden Ansatz zu überwinden gilt.[38]

So zeigt eine neue Analyse über den Entwicklungsstand des Forschungsbereichs Personalmanagement, dass »... the future academic strength of HRM will depend on how effectively present scholars dedicate themselves to building credible analytical frameworks – priority at the level of the firm but with the capability of providing an adequate disciplinary basis for comparative HRM.«[39]

---

34 Boxall (1992, S. 60), Vgl. zur Kritik der gegenwärtigen Personalmanagementlehre ferner Marr (1987, S. 13 ff.), Legge (1989) und Staehle et al. (1990, S. 707–720).

35 Vgl. ferner z. B. den INSEAD-Ansatz von Evans (1986) und den Zürcher Ansatz von Krulis-Randa (1983, S. 140 ff.).

36 Vgl. Devanna/Fombrun/Tichy (1984), ferner Tichy et al. (1982), Fombrun et al. (1984), Lengnick-Hall (1988).

37 Vgl. hierzu Beer et al. (1988).

38 Die Schwachstellen des »Michigan-Modells« können wie folgt zusammengefasst werden
   1. »HRM appears as something that is ›done to‹ passive human resources rather than something that is ›done with‹ active human beings« (P.F. Boxall, 1992, S. 68). Dem Personalmanagement wird somit lediglich eine reaktive Rolle zugemessen. »It fails to perceive the potential for a reciprocal relationship between HR strategy and business strategy.« (J.-E. Butler (1988, S. 88 ff.)).
   2. Zentrale Personalfunktionen wie etwa die Arbeitsgestaltung und die innerbetriebliche Kommunikation werden nicht berücksichtigt.
   3. Die Bedeutung der Unternehmensvision als Grundlage der einzelnen Personalmanagementfunktionen wird unterschätzt.
   Das »Harvard-Modell« weist diese Schwachstellen nicht auf und zeichnet sich durch zusätzliche Merkmale aus:
   – Die Einflüsse des Top-Managements und des Arbeitsmarktes auf das Personalmanagement werden hervorgehoben.
   – Neben den Eigentümern werden auch die Mitarbeiter als zentrale Anspruchsgruppe identifiziert.
   Der Mangel dieses Ansatzes besteht vor allem darin, dass die Kunden und die Umwelt als zentrale Anspruchsgruppen nicht berücksichtigt werden. Auch der erweiterte Harvard-Ansatz von Hendry/Pettigrew (1990) hat diesen Mangel nicht behoben. Vgl. zur Kritik ferner Staehle in: Pieper (1990, S. 32 ff.).

39 Boxall (1992, S. 75).

In diesem Buch wird versucht, einen solchen Ansatz vorzustellen: Ein Kreislaufkonzept des visionsorientierten Personalmanagements (vgl. Abbildung 7).

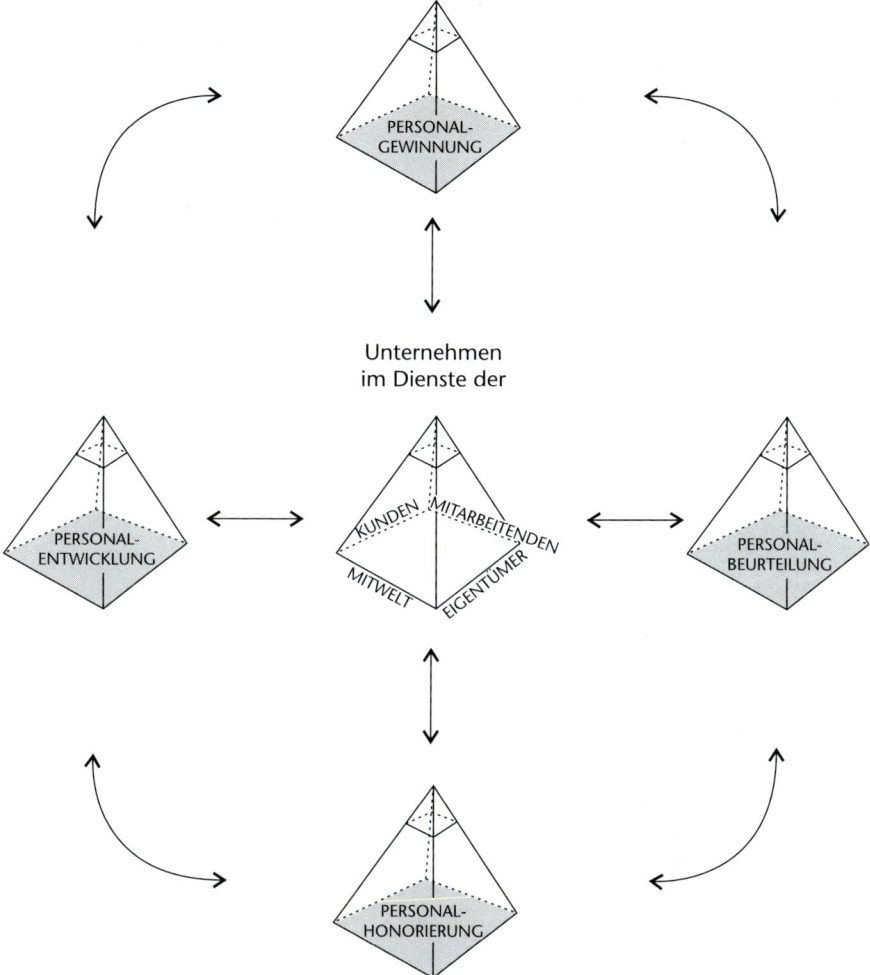

**Abbildung 7: Kreislaufkonzept des visionsorientierten und integrierten
Personalmanagements**

Unter Modell verstehen wir ». . . an abstraction that preserves in economical form
most of the points that have been developed.«[40]

---

40 Weick (1979, S. 95).

Das vorgestellte Modell weist folgende drei Bestandteile auf:

1. die ganzheitliche Unternehmensvision als wichtigste Grundlage des Personal-managements,

2. das Kreislaufkonzept der visionsorientierten Personal-Gewinnung, -Beur-teilung, -Honorierung und -Entwicklung sowie

3. die integrierende innerbetriebliche Kommunikation, Kooperation und Er-folgsevaluation (als Pfeile gekennzeichnet).

Auch bei diesem Modell ist auf die Schwierigkeit hinzuweisen, komplexe Syste-me, wie es das visionsorientierte und integrierte Personalmanagement darstellt, vereinfacht wiederzugeben: »Sobald man (nämlich) ... Teile aus dem Gesamt-system herauslöst, führt eine solche Isolierung zu einer Denaturierung der Sach-verhalte.«[41] Nur wenn man sich der Unzulänglichkeit dieses Isolierens und damit der limitierenden Bedingungen des Modells bewusst ist, kann dieses Vorgehen als wissenschaftlich legitim gelten.[42]

Diese Grenzen liegen u. E. vor allem in folgenden zwei Punkten:

1. Unser Bildmodell weist die in der Sozialforschung übliche Tendenz auf, »... der Interdependenz ein Lippenbekenntnis zu zollen, um dann die (Ele-mente doch) isoliert zu untersuchen.«[43]

2. Die Aufgliederung des Personalmanagements in einzelne zentrale Funktionen hat zwar für unsere Studie analytische Bedeutung, in der Praxis lassen sich allerdings oft keine klaren Grenzen ziehen. Es gibt einige Überschneidungen und Interdependenzen zwischen den Faktoren.[44]

Trotz dieser Haupteinwände weist das vorgestellte Bildmodell gegenüber den zwei erwähnten amerikanischen Modellen den Vorteil auf, dass es die Brownschen Modellanforderungen[45], d. h.

1. Einfachheit, Klarheit und Konsequenz der formalen Struktur,
2. Wirklichkeitsnähe und damit
3. Eignung für relevante Voraussagen

eher erfüllt[46]. Sowohl beim Michigan- als auch beim Harvard-Ansatz sind näm-lich folgende relevanten Komponenten nicht berücksichtigt: die Unternehmens-vision als Grundlage des Personalmanagements, die ganzheitliche Ausrichtung

---

41 Maleztke (1972, S. 1515).
42 Vgl. Koenig (1967, S. 7).
43 McQuail (1973, S. 83).
44 Dies gilt vor allem für den Bereich Personalbeurteilung.
45 Vgl. Brown (1965, S. 549).
46 Unser Bildmodell soll mehr sein als eine reine Analogie; es soll »... the key structure of the system under study« aufzeigen. Beer (1981, S. 75).

der Vision und der Personalmanagementinstrumente, die gegenseitige Beeinflussung der einzelnen Modellkomponenten sowie die Erfolgsevaluation.

Im folgenden Kapitel soll ein idealtypisches Managementkonzept vorgestellt werden, das als Grundlage der integrierten Personalarbeit dienen kann.

2
Ganzheitliches Managementkonzept als Voraussetzung des integrierten Personalmanagements

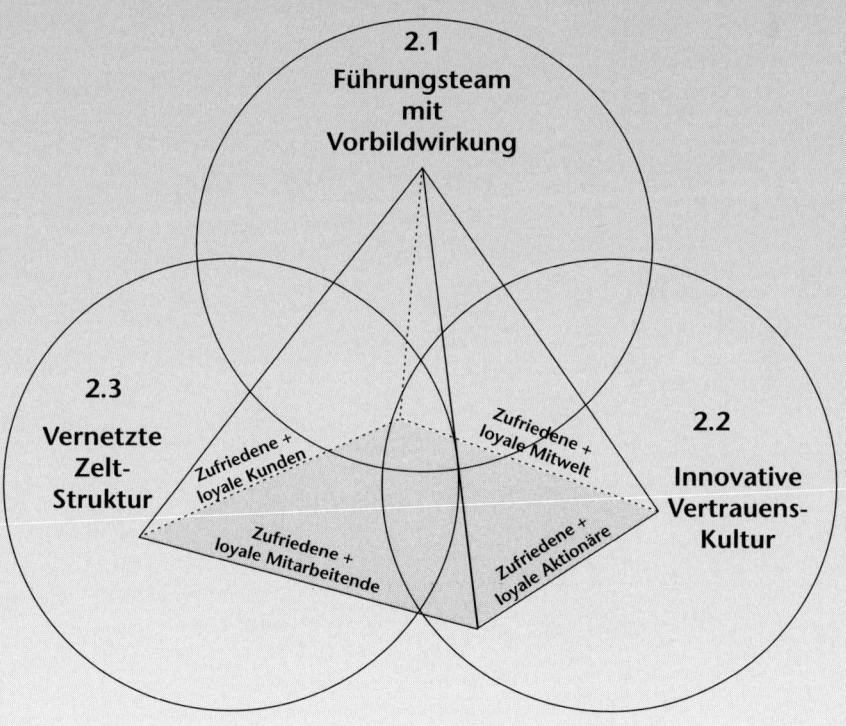

Die sich rasch wandelnden Rahmenbedingungen der Personalarbeit können (gemäß Abbildung 8) vereinfacht anhand von ausgewählten Entwicklungstrends[1] dargestellt werden:

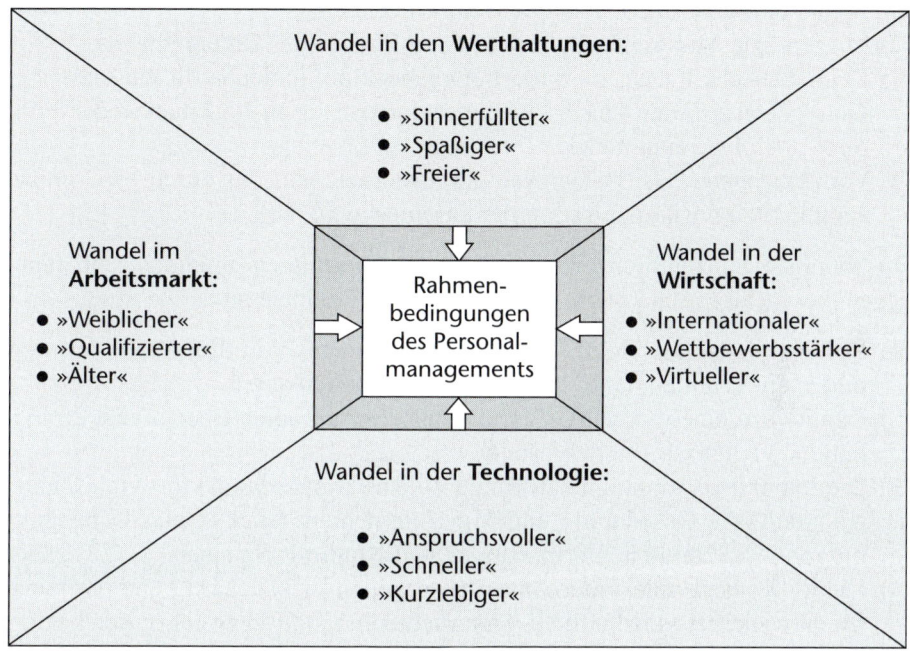

Abbildung 8: Rahmenbedingungen des Personalmanagements
(in Anlehnung an Oertig[1])

»Diese Anforderungen verlangen eine neue Qualität des Denkens und Handelns im Personalmanagement. Viel stärker als bisher wird ein prozessorientiertes Vorgehen und ein entsprechendes Rollenverständnis, das diesen dynamischen Aspekten Rechnung trägt, gefordert. Die zumeist statischen, überwiegend vom rationalen Denken geprägten Personalkonzeptionen vermögen den dynamischen Ansprüchen der sich rasch verändernden Umwelt nicht mehr hinreichend gerecht zu werden«.[1]

Dabei geht es vor allem darum, eine Balance zwischen dem rationalen Denken und Handeln in »facts and figures« und dem intuitiven Denken und Handeln in »Werten und Visionen« anzustreben.[2]

Dieses duale Denken bereitet vielen Führungskräften (vor allem in rationalen und legalistischen Landeskulturen wie z. B. in den USA oder in Deutschland) gewisse Schwierigkeiten. Dies kann gar zu Situationen führen, die die Wettbewerbskraft und damit die Existenz von Unternehmen gefährden können.

---

1 Vgl. Oertig (1993, S. 2 ff.).
2 Vgl. Evans/Doz/Laurent (1989, S. 219 ff.).

Eine Inhalts-Analyse von Missmanagement-Studien[3] ergab dabei folgende Schwachstellen von erfolglosen Unternehmen:

(1) Politische Machtkämpfe innerhalb der Unternehmensleitung, die sich als ein »Team of Stars« (nicht als »Star-Team«) verstehen.

(2) Ausgeprägte Misstrauenskultur auf allen Ebenen des Unternehmens.

(3) Zentralistische Palast- (= Ballast-)Organisation, in denen oft tausende von Untergebenen »Dienst nach Vorschrift« leisten, denen die Arbeit weder Sinn, Spaß noch Freiraum bietet.

(4) Vorherrschende Visionslosigkeit im Unternehmen, die durch eine große, zentrale Planungsorganisation nur kaschiert wird.

Die wenigen ganzheitlich erfolgreichen Organisationen zeichnen sich demgegenüber idealtypischerweise durch folgende Merkmale aus:

(1) Die Mitglieder der Geschäftsleitung weisen eine Vorbildfunktion auf und bilden ein Team humaner Unternehmerpersönlichkeiten.

(2) Damit wird eine innovative Vertrauenskultur auf allen Ebenen erst ermöglicht und langfristig sichergestellt.

(3) Die föderalistische und netzförmige Zeltstruktur verbindet die Vor-Genetzten (statt »Vor-Gesetzten«) und Mit-Unternehmer (statt »Unter-Gebenen«) mit möglichst breiten »Vertrauens-« (statt Kontroll-)Spannen.

(4) Die im Konsens relevanter Anspruchsgruppen kaskadenartig und partizipativ entwickelte, ganzheitliche Unternehmensvision bezweckt, gleichzeitig den Mitarbeitenden, Kunden, Eigentümern und der Mitwelt (Öffentlichkeit und Natur) Nutzen zu stiften. Es geht dabei um gemeinsame Sinnförderung, nicht autoritäre Sinnvermittlung.

Diese vier Merkmale können als die wichtigsten Voraussetzungen betrachtet werden, um ein integriertes Personalmanagementkonzept mit Erfolg zu konzipieren, einzuführen und weiterzuentwickeln.

---

3 Vgl. Missmanagement-Studien des »Manager-Magazins« (1980–2000).
   Im »Manager-Magazin« 6/1993, S. 34 ff. werden z. B. die Krisen-Symptome eines deutschen Groß-
   unternehmens wie folgt beschrieben:
   – **Strategie-Defizit:**
   »... eine klare Konzernvision und eine klare strategische Linie fehlen.«
   – **Struktur-Misere:**
   »... ein schwerfälliger Koloß ohne innere Dynamik ...«
   – **Kultur-Schock:**
   »... im Führungskader herrschen Verunsicherung, Frust und Angst vor dem Mann an der Spitze.
   Der größte Störfall ... ist der Vorstandsvorsitzende ...«

2.1 Führungsteam mit Vorbildwirkung

Die Bedeutung, die dem obersten Führungsteam für den langfristigen Erfolg eines Unternehmens zukommt, wird u.E. sowohl in der Theorie als auch in der Praxis häufig unterschätzt.[4]

Dabei wird in der Diskussion um die Bedeutung des Vorstands meist einseitig nur aus eigenschafts-, aus rollen-, aus interaktions- oder aus situationstheoretischer Sicht argumentiert.

Die Bedeutung lässt sich u.E. nur umfassend ermessen, wenn wir das oberste Führungsteam gleichzeitig aus allen vier Perspektiven betrachten.

Das visionsorientierte Personalmanagement setzt an der Spitze des Unternehmens ein Team von humanen Unternehmerpersönlichkeiten (»with a cool head, a warm heart and working hands«) mit unterschiedlichen und sich ergänzenden Eigenschaften und Rollen voraus. Dieses Team verhält sich intern und extern situationsgerecht, lernfähig und kommunikativ und strebt danach, den Kunden, Mitarbeitenden, Eigentümern und der Mitwelt gleichzeitig Nutzen zu stiften.

(1) Aus *eigenschaftstheoretischer Sicht* sieht z. B. (gemäß Abbildung 9) das Anforderungsprofil an eine humane Unternehmerpersönlichkeit wie folgt aus:

---

4 Wir sprechen bewusst vom Führungsteam und nicht von Einzelpersönlichkeiten, deren Bedeutung für den Erfolg des Unternehmens aufgrund individualistischer Werthaltungen und der Unterschätzung der Mitarbeiterpotenziale oft überschätzt wird.

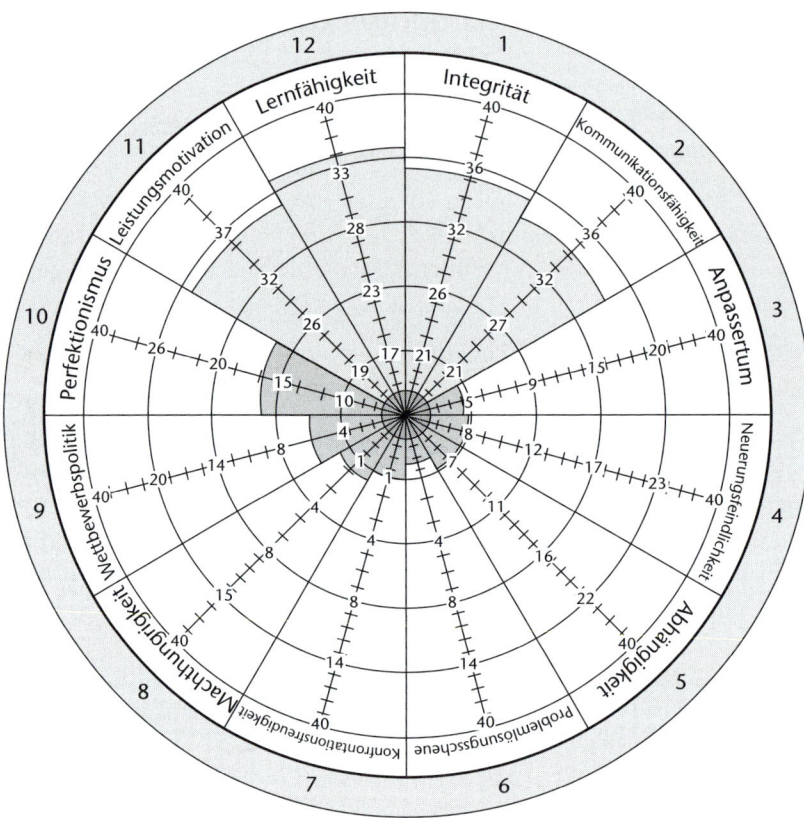

Abbildung 9: Ideales Eigenschafts-Profil eines humanen Unternehmers aufgrund der »Acumen«-Analyse[5]

Die humane Unternehmerpersönlichkeit zeichnet sich aufgrund der empirischen Untersuchung von Lafferty[5] gemäß Abbildung 9 durch einen »11–2-Uhr-Stil« aus, d. h. sie weist folgende Eigenschaften auf: Ausgeprägte Leistungsmotivation (11), Lernfähigkeit (12), Integrität (1) und Kommunikationsfähigkeit (2). Sie verfügt dagegen über keine der folgenden Merkmale: Anpassertum (3), Neuerungsfeindlichkeit (4), Abhängigkeit (5), Problemlösungsscheue (6), Konfrontationsfreudigkeit (7), Machthungrigkeit (8), Wettbewerbspolitik (9) oder Perfektionismus (10).

(2) Aus *rollentheoretischer Sicht* ist es wichtig, dass z. B. aufgrund der Team Design-Konzeption[6] alle wichtigen Teamrollen im Führungsteam vertreten

---

5 Vgl. Lafferty (1981) sowie das PC-gestützte Diskettenprogramm »Acumen-Insight for Managers«, San Rafael 1990.

6 Vgl. Margerison/McCann (1985): Diese Konzeption baut auf der Jungschen Persönlichkeitslehre auf (wie der bekannte »Myers-Briggs-Type Indicator«, in: Keirsey/Bates (1984), wobei sie diese Lehre zusätzlich mit der Rollentheorie verbindet. Vgl. ferner auch Dyer (1987).

sind und zudem alle Mitglieder ihre eigenen Rollenstärken und diejenigen ihrer Kollegen kennen und schätzen lernen.

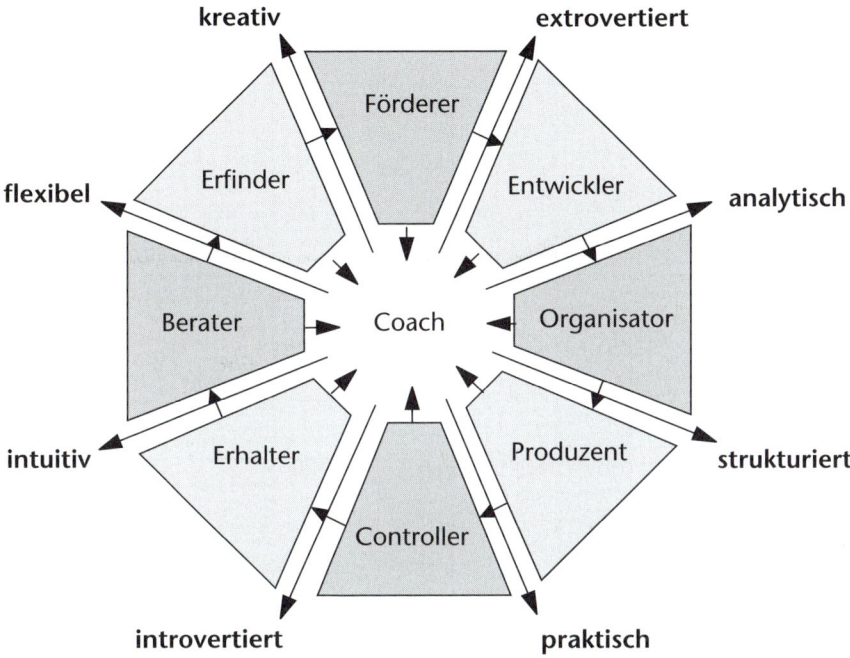

Abbildung 10: Unterschiedliche Rollen innerhalb eines Unternehmens-Führungsteams (aufgrund der Jungschen Persönlichkeitsdimensionen)[6]

In einem Beispiel liegt die Rollenstärke eines Geschäftsleitungsmitglieds (das als flexibel, kreativ, extrovertiert und analytisch gilt) in der Primärrolle des »Förderers« und den ergänzenden Rollenstärken des »Erfinders« und »Entwicklers«. Seine Schwächen liegen auf der entgegengesetzten Seite in den fehlenden Eigenschaften des »Controllers«, des »Erhalters« und des »Produzenten«.

Bereits bei der Zusammensetzung eines Führungsteams gilt es somit, nicht nur Eigenschaften, sondern auch die sich ergänzenden Rollenstärken der Teammitglieder zu berücksichtigen.

(3) Aus *interaktionstheoretischer Sicht* kann uns der transaktionsanalytische Ansatz z. B. anhand des »Egogramms«[7] und der darauf aufbauenden »Personalysis«[8] helfen, die Beziehungen zwischen den Teammitgliedern konstruktiv zu gestalten.

---

7 Nach Kälin (1991), vgl. ferner Jongeward (1973).

8 Vgl. »Personalysis«-Konzept (von »Manatech«, Houston 1991), das die Transaktionsanalyse mit Führungsstil-Konzepten verbindet.

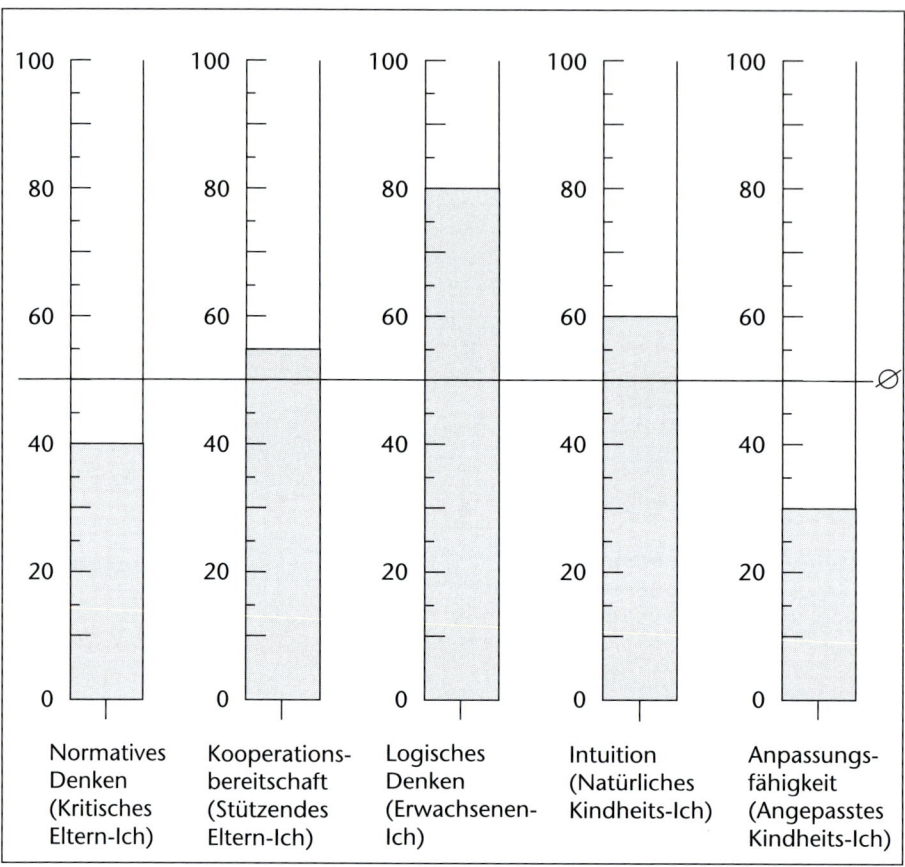

Abbildung 11: »Ideales Egogramm«[7] eines humanen Unternehmers

(4) Aus *situationstheoretischer Sicht* kann je nach Landeskultur, Entwicklungsstand und Geschäftserfolg des Unternehmens und je nach Unternehmens-
umwelt und Position ein entsprechendes Ideal-Profil des Führungsteams
unterschiedlich aussehen. Für eine Aufbauarbeit braucht man z. B. andere
Funktionsstärken als bei einer Abbauphase.

D. h., aus situationstheoretischer Sicht muss das Team je nach betrieblicher
Ausgangssituation (gemäß Abbildung 12) unterschiedliche Führungsfunktionen
wahrnehmen:

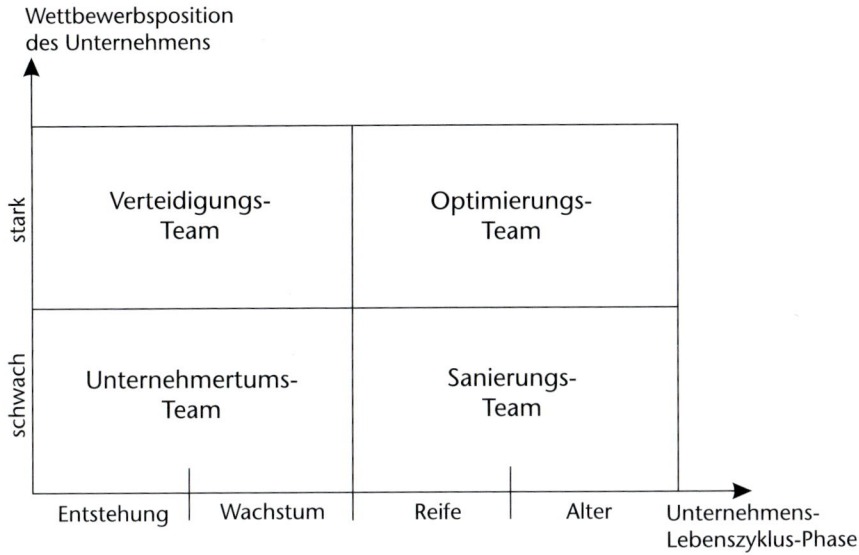

Abbildung 12: Situationsgerechte Führungsfunktion des Führungsteams[9]

Dabei muss allerdings berücksichtigt werden, dass:

- die klare Abgrenzung der einzelnen Phasen nicht immer möglich ist
- der S-förmige Verlauf des Lebenszyklus nicht immer gilt und
- der Verlauf durch Managemententscheidungen beeinflusst werden kann.[10]

Ein Führungsteam bestehend aus humanen Unternehmerpersönlichkeiten, die ganzheitlich denken und handeln, kann als Team von »Transformational Leaders« bezeichnet werden. Tichy/Devanna schreiben ihnen folgende Fähigkeiten zu:

»They Identify Themselves as Change Agents.
- They are Courageous.
- They believe in People.
- They are Value-Driven.
- They are Life-Long-Learners.
- They have the Ability to Deal with Complexity, Ambiguity and Uncertainty.
- They are Visionaries.«[11]

Ein solches Team von »Transformational Leaders« ist eine wichtige Voraussetzung für die Entwicklung einer auf Vertrauen, Lernfähigkeit und Sinnhaftigkeit ausgerichteten Unternehmens-Kultur.[12]

---

9 Vgl. Laukmann/Walsh (1986, S. 95). Dabei kann sich die Entstehungsphase zu Beginn der stark wachsenden Wettbewerbsposition wiederholen. Vgl. hierzu auch Schein (1989, S. 66).
10 Vgl. Elsik (1992, S. 139).
11 Vgl. Tichy/Devanna (1986, S. 271 ff.).
12 Vgl. Konzes/Posner (1988).

2.2 Innovative Vertrauens-Kultur

Unter Unternehmenskultur wird »die Gesamtheit von Wertvorstellungen, die das Verhalten der Mitarbeiter aller Stufen und somit das Erscheinungsbild eines Unternehmens prägen«[13], verstanden.

»Die Kultur verleiht einer Unternehmung (somit) ihre eigene, unverwechselbare Systemidentität – nach innen wie nach außen. Eine Unternehmenskultur bietet den Systemmitgliedern einen Korridor für das zukünftige, von ihnen erwartete Verhalten. Sie wirkt quasi als Autopilot für die implizite Verhaltenssteuerung im Sozialen.«[14]

Sie ist die »Unternehmens-Psyche«, d. h. das implizite Bewusstsein[15] der Organisation, das sich einerseits aus dem Verhalten der Unternehmensmitglieder ergibt und andererseits als »kollektive Programmierung«[16] deren Verhalten steuert.

In Theorie und Praxis werden zahlreiche Dimensionen der Unternehmenskultur unterschieden.[17]

In Abbildung 13 unterscheiden wir idealtypisch (als Außenkreis dargestellt) die zukunfts- und außenweltorientierte Kultur des humanen Unternehmertums (Schmetterlings-Kultur[18]) und (als Innenkreis dargestellt) die vergangenheits- und innenweltorientierte Kultur des grauen Technokratentums (Dinosaurier-Kultur[18]).

---

13 Pümpin/Kobi/Wüthrich (1985, S. 8). Eine prägnante Definition vermittelt Schein in: Salaman (1992, S. 251): »culture: (1) is always in the process of formation and change; (2) tends to cover all aspects of human functioning; (3) is learned around the major issues of external adaptation and internal integration; and (4) is ultimately embodied as an interrelated, patterned set of basic assumptions that deal with ultimate issues, such as the nature of humanity, human relationships, time, space, and the nature of reality and truth itself«. Vgl. ferner Meek in: Salaman (1992, S. 209): »... culture should be regarded as something that an organization and ... not as something that an organization ›has‹ ...«

14 Bleicher (1991, S. 149).

15 Vgl. Scholz (1987, S. 259).

16 Hofstede (1980).

17 Vgl. z. B. Bleicher (1992, S. 2248 f.), ferner Schein in: Salaman (1992, S. 240).

18 Vgl. Guntern (1992).

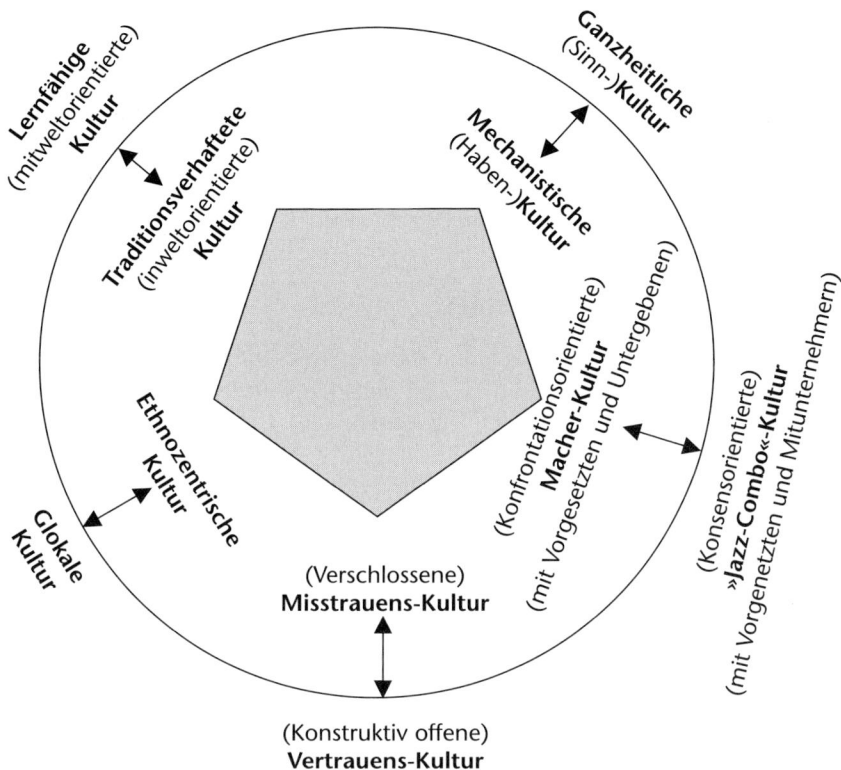

Lernfähige Kultur
(mitweltorientierte)

Traditionsverhaftete Kultur
(inweltorientierte)

Ganzheitliche (Sinn-)Kultur

Mechanistische (Haben-)Kultur

Ethnozentrische Kultur

Glokale Kultur

Macher-Kultur
(Konfrontationsorientierte)
(mit Vorgesetzten und Untergebenen)

»Jazz-Combo«-Kultur
(Konsensorientierte)
(mit Vorgenetzten und Mitunternehmern)

(Verschlossene)
Misstrauens-Kultur

(Konstruktiv offene)
Vertrauens-Kultur

Abbildung 13: Zentrale Unternehmenskultur[19]

Idealtypisch zeigt das Außenkreisprofil die anzustrebende Kultur des humanen Unternehmertums, die sich durch folgende Merkmale kennzeichnen lässt:

- (Ver-)Lernfähigkeit und Mit-Welt-Orientierung[20],
- Glokale Ausrichtung[21],
- Ganzheitliche Kultur, in der die Mitarbeiterpersönlichkeiten gesellschaftlichen Sinn finden,
- Konsensorientierter Entscheidungsprozess zwischen »Vorgenetzten« und »Mit-Unternehmern«,
- Auf Zuhörfähigkeit und konstruktive Offenheit ausgerichtete Vertrauenskultur.

---

19 Die Kulturen in Abbildung 13 werden bewusst als kreisförmige Profile dargestellt im Gegensatz zur eckigen Darstellung der (rationalen) Strukturen in Abbildung 14.

20 Vgl. Hedberg (1981, S. 3 ff.). »Organisationen sterben zweimal: Das erste Mal, wenn sie aufhören zu lernen.« Hermsen (1993, S. 233).

21 »Balancing the legitimate differences of (national) subcultures with legitimate and desirable elements of a company's corporate culture as a whole is one of the trickiest parts of diagnosing and managing culture.« Deal/Kennedy (1982, S. 139). Vgl. Hilb (2000).

Die Unternehmenskultur muss dabei immer in Bezug zu anderen Unternehmensgrößen[22] betrachtet werden:

(1) Intra-Segment-Fit

Die Kultur des humanen Unternehmertums muss in allen Organisationseinheiten bezüglich aller fünf Dimensionen angestrebt werden.

(2) Unternehmens-In- und Umwelt-Fit

Die Unternehmenskultur muss sich den ständig ändernden Umweltbedingungen anpassen, um etwaige »Unternehmens-In- und -Umweltverschmutzung« zu vermeiden.

(3) Inter-Segment-Fit

Die Kultur des humanen Unternehmertums ergibt sich aus dem vorbildlichen Verhalten des Führungsteams und muss mit der Unternehmensvision und der Unternehmensstruktur übereinstimmen.

Von zentraler Bedeutung ist im Zusammenhang mit diesem Kapitel der Inter-Segment-Fit. Die anzustrebende Lern- und Vertrauenskultur des humanen Unternehmertums benötigt eine entsprechende Unternehmensstruktur, eine Art »Confederation of Intrapreneur«[23]-Teams.

---

22 Vgl. hierzu Schwartz (1981, S. 35 ff.) sowie Bleicher (1991, S. 147 ff.) und Schein (1989, S. 81).
23 Vgl. Pinchot (1986).

2.3 Vernetzte Zelt-Struktur

»Wir arbeiten in Strukturen von gestern mit Methoden von heute an Problemen von morgen vorwiegend mit Menschen, die Strukturen von gestern gebaut haben und das Morgen innerhalb der Organisation nicht mehr erleben werden.«[24]

Um diesen Zustand zu vermeiden und um die angestrebte »Confederation of Intrapreneur«-Teams zu institutionalisieren, sollte idealtypisch das Außenprofil gemäß dem St. Galler Management-Konzept[25] angesteuert werden.

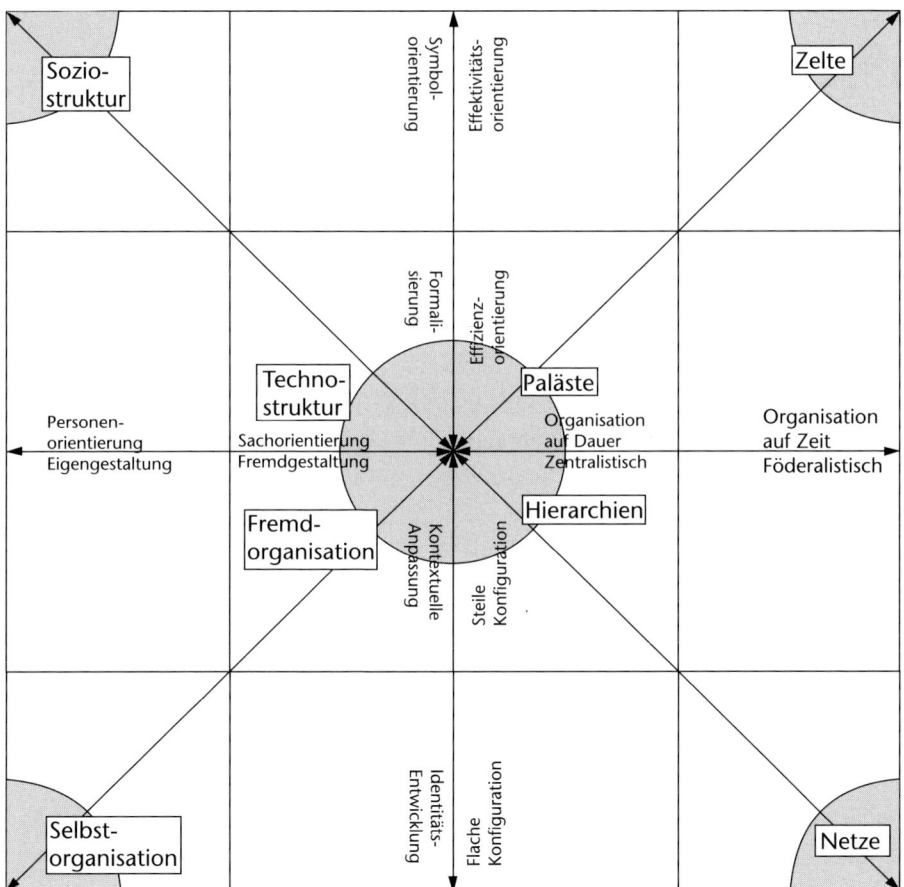

Abbildung 14: Die Struktur der »Confederation of Intrapreneur-Teams«[25]

---

24 Vgl. Bleicher (1990, S. 153).
25 Vgl. Bleicher (1990, S. 237) sowie Gomez/Zimmermann (1993, S. 135).

Danach werden folgende organisatorischen Ziele angestrebt:

1. Entwicklung einer **Sozio-Struktur**, die durch Schaffung von entsprechenden Freiräumen individual- und gruppenpsychologische Bedürfnisse der Mitarbeitenden erfüllt und somit einen persönlichen und gesellschaftlichen Sinn vermittelt.

2. Verwirklichung eines hohen **Selbst-Organisationsgrades** durch gezielte Involvierung der Beteiligten auf allen Ebenen des Unternehmens.

3. Einführung einer **Netz-Struktur** mit möglichst wenigen Führungsebenen und möglichst großen Vertrauens- (nicht Kontroll-) Spannen sowie Delegation der Entscheidungs- und Handlungskompetenz an die niedrigstmögliche Stelle.

4. Einführung eines »**Zelt-Ansatzes**«[26] durch Effektivitäts-(Output-)Orientierung und eine flexible Anpassung der Organisationsstruktur an die veränderten Umweltbedingungen.

Damit sind es vor allem zwei Typen von Organisationen, die in Zeiten zunehmender Globalisierung und Technologisierung der Wirtschaft große Zukunftschancen aufweisen:

– Innovative Kleinbetriebe, die sich in virtuellen Partnerschaften international zusammenschließen, um gezielt neue Märkte aufzubauen, und

– Transnationale Firmengruppen, die sich als weltweite Konföderationen von kleinen innovativen Zelt-Niederlassungen verstehen, in denen jedes Mitglied die Kunden, die Mitarbeitenden, die Eigentümer und die Umwelt kennt.

Dies lässt sich am Beispiel des »Team-Syntegrity« Modells von Stafford Beer veranschaulichen (vgl. Abbildung 15).

---

26 Vgl. Hedberg et al. (1976, S. 45): »An organizational tent places greater emphasis on flexibility, creativity, immediacy and initiative.« Vgl. ferner Moss Kanter (1989, S. 92).

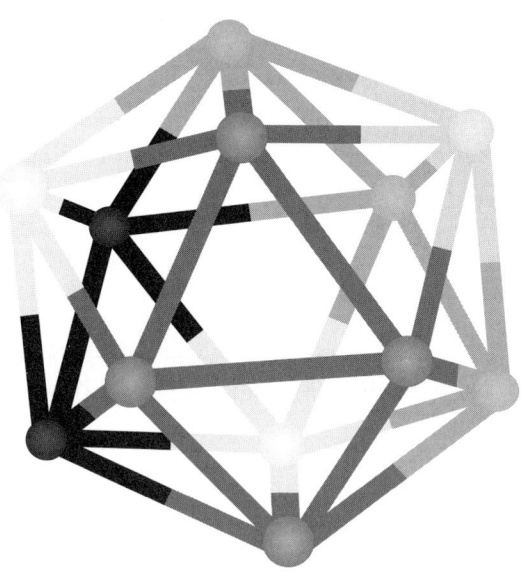

Abbildung 15: Architektur von virtuellen und transnationalen Konföderationen von Partnerfirmen (gemäß dem Modell von Stafford Beer)[27]

Die Forderung nach ganzheitlich ausgerichteten »Confederations of Intra-preneur-Teams« muss »... eine plakative Leerformel bleiben, wenn es nicht gelingt, das Problem der Sinnfindung in Organisationen zu lösen.«[28]

Damit ist die wichtigste Bedingungsgröße des integrierten Personalmanagements angesprochen: die partizipative Entwicklung, Einführung und Erfolgsevaluation einer ganzheitlichen Unternehmensvision.

»Wenn das Leben keine Vision hat, nach der man strebt, nach der man sich sehnt, die man verwirklichen möchte, dann gibt es auch kein Motiv, sich anzustrengen.« (Erich Fromm)

---

27 Vgl. Beer (1994).
28 Bleicher (1990, S. 170 ff.).

2.4 Ganzheitliche Unternehmensvision

In unserer Vergleichsstudie über »Japanese and American Multinational Companies: Business Strategies«[29], die durch das ›Institute of Comparative Culture‹ der Sophia Universität in Tokyo veröffentlicht wurde, haben wir ermittelt, dass die bezüglich Eigentümer-, Mitarbeiter-, Kunden- und Umweltdenken erfolgreichsten amerikanischen multinationalen Unternehmen (einige der sog. »Z-Firmen«)[30] eine wichtige Gemeinsamkeit mit den im Ausland erfolgreichsten (wir nennen sie die ›amerikanisierten‹) japanischen Firmengruppen[31] aufweisen: sie verfügen alle über eine ganzheitliche Unternehmensvision, die den Zweck ihres wirtschaftsethischen und unternehmenspolitischen Handelns bestimmt (vgl. Abbildung 16).

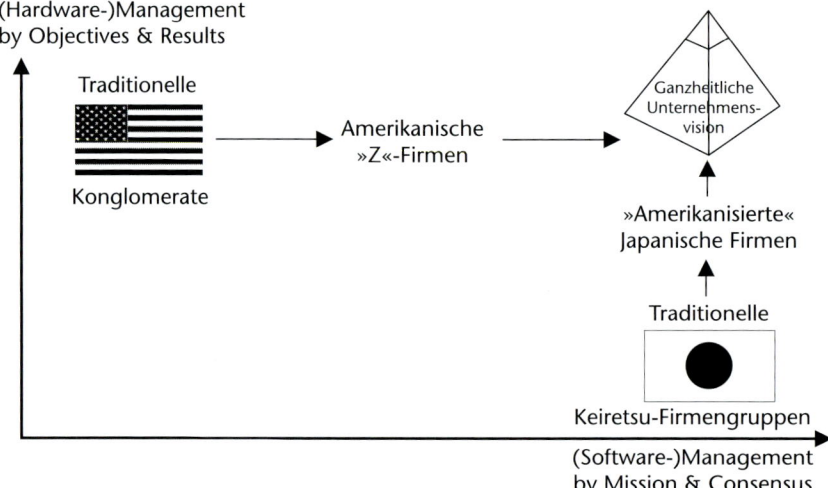

Abbildung 16: Konvergenz-Ansatz internationaler Unternehmen: Ganzheitliche Unternehmensvision als Erfolgsfaktor führender amerikanischer und japanischer Unternehmensgruppen

Gegenwärtig wird häufig selbst von namhaften Beratungsunternehmen ein eindimensional mechanistischer Hardware-Management-Ansatz[32] vertreten. Bei Unternehmensproblemen wird dann jeweils reorganisiert, eine neue Strategie angeordnet und allenfalls noch ein neues Controlling-System verpasst. Was daraus oft wird, veranschaulicht eine (leicht veränderte) Geschichte des Bischofs von Leeds.[33]

---

29 Hilb (1986).
30 Vgl. hierzu Ouchi (1981).
31 Vgl. Kobayashi (1983, S. 12).
32 Vgl. z. B. Peters/Waterman (1982).
33 Hilb (1986).

»Der Generaldirektor eines Großunternehmens erhielt eines Tages eine Gratis-Eintrittskarte für das Konzert von Schuberts »Unvollendeter Symphonie«. Er konnte das Konzert selber nicht besuchen und schenkte deshalb die Karte einem befreundeten Unternehmensberater. Nach zwei Tagen erhielt der Unternehmer von seinem Berater eine Memo mit folgenden Konzertkommentaren:

1. Während längerer Zeit waren vier Flötisten nicht beschäftigt. Die Zahl der Bläser sollte deshalb reduziert und die Arbeit auf die übrigen Musiker verteilt werden, um damit eine gerechtere Auslastung zu gewährleisten.
2. Alle zwölf Geiger spielten identische Noten. Dies stellt eine überflüssige Doppelspurigkeit dar. Die Zahl der Geigenspieler sollte deshalb ebenfalls drastisch gekürzt und für intensivere Passagen könnte ein elektronischer Verstärker eingesetzt werden.
3. Es wurde zu viel Mühe zum Spielen von Halbtonschritten aufgebracht. Empfehlung: Nur noch Ganztonschritte spielen! Dadurch können billige Angelernte und Lehrlinge eingesetzt werden.
4. Es hat keinen Sinn, mit Hörnern die gleiche Passage zu wiederholen, die bereits mit Trompeten gespielt worden ist.

Empfehlung:

Falls alle diese überflüssigen Passagen eliminiert würden, könnte das Konzert von zwei Stunden auf 20 Minuten gekürzt werden.

Hätte sich Schubert an diese Empfehlung gehalten, hätte seine Symphonie wahrscheinlich vollendet werden können ...«

Eine visionsorientierte Unternehmensführung sollte diese eindimensionale Betrachtungsweise ablegen und nach einer Balance zwischen Intuition und Rationalismus streben, d. h. z. B.

– sowohl Management mit Intuition als auch Management mit Zielen
– sowohl informale Vertrauenskultur als auch formalisierte Kommunikation
– sowohl Firmen-Föderalismus (Zeltmanagement-Ansatz) als auch Geo-Zentrismus (Holdingvilla-Ansatz)
– sowohl ganzheitliche Vision als auch optimistischer Realismus.

Ein Beispiel vermitteln die folgenden Führungs- und Kooperationsregeln, die als Leitlinien für die Führungskräfte eines internationalen Unternehmens dienen. Sie entsprechen dem zentralen Grundsatz von F.S. Fitzgerald (in: »The Great Gatsby«): »The test of a first rate intelligence is the ability to hold two opposing ideas in mind and still hold the ability to function.«

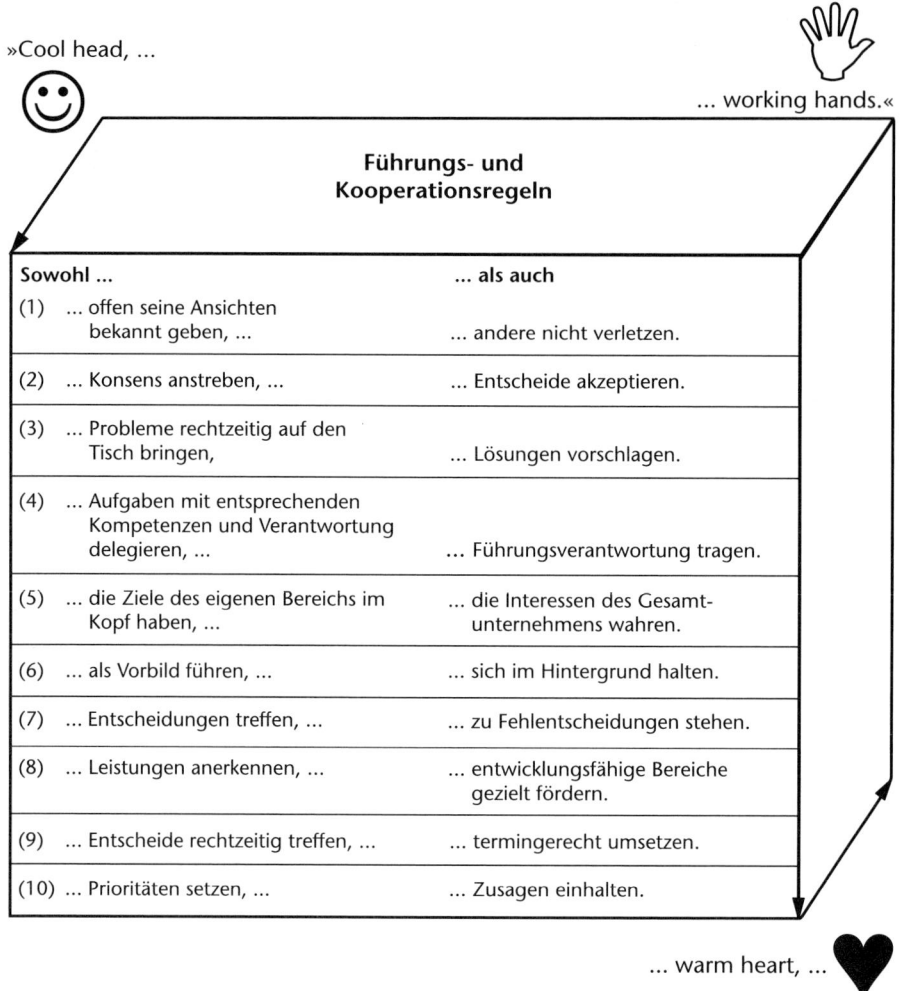

»Cool head, ...

... working hands.«

Führungs- und Kooperationsregeln

Sowohl ...	... als auch
(1) ... offen seine Ansichten bekannt geben, ...	... andere nicht verletzen.
(2) ... Konsens anstreben, ...	... Entscheide akzeptieren.
(3) ... Probleme rechtzeitig auf den Tisch bringen,	... Lösungen vorschlagen.
(4) ... Aufgaben mit entsprechenden Kompetenzen und Verantwortung delegieren, ...	... Führungsverantwortung tragen.
(5) ... die Ziele des eigenen Bereichs im Kopf haben, ...	... die Interessen des Gesamt- unternehmens wahren.
(6) ... als Vorbild führen, ...	... sich im Hintergrund halten.
(7) ... Entscheidungen treffen, ...	... zu Fehlentscheidungen stehen.
(8) ... Leistungen anerkennen, ...	... entwicklungsfähige Bereiche gezielt fördern.
(9) ... Entscheide rechtzeitig treffen, ...	... termingerecht umsetzen.
(10) ... Prioritäten setzen, ...	... Zusagen einhalten.

... warm heart, ...

Abbildung 17: Beispiel von Führungs- und Kooperationsregeln
(die von uns in einem internationalen Raumfahrt-Unternehmen eingeführt wurden).

Damit wird klargestellt, dass sich jedes positive Verhalten bei zu starker Ausprägung ins Negative wandeln kann: So kann z. B. Engagement zur Arbeitssucht, Schnelligkeit zur Überhastetheit, Charme zu Manipulation werden.

Abbildung 18 veranschaulicht die vor- und nachgelagerte Phase bei der partizipativen Entwicklung einer Unternehmensvision.

Vorgelagert ist die Kenntnis der gegenwärtigen und zu erwartenden zukünftigen Werthaltungen der verschiedenen Anspruchsgruppen des Unternehmens, nachgelagert der Versuch, die Unternehmenszukunft visionsgerecht zu gestalten (= Unternehmensplanung).

In Anlehnung an Mintzberg sind Unternehmensvisionen »both plans for the future and patterns from the past«.[34]

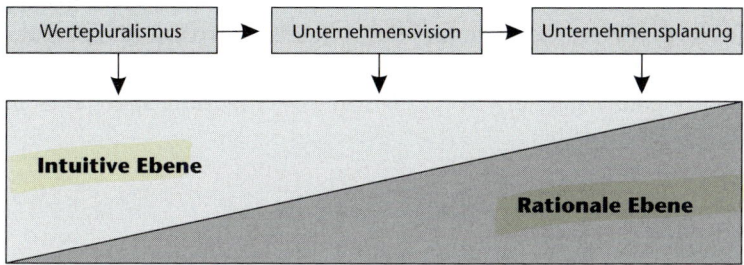

Abbildung 18: Vor- und nachgelagerte Phase bei der Entwicklung der Unternehmensvision

Strategische Planung macht wenig Sinn, wenn nicht vorher gemeinsam eine strategische Vision entwickelt worden ist. Dies kann anhand von bekannten Missmanagement-Beispielen aus der Praxis veranschaulicht werden. Dabei wird Unternehmensplanung oft noch isoliert (ohne vorherige Werthaltungsanalyse und Visionsentwicklung) gehandhabt. Ein illustratives Beispiel aus der Praxis einer »Palast-Organisation« zeigt die möglichen Folgen dieses Vorgehens auf:

> ### Planungs-Song in einer »Palast-Organisation«:
>
> »Wir ändern morgen, wir ändern heut,
> wir ändern wütend und erfreut,
> wir ändern, ohne zu verzagen,
> an allen sieben Wochentagen.
>
> Wir ändern teils aus purer Lust,
> mit Vorsatz teils, teils unbewusst.
> Wir ändern gut und auch bedingt,
> weil ändern immer Arbeit bringt.
>
> Wir ändern resigniert und still,
> wie jeder es so haben will,
> Die Alten ändern und die Jungen,
> wir ändern selbst die Änderungen.
>
> Wir ändern deshalb früh und spät,
> alles was zu ändern geht.
> Wir ändern heut und jederzeit. –
> Zum Denken bleibt uns wenig Zeit ...
> Änderung vorbehalten ...!«

---

34 Mintzberg (1989, S. 27, ferner S. 42): »As Kierkegaard once observed, life is lived forward but unterstood backward.«

Im härter werdenden Wettbewerb müssen auch solche Organisationen erkennen, in Zukunft ihren »Kurs nach dem Licht der Sterne zu bestimmen und nicht nach den Lichtern jedes vorbeifahrenden Schiffes« (O. Bradley).

Wie Abbildung 18 veranschaulicht, können die Leitplanken für die Zukunft des Unternehmens allerdings erst sinnvoll erstellt werden, wenn die Unternehmensleitung über fundierte Kenntnisse der Werthaltungen der verschiedenen Anspruchsgruppen verfügt.

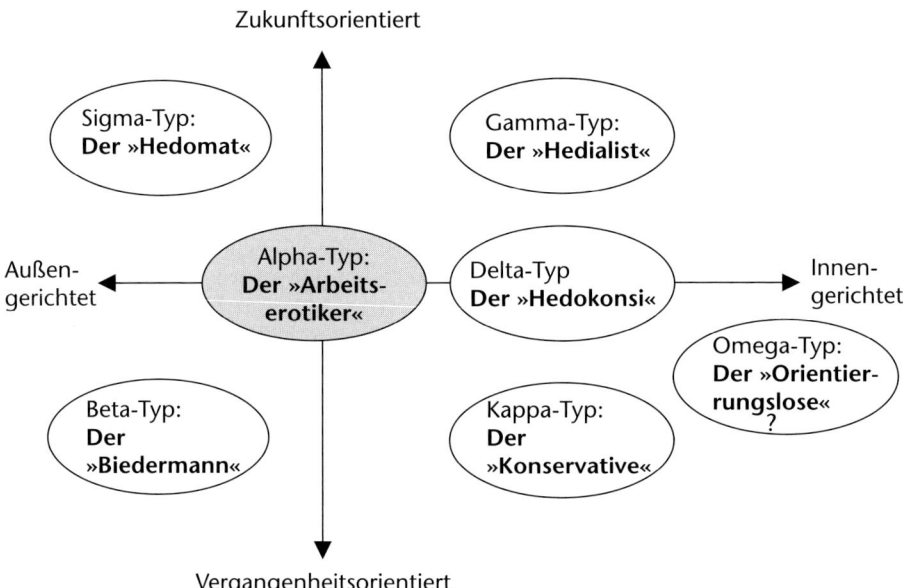

Abbildung 19: **Veränderungen der Werthaltungen** (aufgrund der Demo-SCOPE-Untersuchungen und unserer Werthaltungsumfragen bei Diplomanden)

Als Beispiel zeigen wir in Abbildung 19 die Ergebnisse einer Demo-SCOPE-Untersuchung[35], die wir durch Trend-Resultate der von uns seit 1985 jährlich erhobenen Werthaltungs-Umfragen bei Diplomanden an der Universität St. Gallen und an der Universität Dallas ergänzt haben. Dabei zeigt sich bei Betriebswirtschaftsabsolventen sowohl in St. Gallen als auch in Dallas ein Werthaltungswandel in Richtung »Hedomaten« und »Hedialisten«. »Hedomaten« sind eine Mischung aus Hedonisten und Materialisten und lassen sich charakterisieren als »Menschen mit starken Interessen an materiellen Dingen, aber wenig Einsatz für ideelle Ziele, die sich auch wenig Gedanken um die Probleme der Zeit machen«[36]. Die »Hedialisten«, wie wir sie nennen, stellen eine Mischung zwischen Hedonisten und

---

35 Vgl. Wyss (1992) und Wegmüller (2004).
36 Gebert in: Klages (1991, S. 72).

Idealisten dar (nach dem Motto: »Genieße den Augenblick, wer weiß, ob du den Satz noch vollenden kannst!«).

Dabei zeigen sich auch signifikante Veränderungen in den Arbeitshaltungen. Statt Firmentreue um jeden Preis steht Spaß an der Arbeit im Vordergrund, oder statt Workaholismus (Arbeit als Sucht und einziges Hobby) steht der gesellschaftliche und persönliche Sinn der Arbeit und der Freiraum zur Entfaltung in der Arbeit im Zentrum der Anliegen von immer mehr Arbeitnehmern (vgl. hierzu Abbildung 8).

Diese Werthaltungsveränderungen betreffen nicht nur die Mitarbeitenden, sondern gleichermaßen die Kunden, die Eigentümer und die Mitbürger am Standort eines Unternehmens. Deshalb stellt die Analyse der Werthaltungen eine wichtige Voraussetzung zur Entwicklung einer ganzheitlichen Unternehmensvision dar.

Im Folgenden wollen wir unser in der Praxis erprobtes Konzept einer ganzheitlichen, partizipativ im Konsens der wichtigsten Anspruchsgruppen erarbeiteten Unternehmensvision vorstellen:

Damit die Vision eine sinngebende und bindende Funktion für Kunden, Mitarbeitende, Mitbürger und Eigentümer ausüben kann, muss sie folgenden inhaltlichen, gestalterischen, prozessualen und situativen Anforderungen genügen:

1. Inhaltlich müssen die Grundsätze unternehmensspezifisch, umfassend, langfristig (z. B. auf drei Jahre) ausgerichtet und realistisch formuliert werden.

2. Zur Gestaltung der Grundsätze empfehlen wir folgende Regel (nach A. Einstein): »So einfach wie möglich, aber nicht einfacher!«

3. Um die Akzeptanz und den Erfolg der Unternehmensvision sicherzustellen, muss sie partizipativ aufgrund eines Workshops mit dem gesamten Führungsteam, falls möglich unter Beiziehung ausgewählter Kunden, Eigentümer, Personal- und Öffentlichkeitsvertreter im Konsens entwickelt werden.

4. Anschließend muss sie anhand von überlappenden Gruppenworkshops mit den vernetzten Organisationseinheiten an die situativen Bedingungen angepasst werden.

Dies lässt sich bei internationalen Unternehmen anhand von Matrioschka-Puppen veranschaulichen. Das weltweite Unternehmensleitbild (die äußere Puppe) bildet den Rahmen für die Entwicklung von Niederlassungsleitbildern. Würden diese Leitbilder nicht situativ abgeleitet werden (in Form von inneren Puppen), würde das Konzernleitbild für die lokalen Mitarbeiter »hohl« wirken und könnte seine zentrale Funktion der »Sinnfindung« nicht wahrnehmen.

Im Rahmen dieses Konzepts der überlappenden Workshops müssen Rückkoppelungsmechanismen eingebaut werden, damit relevante Verbesserungsvorschläge von Betroffenen in dezentralen Einheiten in übergeordneten Leitbildern Berücksichtigung finden.

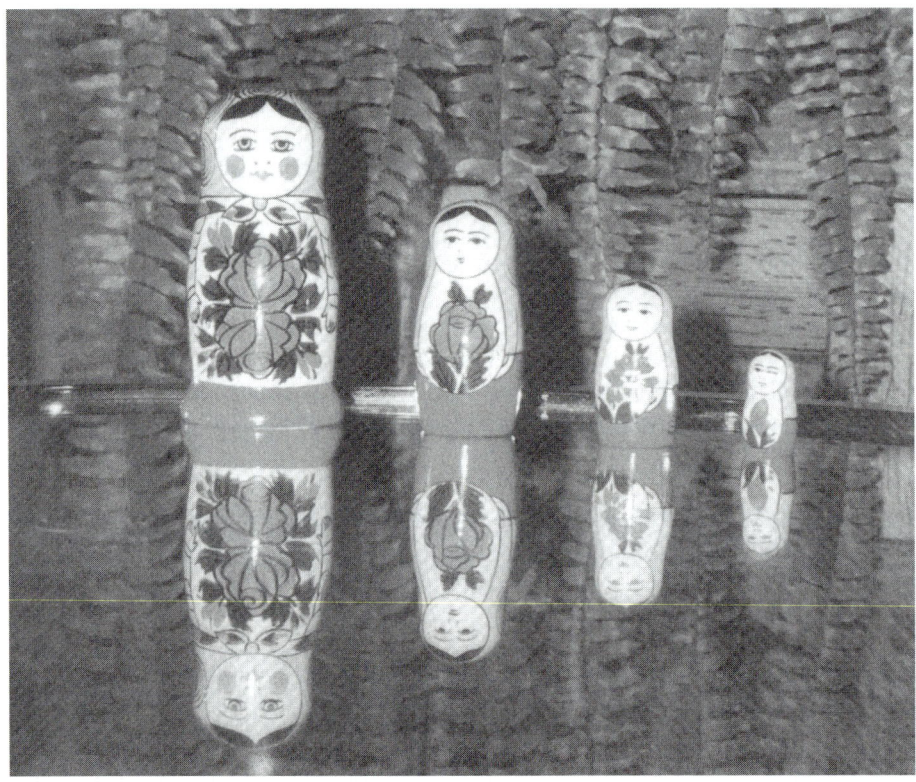

Abbildung 20: »Matrioschka-Ansatz« der Leitbild-Entwicklung

Damit die Vision effektiv zur Unternehmensentwicklung beiträgt, müssen neben der partizipativen Erarbeitung (gemäß unserer Formel in Abbildung 21) zwei weitere Faktoren gegeben sein: Die vorgängige, möglichst objektive Analyse der Unternehmensum- und -inwelt sowie die nachherige visionsgerechte Ableitung, Verwirklichung und Erfolgsevaluation von Aktionsleitsätzen für jede Organisationseinheit.

Unter-nehmens-ent-wicklung	=	Objektive Analyse der Unter-nehmensum- und -inwelt	×	Partizipative Erarbeitung einer ganzheitlichen Un-ternehmensvision	×	Visionsgerechte Ableitung, Verwirk-lichung und Erfolgskontrolle von Aktions-leitsätzen
		(Ist-Zustand)		**(Soll-Zustand)**		**(Aktion)**

Abbildung 21: Unternehmensentwicklung durch Unternehmensvision

Unser Management-Workshop-Programm ist entsprechend in drei Phasen aufgeteilt (vgl. Abbildung 22).

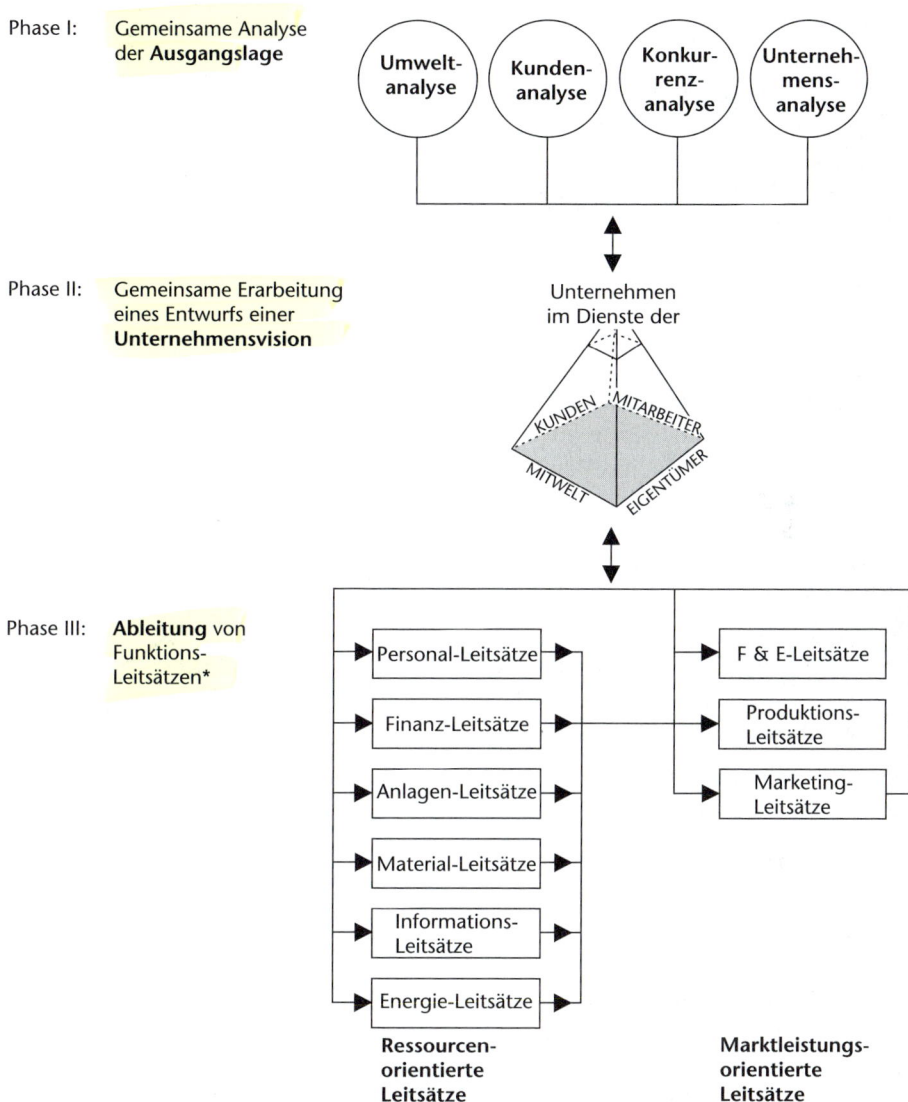

Phase I: Gemeinsame Analyse der **Ausgangslage**

Phase II: Gemeinsame Erarbeitung eines Entwurfs einer **Unternehmensvision**

Phase III: **Ableitung** von Funktions-Leitsätzen*

Abbildung 22: Beispiel eines Workshop-Programms

Im ersten Teil werden aufgrund einer Werteklärung (gemäß Abbildung 19) gemeinsam folgende vier zentrale Fragen mit Hilfe von verschiedenen Kreativitäts- und Entscheidungstechniken zu beantworten versucht:

---

* Je nach Unternehmensstruktur geht es dabei auch um die Ableitung von Produktdivisions- und/oder Regions-Leitsätzen. Dabei müssen alle Leitsätze immer gleichzeitig den Kunden, Mitarbeitenden, Eigentümern und der Mitwelt Nutzen stiften.

45

1. Welches sind die wichtigsten
   – gesellschaftlichen,
   – technologischen,
   – wirtschaftlichen und
   – ökologischen

   Entwicklungstrends, die unser Unternehmen in den nächsten drei Jahren am stärksten beeinflussen werden?
2. Wie werden diese Trends unsere Kunden in den nächsten drei Jahren voraussichtlich beeinflussen?
3. Wie werden diese Trends unsere wichtigsten Mitbewerber je Produktgruppe und Markt voraussichtlich beeinflussen? Welche neuen Mitbewerber treten möglicherweise auf?
4. Welches sind gegenwärtig im Vergleich zu den Mitbewerbern die wichtigsten Stärken und Schwachstellen? Welche Chancen und Gefahren können die Trends für das Unternehmen in Zukunft bewirken?

Aufgrund dieser Analyse wird in einer zweiten Phase das »Pyramiden-Konzept« der Unternehmensvision (vgl. Abbildung 23) präsentiert.

Wenn wir Leitsätze führender Unternehmen analysieren, stellen wir fest, dass es sich oft um eindimensionale visionäre Ausrichtungen handelt. Eine »zeitlose Geschichte von Nasrudin und seinem Freund« von Mintzberg (1976) veranschaulicht die Gefahr dieser einseitigen Betrachtungsweise:

> „Der Freund findet Nasrudin kniend vor seinem Haus, offensichtlich etwas suchend:
> – »Nasrudin, was hast Du verloren?«
> – »Meinen Hausschlüssel«, antwortet Nasrudin.
>
> Der Freund kniet ebenfalls nieder und sucht nach dem Schlüssel.
> Nach fünf Minuten erfolgloser Suche fragt der Freund:
>
> – »Wo hast Du den Schlüssel das letzte Mal hingelegt?«
> – Nasrudin antwortet: »In meinem Haus.«
> – »Warum suchst Du dann hier nach Deinem Schlüssel?«
> – »Es ist hier besser beleuchtet, als in meinem Haus.« "

Die Bedeutung dieser Geschichte liegt »... in making us all aware of how we often trap ourselves by focusing on a problem in the wrong context«[37], d. h. in eindimensionaler Weise.

Um bei allen Hauptträgern der Unternehmung eine ein- und ganzheitliche Denk- und Handlungsweise zu bewirken, muss eine Unternehmensvision vierdimensional ausgerichtet sein.

---

37 Tichy (1983).

Da ein langfristig erfolgreiches Unternehmen u.E. den

- Kunden
- Mitarbeitenden
- Eigentümern und
- Mitbürgern

gleichermaßen zu dienen hat, schlagen wir ein »Glas-Pyramidenkonzept« vor (vgl. Abbildung 23).

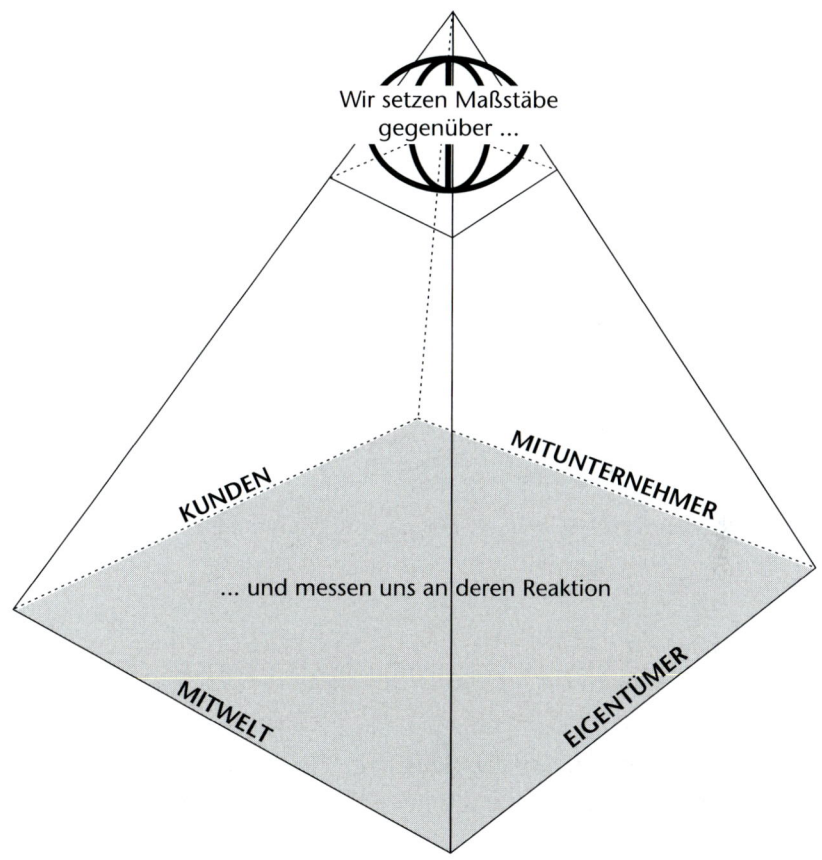

Abbildung 23: Unser »Glas-Pyramidenkonzept« der Unternehmensvision

Dabei gilt es, je einen prägnanten

- kunden-,
- personal-,
- eigentümer- und
- öffentlichkeits-

orientierten Leitsatz in Form je eines Erfolgsmaßstabes zu postulieren.

Der in Vorbereitung zum Workshop mit dem Unternehmensleiter erarbeitete erste Entwurf einer Unternehmensvision enthält entsprechend vier prägnante Erfolgsmaßstäbe, die während des Workshops zunächst durch alle Workshop-Teilnehmer aufgrund der im ersten Teil durchgeführten Um- und Inweltanalyse einzeln analysiert und verbessert werden.

Anschließend wird jeder einzelne Erfolgsmaßstab durchdiskutiert, verbessert und im Konsens verabschiedet. Am Schluss dieses Workshop-Tages liegt eine endgültige Fassung der Unternehmensvision vor.

Dieses Vorgehen bewirkt, dass sowohl eine Inhaltsfunktion, d. h. eine einheitliche visionäre Ausrichtung aller Mitglieder der Unternehmungsleitung als auch eine Beziehungsfunktion, d. h. eine Verbesserung der Teamarbeit innerhalb der Geschäftsleitung erreicht wird.

Um die Wirkung in der Visionsaussage zu steigern, verwenden wir für die Endfassung als Symbol eine kleine drehbare Glas-Pyramide.

Jeder Workshop-Teilnehmer erhält auf seinen Pult ein speziell angefertigtes Exemplar: Im Glasboden wird der Firmenslogan aufgeführt: z. B. »Firma X an die Spitze!« oder: »Firma Y setzt Maßstäbe« oder: »From worst to first!« ... Auf jeder Pyramidenseite wird auf das Glas je einer der vier Erfolgsmaßstäbe angebracht. Durch Drehen der Glaspyramide kann so der Firmenslogan auf alle vier Anspruchsgruppen ausgerichtet werden. Das Unternehmen postuliert somit, dass es gewillt ist, gleichzeitig den Kunden, den Mitarbeitenden, den Eigentümern und den Mitbürgern Nutzen zu stiften.

Dieses Pyramiden-Symbol gilt somit als die sinngebende und verbindende Charta für

- Kunden
- Mitarbeitende
- Eigentümer
- Öffentlichkeit

des Unternehmens und bildet die Grundlage für die Ableitung einheitlicher Erfolgsmaßstäbe auf der nächsten dezentralen Führungsebene.

In funktional strukturierten Unternehmen werden Funktionsbereichs-Leitbilder abgeleitet:

○ einerseits marktleistungsorientierte Grundsätze betreffend
   - F + E,
   - Produktion und
   - Marketing,

○ andererseits ressourcenorientierte Grundsätze betreffend
- Personal,
- Information,

- Finanzen,
- Anlagen,
- Material und
- Energie.

Diese Funktionsbereichs-Leitplanken werden anhand der vier Pyramiden-Dimensionen durch das entsprechende Vorstandsmitglied in Zusammenarbeit mit seinen leitenden Mitarbeitern entwickelt und vom Geschäftsleitungsteam wiederum unter Beiziehung von Vertretern relevanter Anspruchsgruppen in einem weiteren eintägigen Workshop im Konsens verabschiedet.

Bei der Abfassung der Funktionsbereichs-Visionen sollte ebenfalls unser KISS + S Grundsatz beachtet werden (»Keep It Simple, Systematic and Stimulating«).

Da Unternehmens-Visionen in Form von klaren Maßstäben lediglich eine inhaltliche Dimension aufweisen (also das **WAS** abklären), ist es notwendig, aufgrund von Workshops Kooperationsregeln aufzustellen, um klarzustellen, **WIE** wir uns im Unternehmen untereinander und gegenüber den relevanten Anspruchsgruppen verhalten wollen (Abbildung 24).

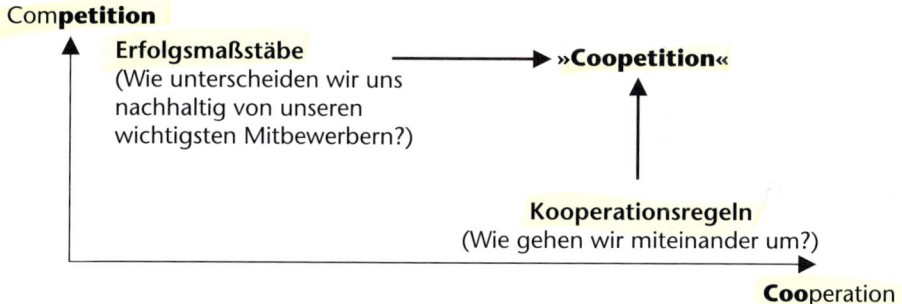

Abbildung 24: »Coopetition« als Erfolgsbalance zwischen Cooperation und Competition

Um im globalen und virtuellen Wettbewerb innovativer zu sein als die Hauptkonkurrenten, benötigen Firmen sowohl Erfolgsmaßstäbe als auch Kooperationsregeln, d. h. eine sog. »Coopetitionkultur« (vgl. Abb. 24).

Abbildung 25 zeigt ein Beispiel, wie wir in der Praxis unsere »360°-Spielregeln der Kooperation« als Ausgangskonzept anwenden. In einem Universitätsspital haben wir aufgrund des Spitalleitbilds (in dem klare Maßstäbe gegenüber den in der Abbildung genannten acht Anspruchsgruppen aufgestellt wurden) in einem Workshop mit der gesamten Klinikleitung in Form von »Sowohl als auch-Regeln« gemäß dem Beispiel (siehe Abb. 17) im Konsens Kooperationsregeln verabschiedet.

**Abbildung 25: Das Konzept der »360°-Verhaltensregeln der Kooperation«
am Beispiel eines Universitätsspitals**

Um die Unternehmensvision, die daraus abgeleiteten Funktionsbereichs-Leitsätze und die Kooperationsregeln möglichst objektiv mit der Unternehmenspraxis zu vergleichen und etwaige Anpassungen und Weiterentwicklungen vorzunehmen, sollte periodisch ein Follow-Up-Workshop durchgeführt werden.

Dabei sollten zuvor jeweils auf allen vier Dimensionen[38] möglichst objektive Diagnosen durchgeführt werden, d. h. z. B.

– Portfolio- und Marktanteilanalysen auf der kundenorientierten Dimension,
– finanzwirtschaftliche Kennzahlenanalysen auf der eigentümerorientierten Dimension,
– externe Firmen-Image-Umfragen auf der öffentlichkeitsorientierten Dimension und
– Umfragen gemäß Kapitel 4.3 dieses Buches auf der personalorientierten Dimension.

---

38 Vgl. Hilb (1997).

Auf diese Weise partizipativ erarbeitete, mehrdimensionale Unternehmensvisionen können mithelfen, dass Unternehmen auch das nächste Jahrzehnt im ständig härter werdenden internationalen Wettbewerb überleben und dabei »... the masters of change rather than the victims«[39] werden.

Die in diesem Kapitel aufgezeigten vier Komponenten des ganzheitlichen Managements beeinflussen sich gegenseitig, d. h. z. B., ein **Vorstandsteam humaner Unternehmerpersönlichkeiten** an der Spitze des Unternehmens bewirkt eine innovative Vertrauens-Kultur, eine **Vertrauens-Kultur** macht es möglich, partizipativ und kaskadenartig Erfolgsmaßstäbe einzuführen, und gemeinsam erarbeitete, **ganzheitliche Unternehmensvisionen** machen es möglich, dass eine **föderalistische Zelt-Struktur** erfolgreich verwirklicht werden kann.

In unserem Ausgangsmodell (vgl. Abbildung 7) stellt die ganzheitliche Unternehmensvision das Zentrum dar und bildet somit die wichtigste Basis für eine integrierte Personal-Gewinnung, -Beurteilung, -Honorierung und -Entwicklung. Umgekehrt dient das visionsorientierte Personalmanagement der Weiterentwicklung der Unternehmensvision und der anderen in diesem Kapitel dargestellten Komponenten des ganzheitlichen Managements.

---

39 Vogel (1980).

3
Kreislaufkonzept des visionsorientierten Personalmanagements

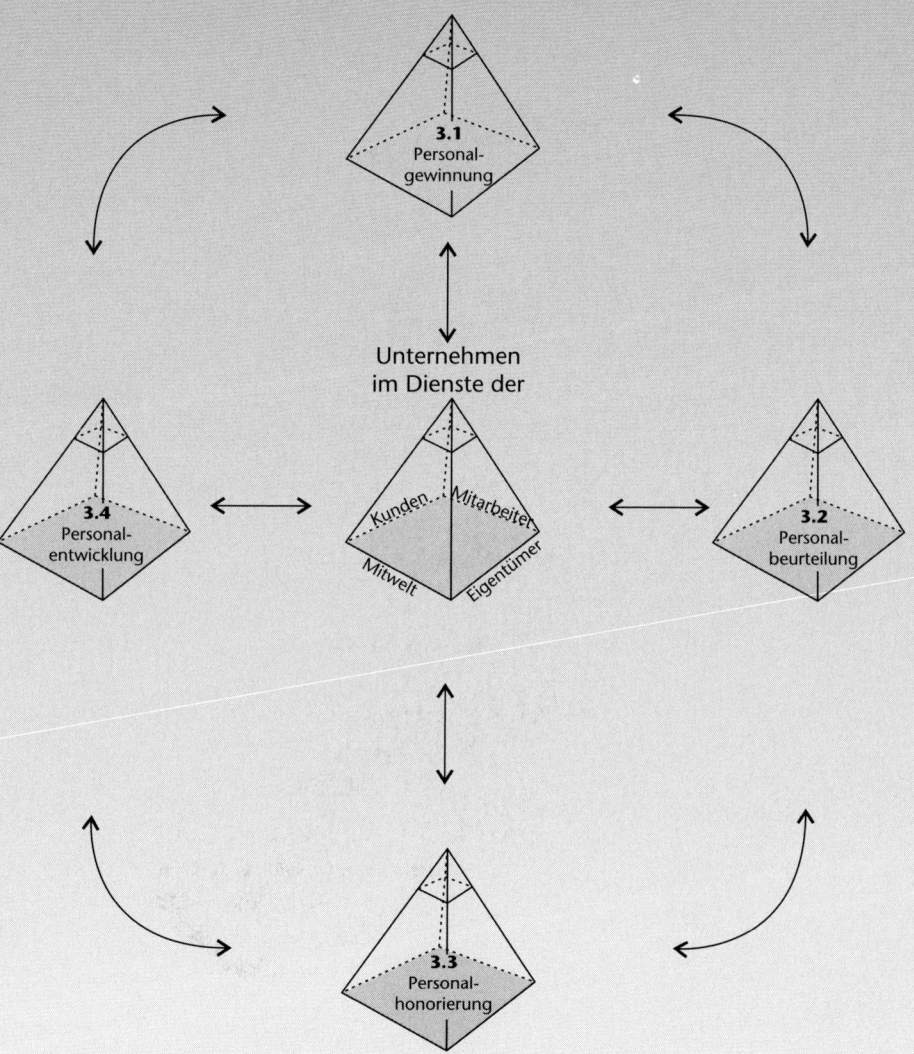

Erst aufgrund einer Unternehmensvision, die von den an der Entwicklung Beteiligten vorgelebt wird und mit der angestrebt wird, allen relevanten Anspruchsgruppen des Unternehmens gleichzeitig Nutzen zu stiften, ist es möglich, Mit-Arbeiter als Mit-Unternehmer ganzheitlich (d. h. wiederum unter gleichzeitiger Berücksichtigung personal-, umwelt-, eigentümer- und kundenorientierter Aspekte) zu gewinnen, zu beurteilen, zu honorieren und zu entwickeln.

Dabei sind die vier zentralen Funktionskonzepte nicht nur visionsorientiert auszurichten, sondern auch miteinander zu integrieren:

- Bereits bei der Personal-**Gewinnung** ist das Potenzial der Bewerber zu prüfen. Werden Mitarbeitende ohne Potenzial angestellt, wird Personal-Entwicklung nicht möglich sein.
- Die Personal-**Beurteilung**[1] hat sodann nach den gleichen stellen- und rollenspezifischen Kriterien zu erfolgen wie die gezielte Gewinnung der Mit-Unternehmer.
- Die Folgemaßnahmen der so erfolgten möglichst objektiven Personal-Beurteilung bestehen in der anforderungs- und leistungsgerechten **Honorierung** und potenzialgerechten Entwicklung der Mit-Unternehmer.
- Gelingt es einem Unternehmen, Personal-**Entwicklung** entsprechend ganzheitlich auszurichten, wird es in Zukunft auf dem Arbeitsmarkt möglicherweise weniger Probleme haben, engagierte, integre und kompetente Bewerber zu finden. Damit ist (an einem Beispiel veranschaulicht) der Kreislauf geschlossen.

Im Folgenden wollen wir nun die vier zentralen Funktionskonzepte einzeln jeweils anhand eines Adäquanz-Dreiecks darstellen (Abbildung 26). Dabei geht es darum, dass das Ziel (= WAS?), das Vorgehen (= WIE?) und das Instrumentarium (= WOMIT?) aufeinander abgestimmt werden.

---

1 Wir haben bewusst die »Personal-Beurteilung« **nicht** als mögliche Querschnittfunktion in einer zweiten Dimension ausgegliedert, weil es sich bei der Personal-Gewinnung um die Beurteilung von **Bewerbern**, bei der Personal-Honorierung und -Entwicklung und der vorgelagerten Leistungsbewertung um **Mitarbeitende** handelt.

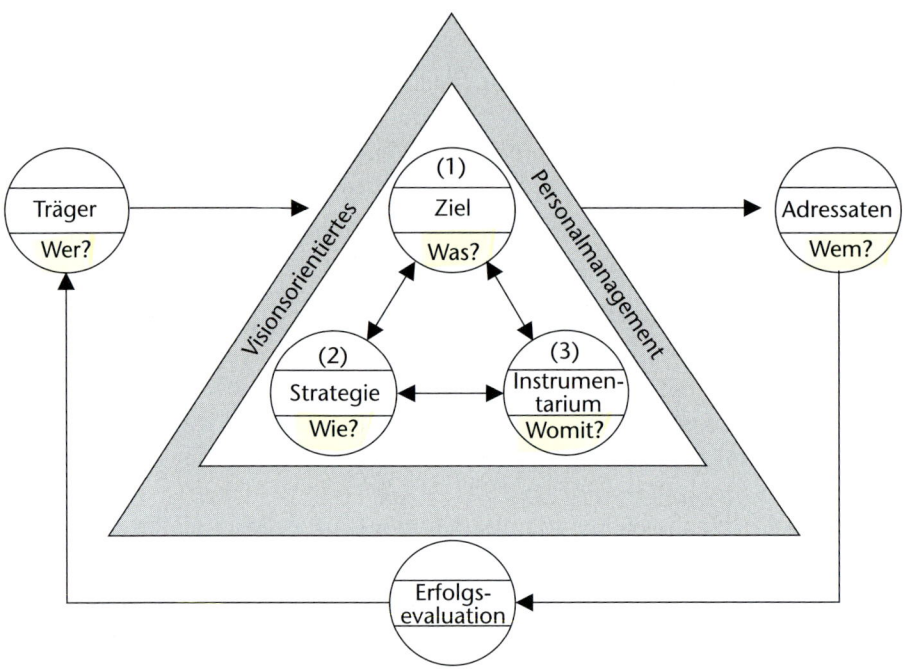

Abbildung 26: Adäquanz-Dreieck von Ziel, Vorgehen und Instrumentarium

Dabei gelten für alle vier Personalmanagement-Teilkonzepte (Gewinnung, Beurteilung, Honorierung und Entwicklung) die gleichen Träger, Adressaten und Erfolgsevaluationskonzepte (wie sie im Kapitel 4 vorgestellt werden).

Als **Träger** des Personalmanagements bezeichnen wir die Gesamtheit der Entscheidungsorgane, die sich mit der Planung, Führung, Organisation und Erfolgsevaluation der Human-Ressourcen des Unternehmens befassen.

Dabei können (gemäß Abbildung 27) Haupt- und Mit-Träger sowie Bezugsgruppen des Personalmanagements unterschieden werden[2].

Als Hauptträger betrachten wir die Unternehmensführung (einschließlich des Personalverantwortlichen als Mitglied dieses Teams) sowie die direkten und indirekten »Vorgenetzten«:

---

2 Vgl. von Eckardstein/Schnellinger (1978, S. 5 ff.).

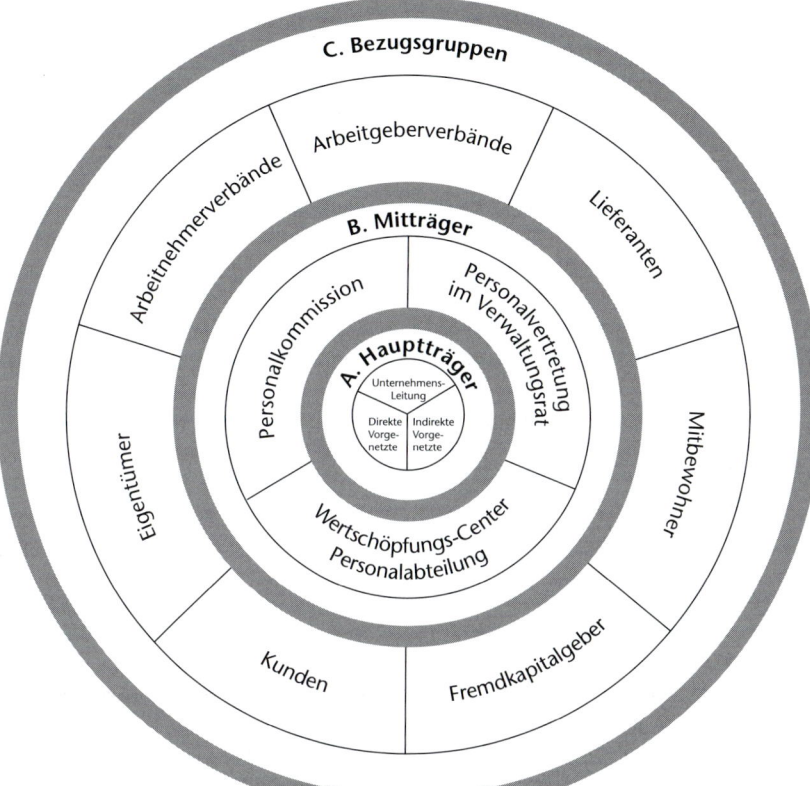

Abbildung 27: **Träger des Personalmanagements** (dargestellt am Beispiel eines Schweizer Unternehmens)

Personalpolitische Entscheidungen sind immer das Ergebnis von Interaktionsprozessen zwischen den verschiedenen Haupt- und Mit-Trägern und Bezugspersonen, u.a. auch im Rahmen individual- und kollektiv-arbeitsrechtlicher Bestimmungen.

Während die Unternehmensführung für die personalpolitischen Leitlinien sowie die partizipative Entwicklung, Einführung und Erfolgsevaluation der Personalmanagementkonzepte verantwortlich zeichnet, sind die direkten und indirekten »Vorgenetzten« in Zusammenarbeit mit den Personalverantwortlichen für die Gewinnung, Beurteilung, Honorierung und Entwicklung ihrer Mitarbeitenden zuständig.

Da sich die Rollenbestimmung und -abgrenzung der Mitträger und Bezugsgruppen landes-, branchen- und unternehmensspezifisch unterscheiden, wollen wir im Rahmen dieses Buches nicht näher darauf eingehen.*

---

* Vgl. Hilb (2000).

Als **Adressaten** des Personalmanagements verstehen wir die Gesamtheit der Mitarbeitenden eines Unternehmens.

In den meisten Fällen handelt es sich um eine außergewöhnlich heterogene Gruppe von Personen, die sich nach demographischen Daten und in der Persönlichkeit stark unterscheiden.

Aufgrund einer Bedürfnisanalyse und aufgrund von Wichtigkeitsmappings (vgl. Abbildung 110) kann das Unternehmen für bestimmte homogene Personalzielgruppen besondere personalpolitische Maßnahmen durchführen.

Im folgenden geht es darum, die vier Personalmanagement-Teilkonzepte anhand der Zielsetzung, des Vorgehens und des Instrumentariums vorzustellen und aufeinander abzustimmen (vgl. Abbildung 28).

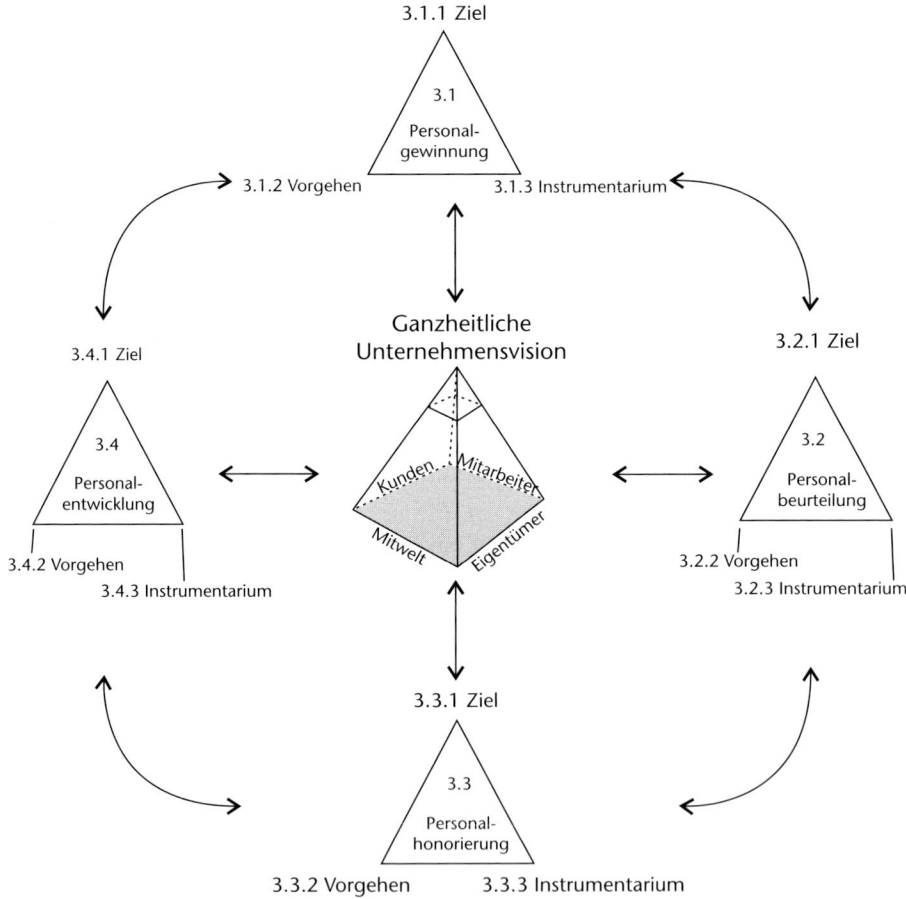

Abbildung 28: Titel-Struktur des Kapitels 3

3.1 Personalgewinnung

Zur Umsetzung der ganzheitlichen Unternehmensvision ist eine gezielte Auswahl der dafür benötigten Mitarbeiterteams erforderlich.[3]

3.1.1 Ziel

Das Hauptziel der Personalgewinnung besteht darin, »Mit-Unternehmer« mit anforderungsgerechter Qualifikation, Motivation und Team-Rolle für eine jeweils visionsgerecht gestaltete und eingeordnete Position, zur richtigen Zeit am richtigen Ort zu nutzengerechten Kosten auszuwählen.

»The only sustainable competitive advantage comes from out-innovating the competition.« Nach dieser Aussage von James Morse können Unternehmen nur langfristig überleben, wenn es ihnen gelingt, ihre Mitbewerber in der Innovationskraft zu übertreffen. Dies kann aufgrund von Abbildung 29 nur gelingen, wenn wir auch im Bereich des Personalmarketings eine Allwetterstrategie anstreben: Weder Arbeitsplatzsicherheit in der Schönwetterphase noch »Hire-fire-hire«-Strategien in der Schlechtwetterphase bewirken die für viele Unternehmen überlebensnotwendige »Innovationskraft«, weder »Beamte« noch »Verängstigte« weisen die notwendige Neuerungsfreudigkeit auf.

Da es in der Wirtschaft in Zukunft oft keine Stellen mehr zu besetzen gibt, sondern lediglich wechselnde Aufgaben zu erfüllen sind, kann kein Arbeitsplatz mehr garantiert werden. Was innovationsbewusste Unternehmen allerdings anstreben können, ist Beschäftigungssicherheit. Dabei geht es darum, dass versucht wird, auch in schwierigen Zeiten kreative Wege zu finden, temporäre Schwierigkeiten im Geschäft zu meistern. Dazu dient der im folgenden Kapitel beschriebene Vor-Selektions-Grundsatz sowie die in Abbildung 31 dargestellten anspruchsgruppenorientierten Flexibilisierungsmaßnahmen.

Droht eine Krise zur existenzgefährdenden Katastrophe für das Unternehmen zu werden, sollte versucht werden, sich in fairer Weise von Mitarbeitenden zu trennen. Dies kann nur gelingen, wenn die Unternehmen stets die Arbeitsmarktfähigkeit ihrer Mitarbeitenden anstreben. »Employable« sind Mitarbeitende dann am ehesten, wenn sie »Multipreneure« sind, d. h. ». . . having multiple skills, so that you can develop multiple sources of income and multiple careers, either simultaneously or serially«[4].

---

3 Bei bestehenden Unternehmen geht es darum, die Ist-Personalstruktur durch gezielte Personalentwicklungs- und faire Outplacement-Maßnahmen der visionsgerechten Soll-Personalstruktur anzupassen.

4 Gorman (1996, S. 11).

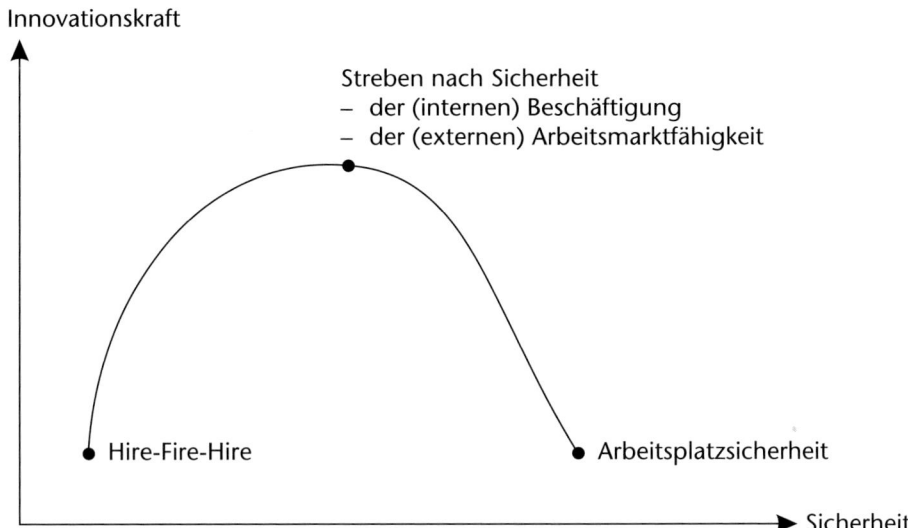

Innovationskraft

Streben nach Sicherheit
– der (internen) Beschäftigung
– der (externen) Arbeitsmarktfähigkeit

Hire-Fire-Hire

Arbeitsplatzsicherheit

Sicherheit

**Abbildung 29: Die Kunst der Balance zwischen Innovation
und Sicherheit**

Um die Zielsetzung wiederum ganzheitlich auszurichten, ist für alle Teilfunktionen eine vierdimensionale Ausrichtung anzustreben (vgl. Abbildung 30).

Dimensionen der Unternehmensvision / Ziele der Personalgewinnung	**A** Eigentümer-orientierte (wirtschaftliche) Dimension	**B** Mitarbeiter-orientierte (soziale) Dimension	**C** Kundenorientierte (marktorientierte) Dimension	**D** Mitwelt-orientierte (ökologische) Dimension
1 Personal-Bedarfs-ermittlung				
2 Personal-Werbung				
3 Personal-Auswahl				
4 Personal-Anstellung				
5 Personal-Einführung				

Abbildung 30: Ganzheitliche Personalgewinnung

(1) Personal-Bedarfsermittlung

Das folgende Beispiel soll zeigen, wie eine ganzheitliche Personalbedarfsermittlung gleichzeitig den Mitarbeitenden, Eigentümern, Kunden und der Mitwelt des Unternehmens dienen kann.

Wir haben in vielen Unternehmen folgenden Grundsatz eingeführt:

Bei jedem Firmenaustritt eines Mitarbeitenden bzw. bei jeder neugeschaffenen Position wird die Personalstruktur kreativ neu überprüft mit dem Ziel, alle möglichen innerbetrieblichen

- Humanisierungs-
- Automatisierungs- und
- Entbürokratisierungs-

Potenziale auszuschöpfen.

Dabei gehen wir davon aus, dass die meisten Positionen in größeren Unternehmen nach einer bestimmten Zeit drei Teile aufweisen:

- Ein erster Teil der Funktion wird auch in Zukunft für das Unternehmen gemäß der Vision wichtig sein und umfasst gleichzeitig interessante Aufgaben. Der Firmenaustritt eines Mitarbeitenden wird benutzt, um die Tätigkeit eines anderen Mitarbeitenden mit diesem sinnvollen Teil zu bereichern.
- Ein zweiter Teil der Funktion ist ebenfalls in Zukunft für das Unternehmen von Bedeutung, ist jedoch monoton. Es wird nun die Gelegenheit benutzt, diesen repetitiven Teil zu automatisieren.
- Ein dritter Teil war vielleicht einmal wichtig, wird es aber in Zukunft nicht mehr sein. Dieser Teil wird aufgehoben und damit ein Beitrag zur Entbürokratisierung der Organisation geleistet.

Damit wurden in diesen Unternehmen folgende Ergebnisse erzielt:

- Auf der sozialen Ebene wurde ein (kostenneutraler, z.T. kostensenkender) Beitrag zur Humanisierung der Arbeitswelt geleistet.
- Auf der marktorientierten Ebene konnten (z.T. kostenneutral) wettbewerbsnotwendige Automatisierungsmaßnahmen in Büro und Betrieb eingeleitet werden.
- Auf der wirtschaftlichen Ebene konnte überflüssige Bürokratie wirksam (und ohne soziale Kosten) abgebaut werden.
- Auf der ökologischen Ebene konnten durch den Bürokratieabbau für die Zukunft auch überflüssige Papier-, Informatik- und andere Umweltkosten vermieden werden.

Zeigt sich nach Abklärung des Grundsatzes durch den »Vorgenetzten«, dass eine (Teil- oder Voll-Zeit)-Stelle notwendig ist, so ist auf einer Seite eine Kurzbeschreibung des Aufgaben-, Kompetenz- und Verantwortungsbereichs sowie des aufgabenspezifischen Anforderungsprofils zu erstellen (vgl. Abbildung 33). Diese Beschreibung enthält alle aus der Unternehmensvision abgeleiteten, für die Position notwendigen Eigenschafts- und Teamrollendimensionen. Darin unterscheidet sich die Personalgewinnung von der traditionellen Auswahl von Mitarbeitenden.

Was die Gestaltung des Arbeitsplatzes des neuen Mitarbeitenden betrifft, sind alle relevanten sozialen, wirtschaftlichen und ökologischen Aspekte zuvor zu berücksichtigen. So kann z. B. ein Tele-Arbeits-Team-Konzept dazu beitragen, dass bestimmte Mitarbeitende einen Großteil ihrer Arbeitszeit zu Hause verbringen und mit modernen Telekommunikationsmitteln mit den anderen Teammitgliedern ständig verbunden sind. Dies kann wiederum gleichzeitig Nutzen für die Kunden, Mitarbeitenden, Eigentümer und die Umwelt stiften.[5]

Das Gleiche gilt für die flexible Gestaltung der Arbeitszeiten. Neue Untersuchungen[6] zeigen, dass Teilzeit- oder besser Mobilzeitarbeit, von wenigen Ausnahmen abgesehen, für alle Positionen möglich ist. Deshalb sollte jedem Mitarbeitenden die Möglichkeit gewährt werden, freiwillig seine Arbeitszeit bei entsprechender Kürzung der Lohn- und Nebenkosten abzubauen, falls er dies aufgrund folgender Fragestellungen wünscht:

1. Welcher Teil seiner bisherigen Tätigkeit ist in Zukunft für das Unternehmen wichtig und für ihn interessant? Diesen Teil behält er.
2. Welcher Teil seiner bisherigen Tätigkeit ist für das Unternehmen in Zukunft zwar wichtig, ist für ihn aber monoton und kann automatisiert werden? Dieser Teil wird automatisiert und sein Arbeitszeitanteil entsprechend gekürzt.
3. Welcher Teil seiner bisherigen Tätigkeit wird in Zukunft für das Unternehmen nicht mehr wichtig sein? Dieser Teil wird weggelassen und seine Arbeitszeit entsprechend gekürzt.

Abbildung 31 gibt eine Übersicht über weitere Arbeitszeitformen zum Nutzen aller unternehmensrelevanten Anspruchsgruppen.

---

5 Vgl. die Ergebnisse der von uns betreuten interdisziplinären NDU-Team-Projektarbeit über »Tele-Team-Management« von Biedermann et al. (1991).
6 Vgl. hierzu die McKinsey-Untersuchungen in Deutschland und der Schweiz aus dem Jahr 1995.

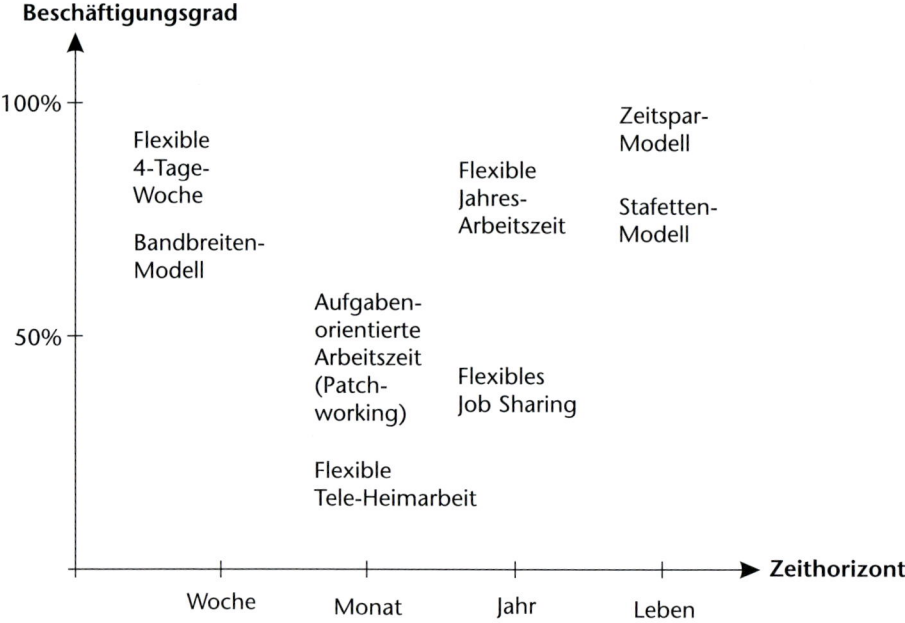

Abbildung 31: Flexible Arbeitszeitformen zum Nutzen aller Anspruchs-gruppen

Folgende Zeitprogramme können unterschieden werden:

○ Wochenzeitprogramme, wie z. B.
- die flexible 4-Tage-Woche mit einem 80-Prozent-Pensum, wobei je nach betrieblicher Auslastung an 0 bis 6 Tagen gearbeitet wird,
- das Bandbreitenmodell mit einer wahlweisen individuellen Arbeitszeit innerhalb einer fixen Bandbreite mit entsprechender Verdienstanpassung.

○ Monatszeitprogramme, wie z. B.
- die aufgabenorientierte Arbeitszeit, wobei der Arbeitseinsatz durch die Erfüllung der Aufgaben gesteuert wird (dies ist das bevorzugte Zeitprogramm für »Portfolio-Arbeitspartner«, die für verschiedene Arbeitgeber, z. T. auch als Selbstständige ohne Interessenkonflikt tätig sind),
- flexible Tele-Heimarbeit, die eine aufgabenorientierte Arbeitszeit mit Arbeitsort zu Hause darstellt.

○ Jahreszeitprogramme, wie z. B.
- flexible Jahresarbeitszeit, wobei die nach den betrieblichen Erfordernissen gearbeiteten Stunden von der Bruttojahresarbeitszeit abgezogen werden,
- flexibles Job Sharing, das eine beschäftigungswirksame Aufteilung von z. B. vier 100-Prozent-Stellen in fünf 80-Prozent-Pensen darstellt.

○ Lebenszeitprogramme, wie z. B.

  – Zeitsparmodell, in dem die Mitarbeitenden die Möglichkeit haben, geleistete Mehrarbeit anzusparen und später Sabbaticals oder eine gleitende Pensionierung durchzuführen,

  – Stafetten-Modell, in dem die gleitende Pensionierung mit dem gleitenden Einstieg von jungen Mitarbeitenden nach dem Lehr- oder Schulabschluss kombiniert wird.

(2) Personal-Werbung

Bei der Personal-Werbung geht es darum,

  – »ein positives Image im Arbeitsmarkt aufzubauen und zu erhalten,

  – potenzielle Mitarbeitende für das Unternehmen zu interessieren und für eine Mitarbeit zu gewinnen«[7] und

  – dabei jene besonders anzusprechen, die den visionsgerechten Eigenschafts- und Rollenkriterien für die vakante Position entsprechen.

Dabei soll folgender Grundsatz gelten:

> Externe Personalwerbemaßnahmen und Kontakte mit externen Bewerbern werden erst aufgenommen, nachdem alle möglichen internen Kandidaten auf Eignung für die freie Position geprüft worden sind.

Dadurch wird wiederum für verschiedene Anspruchsgruppen des Unternehmens gleichzeitig Nutzen gestiftet, z. B. für die Eigentümer durch Vermeidung unnötiger Selektions- und Einführungskosten und für die Mitarbeitenden durch vermehrte Personalförderungsmöglichkeiten.

(3) Personal-Auswahl

Mit der Personal-Auswahl wird die größtmögliche Übereinstimmung des Eignungsprofils der Bewerber mit dem visionsgerechten stellenspezifischen Anforderungsprofil angestrebt:

  – Die Auswahl hat nach dem ökonomischen Prinzip zu erfolgen, d. h., es ist eine optimale Kombination von personellen, zeitlichen und sachlichen Ressourcen mit möglichst kleinem finanziellen Aufwand einzusetzen.

  – Die Auswahl ist für alle Beteiligten motivierend, vertraulich und in nicht-diskriminierender Weise durchzuführen.

---

7 Staude (1989, S. 169).

– Das ökologische Bewusstsein und die entsprechende Betroffenheit kann visionsgerecht in den Katalog der Muss-Anforderungen, die an alle Bewerber gestellt werden, aufgenommen werden.[8]

Dabei soll folgender Grundsatz gelten:

Die Personalauslese basiert einzig auf der visionsgerechten

– Persönlichkeits-
– Fach-
– Sozial- und
– Führungs-

Kompetenz, ohne Berücksichtigung irrelevanter sozialer Daten (wie der Nationalität, des Geschlechts, des Alters, der Religion oder eines Gebrechens).

Dabei werden unterschiedliche soziale Daten (wie z. B. Junior/Senior, Damen/Herren, Blinde/Sehende) als gleichwertig, jedoch nicht gleichartig betrachtet.[9]

(4) Personal-Anstellung

Bei der Anstellung von Mitarbeitenden sind folgende Grundsätze zu berücksichtigen:

– Die Personal-Anstellung hat nach arbeitsmarkt-, mitarbeiter- und eigentümergerechten, standardisierten Arbeitsvertragsbedingungen zu erfolgen.
– Die Personalabteilung und alle anderen mit der Anstellung involvierten Firmenangehörigen haben die Privatsphäre der (potenziellen) Arbeitsvertrags-Partner durch absolut vertrauliche Behandlung aller entsprechenden Personaldaten sicherzustellen.
– Die Anstellung hat in einer nicht-diskriminierenden Weise zu erfolgen.
– Jede Anstellung muss aus Sicht der Mitarbeitenden, Eigentümer, Kunden und der Gesellschaft Sinn stiften.

---

8 Dabei hängt der Erfolg von ökologischem Management zusätzlich vor allem von entsprechend gestalteten und integrierten Personal-Beurteilungs- und -Anreizsystemen ab (vgl. Kapitel 3.2 und 3.3).
9 Vgl. Jent (2002).

(5) Personal-Einführung

Mit der Personal-Einführung werden folgende Grundsätze angestrebt:

- Der neue Mitarbeitende soll sich möglichst rasch in das Beziehungsgefüge der Arbeitsgruppe und des Unternehmens integrieren und wohlfühlen (Beziehungsaspekt).
- Der neue Mitarbeitende soll die Unternehmensvision, -kultur und -struktur, die Geschichte, Produkte und Märkte des Unternehmens möglichst umfassend kennen lernen und sich damit identifizieren (Inhaltsaspekt).

Erst mit einer umfassenden Personal-Einführung kann das Hauptziel der Personal-Gewinnung als erfolgreich abgeschlossen gelten.

3.1.2 Strategie

Für jede Stellenbesetzung kann jeweils folgender Vorgehensplan gewählt werden:

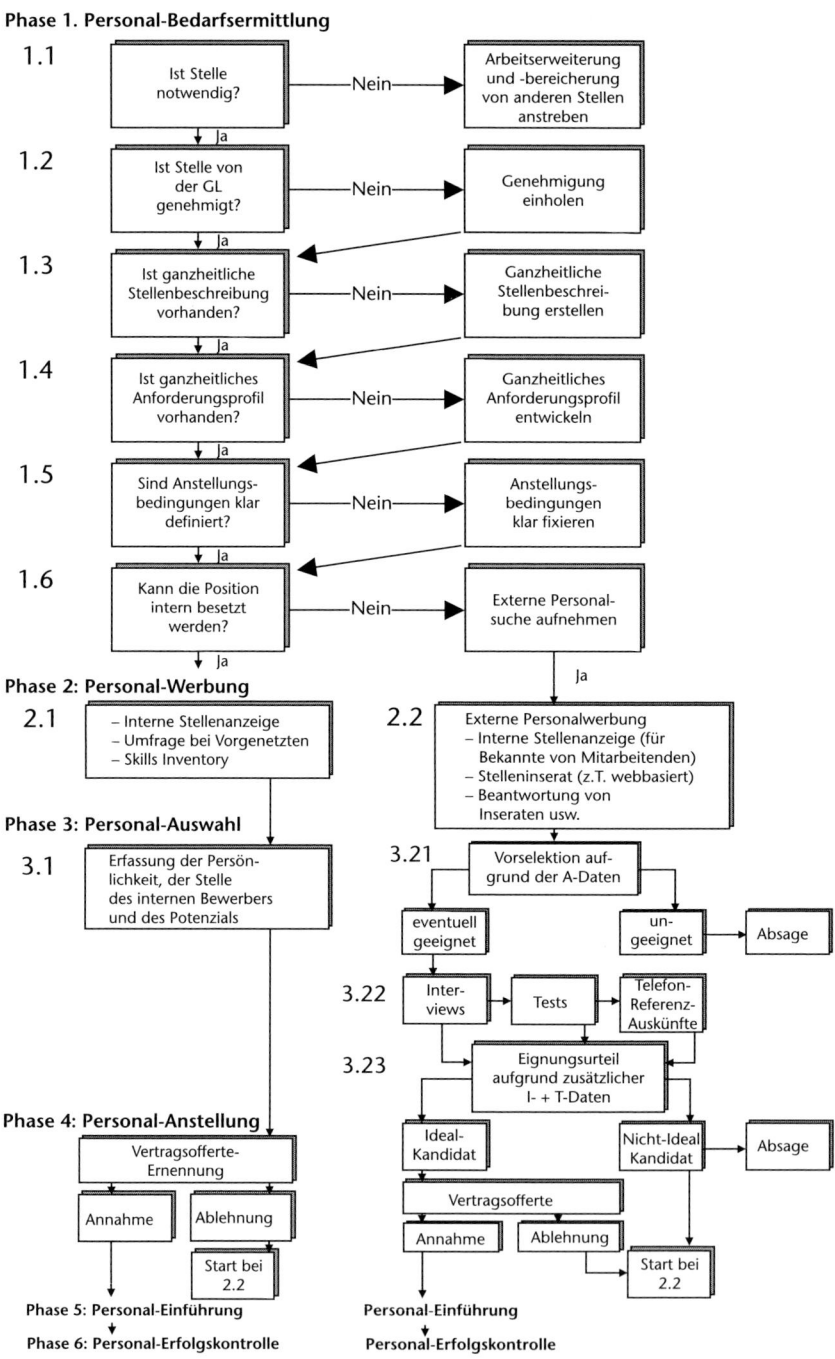

Abbildung 32: Vorgehensphasenplan für die Stellenbesetzung

Dabei verwenden wir für die Personalauswahl (als wichtigste Phase) für jede Position folgendes Vorgehen[10]:

(1) Eindeutige **Definition der visions- und aufgabenspezifischen Anforderungskriterien** aufgrund folgender Systematik[11]:

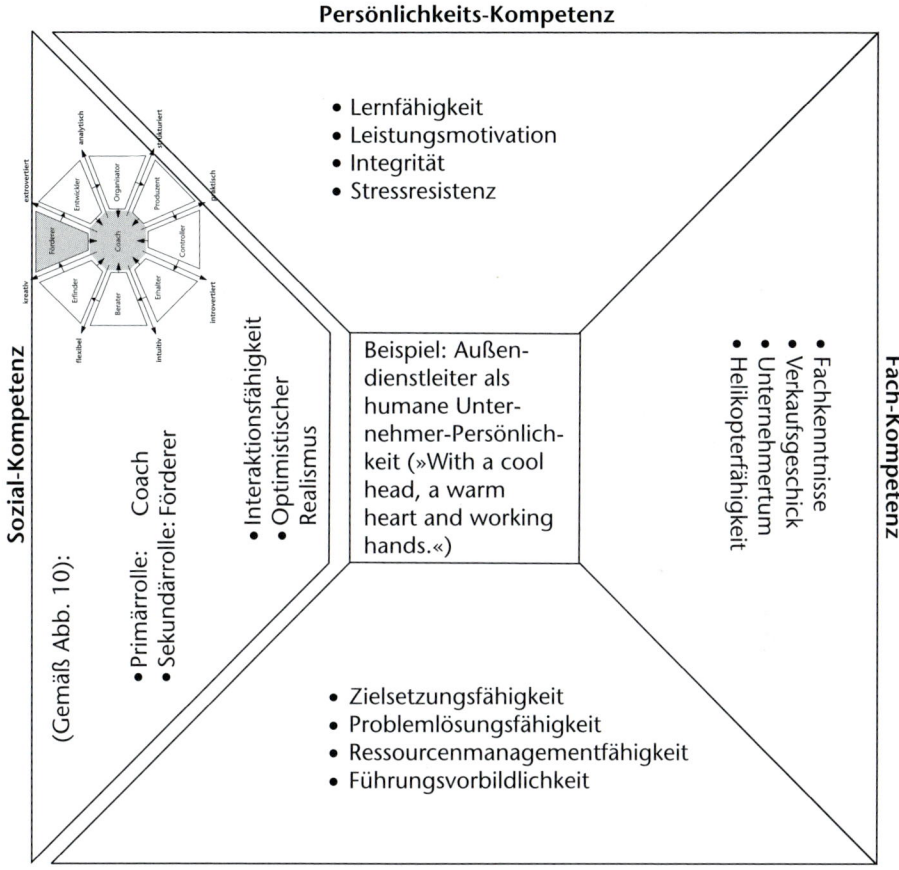

Persönlichkeits-Kompetenz

- Lernfähigkeit
- Leistungsmotivation
- Integrität
- Stressresistenz

Sozial-Kompetenz

(Gemäß Abb. 10):
- Primärrolle: Coach
- Sekundärrolle: Förderer

- Interaktionsfähigkeit
- Optimistischer Realismus

Beispiel: Außendienstleiter als humane Unternehmer-Persönlichkeit (»With a cool head, a warm heart and working hands.«)

Fach-Kompetenz

- Fachkenntnisse
- Verkaufsgeschick
- Unternehmertum
- Helikopterfähigkeit

- Zielsetzungsfähigkeit
- Problemlösungsfähigkeit
- Ressourcenmanagementfähigkeit
- Führungsvorbildlichkeit

Führungs-Kompetenz

Abbildung 33: Fall-Beispiel eines Katalogs der wichtigsten Kompetenz- und Rollenanforderungen an den Außendienstleiter eines Unternehmens (wobei jeweils die zwei letztgenannten Merkmale je Dimension visionsorientiert für alle Positionen des Unternehmens gelten und die zwei erstgenannten jeweils aufgabenspezifische Anforderungskriterien darstellen).

---

10 Vgl. hierzu Byham (1977).
11 Vgl. Hilb (1984, S. 47).

- Persönlichkeits-Kompetenz
- Fach-Kompetenz
- Sozial-Kompetenz
- Führungs-Kompetenz

Diese Hauptdimensionen sind visionsgerecht und stellenspezifisch weiter zu untergliedern und dienen als Zielvorgaben für die Bewerber-Gespräche.

Als Beispiel soll in Abbildung 33 der Katalog der Kompetenz- und Rollen-Anforderungen an einen Außendienstleiter dienen. Dabei wird gleichzeitig das ideale Team-Rollenverhalten bestimmt (vgl. Abbildung 10 aufgrund des TEAM DESIGN-Konzepts).

(2) Systematische Strukturierung des Interviewverlaufs

Eine »one page«-Matrix (vgl. als Beispiel Abbildung 34) soll die Verbindung zwischen visions- und stellenspezifischen Anforderungskriterien und Interviewern festlegen.

Dabei sollten immer mindestens drei Interviewer, z. B. der Personalverantwortliche, der direkte Vorgenetzte und der Chef des direkten Vorgenetzten sowie (je nach Situation) zusätzlich zukünftige Arbeitskollegen und Mitarbeitende den Bewerber getrennt interviewen.

Um objektivere Interviewergebnisse zu erzielen, gilt als Grundsatz, dass jedes Anforderungskriterium durch mindestens zwei verschiedene Interviewer überprüft werden muss.

Beurteiler / Anforderungskriterien	Personalverant-wortlicher	Unmittelbarer Vorgenetzter	Nächsthöherer Vorgenetzter	Be-wer-tung
1. Persönlichkeitskompetenz				
1.1 Lernfähigkeit	x	x		
1.2 Leistungsmotivation	x	x		
1.3 Integrität	x		x	
1.4 Stressresistenz	x	x		
2. Fachkompetenz				
2.1 Fachkenntnisse		x	x	
2.2 Verkaufsgeschick		x	x	
2.3 Unternehmertum	x	x		
2.4 Helikopterfähigkeit		x	x	
3. Führungskompetenz				
3.1 Zielsetzungsfähigkeit		x	x	
3.2 Problemlösungsfähigkeit		x	x	
3.3 Führungsvorbildlichkeit	x		x	
3.4 Ressourcenmanagement-fähigkeit	x		x	
4. Sozialkompetenz				
4.1 Primärrolle: Coach	x	x		
4.2 Sekundärrolle: Förderer		x	x	
4.3 Interaktionsfähigkeit	x		x	
4.4 Optimistischer Realismus		x	x	

Abbildung 34: Fall-Beispiel einer Matrix zur Auswahl eines Außendienst-leiters

(3) Ermittlung von konkretem früheren Verhalten, um künftiges Verhalten abzuschätzen

Für jedes Anforderungskriterium sind jeweils sog. »Verhaltensdreiecksfragen«[12] zu stellen (vgl. Abbildung 35).

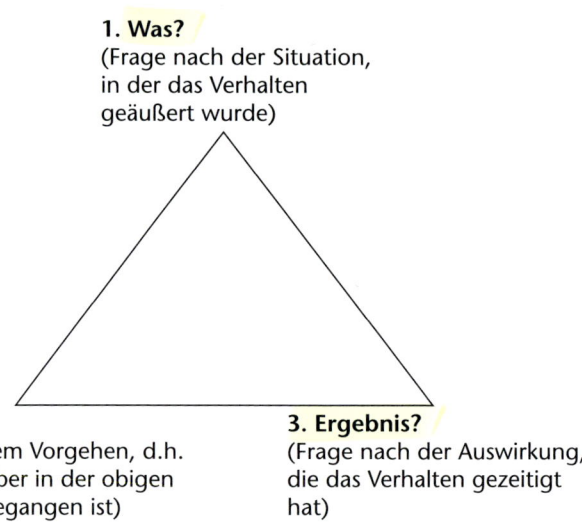

1. Was?
(Frage nach der Situation, in der das Verhalten geäußert wurde)

2. Wie?
(Frage nach dem Vorgehen, d.h. wie der Bewerber in der obigen Situation vorgegangen ist)

3. Ergebnis?
(Frage nach der Auswirkung, die das Verhalten gezeitigt hat)

Abbildung 35: »Verhaltensdreiecksfragen« zur Emittlung von konkretem früheren Verhalten

In der Praxis dominieren immer noch theoretische, Suggestiv- und Ja-Nein-Fragen.

So wird z. B. auf die theoretische Frage:

»Wo liegt Ihre größte Stärke?« der geschickte Bewerber auch eine theoretische Antwort geben.

Die Fragetechnik, die konkretes vergangenes Verhalten abklärt, ist demgegenüber ergiebiger.

Wird z. B. die »Integrität« abgeklärt, so können die Fragen folgendermaßen lauten:

1. »Was war der größte Interessenkonflikt, den Sie in den letzten zwei Jahren in Ihrem Unternehmen bewältigen mussten?«

2. »Wie sind Sie vorgegangen?«

3. »Was war die Folge Ihres Vorgehens?«

---

12 Vgl. hierzu die »Targeted Selection«-Interviewmethode von Byham (1977).

(4) Motivierende und zweckmäßige Gliederung des Interviewablaufs

Wir schlagen für den Interviewablauf folgendes Vorgehen vor:

- Präsentation des Unternehmens:
  Einführung in die Geschichte, die Unternehmensvision, das Produktpro-
  gramm, die Organisation und die Mitarbeitenden des Unternehmens durch
  den Personalverantwortlichen.
- Selbstpräsentation des Bewerbers:
  Dabei muss auf die Landeskultur Rücksicht genommen werden. Z. B. kurze
  Beschreibung dreier Ereignisse, die den bisherigen Lebenslauf des Bewerbers
  aus dessen Sicht am nachhaltigsten beeinflusst haben.
- Gezielte Befragung bezüglich aller visions- und stellenspezifischen Anforderungskriterien:
  Durch die verschiedenen Interviewer werden offene, konkrete, verhaltens-
  bezogene »Dreiecksfragen« gestellt, wobei stets auf das Selbstwertgefühl
  und die Privatsphäre des Bewerbers zu achten und das Gesprächstempo ziel-
  gerecht zu steuern ist.
- Präsentation der Stelle:
  Darstellung und Diskussion des Aufgaben-, Kompetenz- und Verantwortungsbereichs des Stelleninhabers (und Abgabe von Firmen- und Stelleninfor-
  mationsdokumenten) sowie der Anstellungsbedingungen (anhand des (webbasierten) Personalhandbuches).
- Am Schluss:
  Dank für das Gespräch (u. a. auch Begleichung der Reisespesen) sowie Vereinbarung des weiteren Vorgehens (z. B. Bestimmung des Zeitpunktes des
  Telefonanrufs des Bewerbers bei dem Personalverantwortlichen).

(5) Konsens-Sitzung der Interviewer zur Auswertung der Bewerber-
  informationen

Um den Selektionsentscheid im Konsens zu erzielen, verwenden wir folgende
Vorgehensweise:

- Jeder Interviewer bewertet die Eignung der Bewerber bezüglich der durch ihn
  zu beurteilenden Anforderungskriterien anhand einer 5er-Skala:
  5 = weit überdurchschnittlich
  4 = überdurchschnittlich
  3 = durchschnittlich
  2 = unterdurchschnittlich
  1 = weit unterdurchschnittlich
- Die Interviewer tauschen in der kurzen Sitzung ihre Bewertungen und Informationen aus und belegen in Fällen unterschiedlicher Bewertungen ihre
  Beurteilungen mit Verhaltensdreiecks-Beispielen.

– Die Interviewer einigen sich bezüglich aller Anforderungskriterien auf eine gemeinsame Wertung (= Gruppenkonsenswertung). Bei Uneinigkeiten werden weitere Nachforschungen bezüglich der fraglichen Merkmale vorgenommen.

– Aufgrund der Konsensbewertung aller Anforderungskriterien wird eine Eignungsrangliste erstellt.

– Derjenige Kandidat, dessen Eignungsprofil dem Anforderungsprofil am besten entspricht, hat je nach Landeskultur und Position eine sozial akzeptable Kombination von Tests zu bestehen. Dabei ist wichtig, Tests nicht zu überschätzen. Sie können meist nur neue Fragen aufwerfen, nicht endgültige Antworten geben. In der Schweiz z. B. empfiehlt sich nach Einholung eines schriftpsychologischen Gutachtens und im Einverständnis mit dem Bewerber die Durchführung von zwei Telefon-Referenz-Interviews mit bisherigen Vorgenetzten zur gezielten Abklärung etwaiger Differenzen zwischen Interview- und Test-Ergebnissen (aufgrund von gezielten Dreiecksfragen).

– Werden dabei die Interviewergebnisse bestätigt, wird der Bewerber aufgrund eines standardisierten Arbeitsvertrages angestellt.

3.1.3 Instrumentarium

Wir unterscheiden folgende aufeinander abgestimmte Instrumente:

(1) Instrumente zur Personal-Bedarfsermittlung

– Stellengenehmigungsformular (zum Nachweis der Notwendigkeit der Voll- bzw. Teil-Zeit-Position)

– Visionsgerechte und stellenspezifische Beschreibung des ganzheitlichen Aufgaben-, Kompetenz- und Verantwortungsbereichs (auf einer Seite)

– Visionsgerechtes und stellenspezifisches Anforderungsprofil bezüglich Eigenschafts- und Teamrollendimensionen (auf einer Seite)

(2) Instrumente zur Personal-Werbung

O Personalwerbeinstrumente für interne Bewerber:

– Stellenspezifische Umfrage bei Vorgenetzten durch die Personalabteilung

– Interne Stellenanzeige

– Stellenspezifische Analyse der webbasierten Personaldatenbank

O Personalwerbeinstrumente für externe Bewerber:

– Empfehlung durch Mitarbeitende aufgrund der internen Stellenanzeige

- Stelleninserat (z. B. gemäß der »GIULIO«-Formel)[13]
- Beantwortung von Inseraten von Stellensuchenden
- Anfrage bei Arbeitsämtern, Berufsverbands- und Berufsberatungs-Stellen
- Kontakt mit Fachschulen, Fachhochschulen und Universitäten
- Beauftragung von »Executive-Search«-Firmen
- Zusammenarbeit mit Personalberatungsfirmen
- Kontakt mit Bundesämtern (z. B. in der Schweiz betreffend heimkehrwilliger Schweizer Fachkräfte aus dem Ausland)
- Webbasierte Stellenmärkte

(3) Instrumente zur Personal-Auswahl

Wir unterscheiden »A«-, »I«- und »T«-Dateninstrumente, die landeskulturkonform und positionsgerecht aufeinander abgestimmt und kombiniert eingesetzt werden müssen:

Instrumente zur Ermittlung der **»A«-Daten**
(Anamnese-Daten zur Vorselektion):

- Bewerbungsschreiben
- Lebenslauf
- Bewerbungsbogen
- Biographischer Fragebogen
- Ausbildungszeugnisse (Analyse im Zeitablauf)
- Arbeitszeugnisse (aus Sicht der Arbeitgeber und -nehmer[14])
- Arbeitsproben

Instrumente zur Ermittlung der **»I«-Daten**
(Interview-Daten zur Endauswahl)

- Gezielte Selektionsgespräche
- Gezielte Telefon-Referenz-Gespräche mit ehemaligen Vorgenetzten

Instrumente zur Ermittlung der **»T«-Daten**
(Test-Daten zur Überprüfung)

- Tests zur Prüfung des Arbeits- und Führungsverhaltens (Simulationstests und Probearbeiten; Assessment-Center z. B. zur Selektion von Hochschulabsolventen als Führungsnachwuchs)
- Standardisierte medizinische Test-Untersuchung

---

13 Die von P. Rothenhäusler geprägte »GIULIO«-Formel stellt folgende Anforderungen an ein Stelleninserat: G (wie Glaubwürdigkeit), I (wie Informationsgehalt), U (wie Unverwechselbarkeit), L (wie Lesbarkeit), I (wie Interesseweckung), O (wie Optik des potentiellen Kandidaten).

14 Die von B. Stich entwickelte Idee des Arbeitgeberzeugnisses geht davon aus, dass am Ende eines Arbeitsverhältnisses auch der Arbeitnehmer dem Arbeitgeber ein Zeugnis ausstellt.

- Persönlichkeitsfragebogen (z. B. »ACUMEN« zur Selbst- und Fremdbeurteilung relevanter Eigenschaften (in Abbildung 9) oder »TEAM DESIGN« zur Ermittlung der geforderten Teamrolle (in Abbildung 10).
- Schriftpsychologisches Gutachten

(4) Instrumente zur Personal-Anstellung

- Standardisierter Arbeitsvertrag
- Angestelltenerklärung betreffend Geheimhaltung und Handhabung von Erfindungen

(5) Instrumente zur Personal-Einführung

- »Der erste Tag« – eine individuelle Einführung in die Geschichte, die Unternehmensvision, die Mitarbeitenden, die Kultur, die Struktur und die Produkte und Dienstleistungen des Unternehmens sowie in die Aufgaben und die Arbeitsumgebung des neuen Mitarbeitenden
- »Mentorprogramm« zur gezielten Integration in die neue Aufgabe und Abteilung
- (Webbasiertes) Personalhandbuch als einheitliches systematisches, kurzes und motivierendes personalpolitisches Nachschlagewerk (vgl. bezüglich der Inhalte z. B. Abbildung 54)
- Mitarbeiter-Selbstbeurteilung sowie -Fremdbeurteilung durch den Vorgenetzten und die Kollegen nach drei und nach sechs Monaten
- »Follow-up«-Gespräche mit dem Personalverantwortlichen nach einem Monat sowie nach drei Monaten.

Diese Feedback-Bewertungen innerhalb des ersten halben Jahres nach Stellenantritt des neuen Mitarbeitenden werden durch eine periodische und umfassende Personalbeurteilung abgelöst. Dies ist Inhalt des nächsten Kapitels.

3.2 Personalbeurteilung

Es geht erneut darum, ein visionsgerechtes Ziel, Vorgehen und Instrumentarium der Personalbeurteilung festzulegen und auf das Personalgewinnungs-, -honorierungs- und -entwicklungskonzept abzustimmen.

3.2.1 Ziel

Mit der Personalbeurteilung (siehe folgende Abbildung) werden gleichzeitig zwei Hauptziele angestrebt:

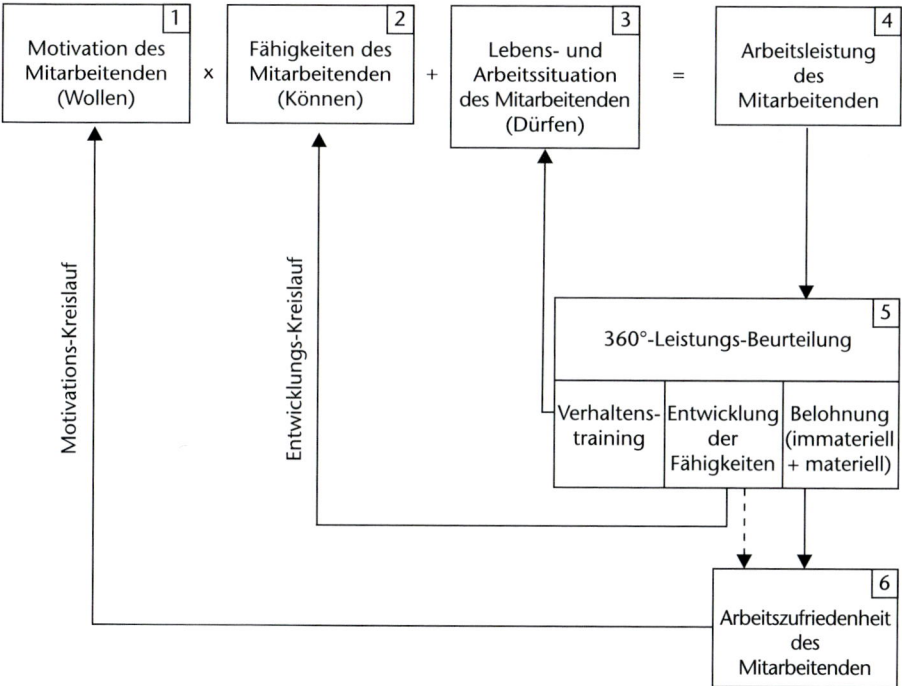

Abbildung 36: Kreislaufkonzept der Personalbeurteilung

(1) **Motivation der Mitarbeitenden** durch gezielte immaterielle und materielle Belohnung des positiven Leistungsverhaltens, das visionsgerecht immer gleichzeitig eigentümer-, mitarbeiter-, mitwelt- und kundenorientiert ausgerichtet sein muss (= Motivationskreislauf in Abbildung 36).

(2) **Entwicklung der Mitarbeitenden**, d. h. optimale Ausschöpfung der Begabungs- und Leistungsreserven der Mitarbeitenden durch gezielte Schulung der Fähigkeiten und des Verhaltens sowie andere ganzheitliche Fördermaßnahmen

im Interesse der verschiedenen Anspruchsgruppen des Unternehmens (= Entwicklungskreislauf in Abbildung 36).

Dabei wird idealerweise eine visionsgerechte ganzheitliche Leistungsbeurteilung »jedes durch und mit jedem«, eine sog. **360°-Leistungsbeurteilung**, angestrebt.

Nur unter Involvierung aller relevanten Anspruchsgruppen ist es möglich festzustellen, ob die Beurteilten eigentümer-, mitarbeiter-, mitwelt- und kundenorientiert Nutzen gestiftet und sich entsprechend verhalten haben (vgl. Abbildung 37).

Eine ganzheitliche Personalbeurteilung umfasst bezüglich

- der qualitativen Dimension sowohl eine Ziel- als auch eine Wegbeurteilung
- der quantitativen Dimension sowohl eine periodische (z. B. jährliche) Gesamtbeurteilung als auch eine laufende Beurteilung des täglichen Arbeitsverhaltens
- der zeitlichen Dimension sowohl eine Vergangenheits- als auch eine Zukunftsbeurteilung und
- der bezugsgruppenorientierten Dimension sowohl eine Selbstbeurteilung als auch eine Fremdbeurteilung durch direkte und indirekte Vorgenetzte, durch Geführte, Arbeitskollegen, interne und externe Kunden, allenfalls auch durch die eigene Familie.

Die Personalbeurteilung[15] auf freiwilliger Basis muss visionsgerecht ausgerichtet werden. Dies gilt sowohl für die visionsgerechten Verhaltensmerkmale, die einheitlich für alle Mitarbeitenden einer Personalkategorie gelten (und mit den ganzheitlichen Auswahlanforderungskriterien übereinstimmen müssen), als auch für die Formulierung von ganzheitlichen Einzel- und Team-Jahreszielen, die jeweils sowohl eine wertmäßige, eine soziale, ökologische als auch kundenorientierte Nutzen-Dimension aufweisen sollten.

3.2.2 Strategie

Um eine möglichst objektive und konstruktive Beurteilung des Leistungsverhaltens der Mitarbeitenden von Arbeitsgruppen sicherzustellen, ist ein mehrstufiges 360°-Konzept anzustreben (vgl. Abbildung 37):

---

15 Wir beschränken uns im Kreislaufkonzept und in diesem Kapitel über Personalbeurteilung bewusst auf die Leistungsbeurteilung und trennen sie von der als Personalentwicklungsinstrument im Kapitel 3.4.3(1) separat dargestellten Potenzialbeurteilung. Der Grund liegt darin, dass **nur** die Leistungsbeurteilung (im Sinne des Kreislaufkonzepts) Grundlage der Honorierung **und** der Entwicklung darstellt, während die Potenzialbeurteilung lediglich eine Grundlage der Personalentwicklung bildet.

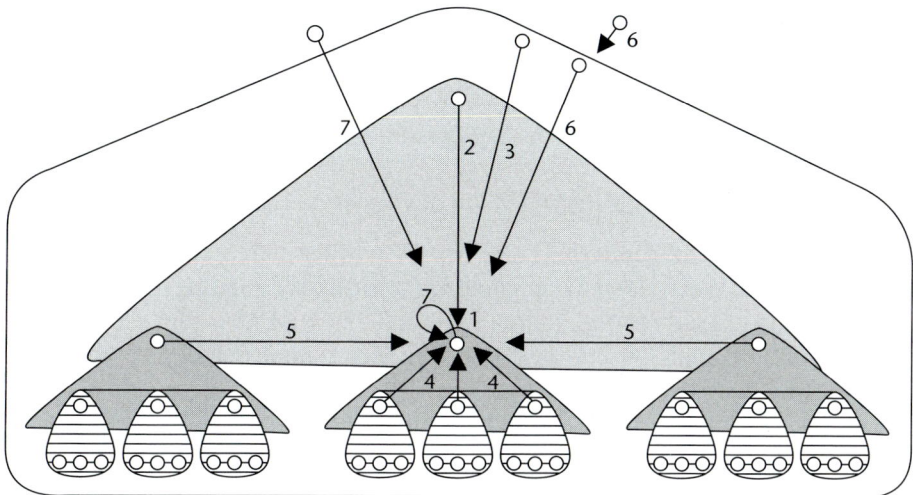

- **Stufe 1:** Selbstbeurteilung des Mitarbeitenden
- **Stufe 2:** Fremdbeurteilung des Mitarbeitenden durch den Vorgenetzten
- **Stufe 3:** Einsicht des nächsthöheren Vorgenetzten in die Konsensbeurteilung (die sich aus Stufe 1 und 2 ergibt und mit dem Vorgenetzten im Vergleich zu anderen Mitarbeitenden besprochen wird)
- **Stufe 4:** Fremdbeurteilung des Mitarbeitenden durch die Geführten (falls es sich um Führungskräfte handelt)
- **Stufe 5:** Fremdbeurteilung des Mitarbeitenden durch die Arbeitskollegen
- **Stufe 6:** Fremdbeurteilung des Mitarbeitenden durch interne und externe Kunden
- **Stufe 7:** auf freiwilliger Basis: Wünsche der Familie an den Arbeitgeber

Abbildung 37: 360°-Beurteilungskonzept

Stufe 1: Selbstbeurteilung

Dem Mitarbeitenden sollte bei der Beurteilung eine möglichst aktive Rolle zugewiesen werden. »Eine solche löst bei ihm eine Selbsteinsicht aus, von der folgende Wirkungen ausgehen:

a) Eine größere Offenheit der Beurteilung gegenüber. Insbesondere braucht der Vorgenetzte den Mitarbeitenden von Mängeln, die dieser selbst feststellt, nicht nochmals zu überzeugen.

b) Sein Streben nach Aneignung erforderlicher Verhaltensänderungen, die um so mehr in seinen Besitz übergehen, je mehr er an ihrer Erarbeitung selber beteiligt war.«[16]

---

16 Lattmann (1982, S. 305).

Zur Selbst-Beurteilung haben wir durchsichtige Blätter eingeführt, die der Mitarbeitende zur Vorbereitung des Beurteilungsgesprächs mit Bleistift ausfüllt und mit dem Vorgenetzten, der ebenfalls mit Bleistift ein Original-Formular ausfüllt, vergleicht und bespricht.

Stufe 2: Beurteilung des Mitarbeitenden durch den Vorgenetzten

Der Erfolg der Fremdbeurteilung des Mitarbeitenden durch den Vorgenetzten wird weitgehend durch dessen Fähigkeit zur konstruktiven und zielgerechten Gesprächsführung bestimmt (vgl. hierzu Kapitel 3.2.3(2)). Dabei geht es in der Gesprächsschulung auch darum, die bekannten Beurteilungsfehler[16] zu erkennen und zu vermeiden.

Dem Vorgenetzten kommt die Aufgabe zu, die Informationen der verschiedenen Interaktionspartner des Mitarbeitenden (z. B. bei Geführten, Kollegen, internen und externen Kunden) gezielt zu sammeln und (gemäß der 360°-Beurteilungsmatrix in Abbildung 38) in einem konstruktiv-offenen Gespräch mit dem Mitarbeitenden dessen Selbst-Beurteilung gegenüberzustellen.

Beurteiler Visionsorientierte Kriterien	Selbst-Beurteilung (1)	Fremd-Beurteilung durch					360°-Beurteilung
		Direkten Vorgenetzten (2)	Indirekten Vorgenetzten (3)	Geführte (4)	Kollegen (5)	Kunden (6)	
1. Persönlichkeitskompetenz	✓	✓	✓	✓	✓	✓	
2. Fachkompetenz	✓	✓	✓			✓	
3. Führungskompetenz	✓	✓		✓			
4. Sozialkompetenz	✓	✓		✓			

Abbildung 38: Beispiel einer 360°-Beurteilungsmatrix

Stufe 3: Einsichtnahme des nächsthöheren Vorgenetzten

Die Involvierung des nächsthöheren Vorgenetzten in die Leistungsbeurteilung ist vor allem für die Sicherstellung geeigneter Personalentwicklungsmaßnahmen von zentraler Bedeutung. Der indirekte Vorgenetzte kennt zwar den Mitarbeitenden weniger gut, verfügt allerdings über einen breiteren Blickwinkel.

Stufe 4: Beurteilung der Führungskraft durch deren Mitarbeitende (Vorgenetztenbeurteilung)

Was die Vorgenetztenbeurteilung betrifft, so sollte diese zunächst weder mit einem Formular noch zwangsweise eingeführt werden, sondern sie sollte lediglich als Führungsrichtlinie den Vorgenetzten empfohlen werden.

Jede gute Mitarbeitende-Vorgenetzten-Beziehung wird bewirken, dass der Vorgenetzte am Schluss eines Leistungsbeurteilungsgesprächs seinen Mitarbeitenden fragt, was ihm an seinem Verhalten gefallen, was ihm nicht gefallen habe und was er zur Verbesserung vorschlage.

Der Feedback, den der Vorgenetzte durch eine Beurteilung »von unten« erhält, kann sowohl für Beurteiler wie Beurteilte von großem Nutzen sein.[17]

Je stärker eine Unternehmenskultur vertrauensorientiert ausgerichtet ist, desto eher wird es möglich sein, mit den Linienverantwortlichen in einem Workshop ein einfaches Gesprächsformular (vgl. Beispiel in Abbildung 42) zu entwickeln. Zum Ausfüllen empfiehlt sich ebenfalls, ein Klarsichtformular zu verwenden, auf dem sich der Vorgenetzte selbst mit Bleistift bewertet und ein zweites Formular, das die Mitarbeitenden ebenfalls mit Bleistift zuvor ausfüllen. Dabei kann als Gesprächsgrundlage das Mitarbeiterformular verwendet werden. Der Vorgenetzte kann seine Sichtweise mündlich einbringen.

Stufe 5: Beurteilung des Mitarbeitenden durch die Arbeitskollegen

Obwohl Arbeitskollegen die Teamfähigkeit eines Mitarbeiters am objektivsten beurteilen können, sind Arbeitskollegen-Beurteilungs-Konzepte bisher in der Praxis relativ wenig verbreitet.

Bei der Entwicklung des Konzepts können die für den Teamerfolg relevanten visionsgerechten Merkmale ausgewählt werden (vgl. das Beispiel in Abbildung 39).

---

17 Vgl. Reinecke (1983) und Domsch (1992).

81

Persönlichkeits-Kompetenz	Fach-Kompetenz	Führungs-Kompetenz
(I) Skalen-Häufigkeiten stufen — Integrität 1 ▭1 2 ▭▭▭▭ 4 3 ▭▭▭ 3 4 ▭0 5 ▭0 M = 2,3 SD = 0,7 N = 8	**(II)** Skalen-Häufigkeiten stufen — Fachwissen 1 ▭ 0 2 ▭ 0 3 ▭▭▭ 3 4 ▭▭▭▭ 5 5 ▭ 0 M = 3,6 SD = 0,5 N = 8	**(III)** Skalen-Häufigkeiten stufen — Zeitmanagement 1 ▭▭▭▭▭ 5 2 ▭▭ 1 3 ▭▭ 1 4 ▭0 5 ▭0 M = 1,4 SD = 0,7 N = 7

Sozial-Kompetenz

(IV) Skalen- Häufigkeiten stufen — Offenheit 1 ▭▭▭ 3 2 ▭▭ 2 3 ▭▭▭ 3 4 ▭0 5 ▭0 M = 2,0 SD = 0,9 N = 8	**(V)** Skalen- Häufigkeiten stufen — Zuhörfähigkeit 1 ▭ 0 2 ▭ 0 3 ▭ 1 4 ▭▭▭▭ 4 5 ▭▭ 2 M = 4,1 SD = 0,6 N = 7	**(VI)** Skalen- Häufigkeiten stufen — Beitrag zum Gruppenergebnis 1 ▭ 1 2 ▭▭ 2 3 ▭▭▭▭ 4 4 ▭ 1 5 ▭ 0 M = 2,6 SD = 0,9 N = 8

Zusammenfassung

Durchschnitts-beurteilung über alle Kriterien pro Beurteiler	Mittelwert Häufigkeiten		Erläuterungen
	1,0–1,49 ▭1		M = Mittelwert
	1,5–2,49 ▭▭▭▭▭ 5		SD = Standard-abweichung
	2,5–3,49 ▭▭ 2		N = Zahl der ausgewer-teten Einstufungen
	3,5–4,49 ▭0		1 = positivste Einstufung
	4,5–5,00 ▭0		5 = am wenigsten positive Einstufung

Eigene Position im Vergleich zu allen Gruppen-mitgliedern	Kriterium	Mittelwerte 1 3 5
	I	(2,3) ⟍ (3,6)
	II	(2,0) ⟋ (3,6)
	III	(1,4) ⟍ (2,9)
	IV	(2,0) (2,4)
	V	(3,1) (4,1)
	VI	(1,9) (2,5)

— = Eigenes Mittel-wertprofil
··· = Durchschnitts-profil aller Gruppenmitglieder

Abbildung 39: Beispiel eines Arbeitskollegen-Feedback-Konzepts
(aufgrund des Ansatzes von Gerpott[18])

Neben dieser Variante der Gleichgestelltenbeurteilung bestehen folgende Möglichkeiten für die Praxis: Entweder können die Arbeitsgruppen die Ergebnisse der standardisierten Mitarbeitergespräche (vgl. Kapitel 4.3.2) bezüglich der Teamverhaltensfaktoren unter sich besprechen oder jede Arbeitsgruppe kann besonders geeignete Teamverhaltensfragebogen (vgl. Anmerkung 39) ausfüllen, die Ergebnisse diskutieren und gemeinsame Verbesserungsaktionen einleiten.

---

18 Vgl. Gerpott (1992, S. 248).

Wir haben in der Praxis die »Team Design-Methode«[19] zu diesem Zweck verwendet. Das Beispiel in Abbildung 40 zeigt, welche Rollenstärke 16 Mitglieder der erweiterten Unternehmensleitung eines internationalen Dienstleistungsunternehmens sich selbst (schwarzes Feld) und welche

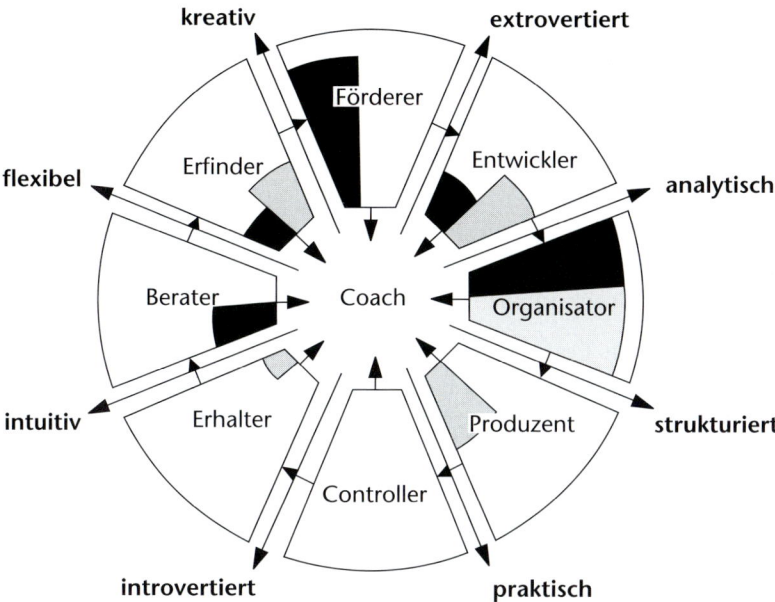

Abbildung 40: **Selbst- und Fremd-Beurteilung der Vorgenetzten-Rollen durch Arbeitskollegen (ein Praxis-Beispiel anhand der »Team Design-Methode«[18])**

Rollenstärke ihnen der Durchschnitt der Kollegen zugeordnet hat (hellgraues Feld). Wichtig ist dabei, dass aufgrund eines Workshops alle Teammitglieder ihre eigene wirkliche Rollenstärke und diejenigen ihrer Teampartner kennen und schätzen lernen. Damit wird eine erfolgreiche Teamarbeit erst möglich.

Stufe 6: Beurteilung durch interne und externe Kunden

Für kundenorientierte Leistungskriterien sind die firmeninternen Kunden (z. B. die Benutzer von Informatikdienstleistungen als interne Kunden des Informatikleiters) und die externen Kunden am besten geeignet, eine objektive Beurteilung vorzunehmen. Gezielte interne und externe Kundenumfragen eignen sich für diese Zielgruppe am besten.

---

19 Vgl. Margerison/McCann (1985). Dabei wird unlogischerweise »kreativ« und »praktisch« als Gegensatzpaar betrachtet.

In Ausnahmefällen, in denen Mitarbeitende auf eigenen Wunsch ein noch objektiveres Bild über ihre eigenen Stärken und Schwächen aus Sicht von verschiedenen Bezugsgruppen erlangen wollen, kann folgendermaßen vorgegangen werden:

Mitarbeiter X wünscht von der neutralen, durch das Unternehmen beauftragten Management-Assessment-Beratungsfirma eine anonyme Fremdbeurteilung durch seine eigenen Vorgenetzten, Arbeitskollegen, Mitarbeiter sowie durch interne und externe Kunden.

Diese neutrale Beratungsfirma verschickt nun an die direkten und indirekten Vorgenetzten, die Arbeitskollegen, die Mitarbeiter sowie an die internen und externen Kunden von X einen Kurzfragebogen zur Ermittlung der Stärken und entwicklungsfähigen Bereiche dieses Mitarbeiters (z. B. aufgrund des PC-gestützten »Acumen-Programms« gemäß Abbildung 9).

Die angeschriebenen Personen werden gebeten, die ausgefüllten Fragebogen bzw. Disketten ohne Namensangabe im frankierten Rückantwortumschlag an das neutrale Institut zurückzusenden. Das Institut nimmt nun eine anonyme Auswertung der Fragebogen vor und lädt X zu einem konstruktiven Feedbackgespräch ein. Dabei werden aufgrund der Auswertung, die keine Rückschlüsse auf die Umfrageteilnehmer erlaubt, die Selbst- und Fremdbeurteilungsergebnisse sowie mögliche Aktionsschritte diskutiert.

Das Unternehmen erhält in diesem Ausnahmefall lediglich die Rechnung zugestellt. Dieses Vorgehen erlaubt es all jenen Mitarbeitenden, die ein objektiveres Selbstbild anstreben, dies ohne Gesichtsverlust zu erhalten. Der Mitarbeitende ist dabei selbst für die Erarbeitung und Verwirklichung eines persönlichen Entwicklungsplanes zuständig, wobei er dies in Zusammenarbeit mit Linien- und Personalverantwortlichen tun kann.

3.2.3 Instrumentarium

Aufgrund unserer Erfahrungen bei der Entwicklung von Personalbeurteilungskonzepten in Unternehmen unterschiedlicher Größe, Branche und Länderkultur ergeben sich folgende Anforderungen an das Instrumentarium:

(1) Partizipative Erarbeitung, Einführung und Erfolgsevaluation von motivierenden, systematischen und umfassenden **Beurteilungsbogen** nach dem Konzept der überlappenden Arbeitsgruppen.[20]
(2) Durchführung von internen Management-Workshops zur Einübung von konstruktiven und zukunftsgerichteten **Beurteilungsgesprächen**.

---

20 Vgl. Likert (1969, S. 50 ff.).

(3) Konsequente Erarbeitung und vor allem Verwirklichung der aus dem Beurteilungsgespräch abgeleiteten **Aktionspläne**.

(1) Beurteilungsbogen

Während z. B. in den USA meist einzig das Ausmaß der Zielerreichung durch die Mitarbeitenden beurteilt wird, erfolgt z. B. in der Schweiz die Personalbeurteilung oft noch aufgrund einer reinen Verhaltensbewertung.

Wird die reine sog. »Output-Beurteilung« vorgenommen, besteht die Gefahr, dass man vergißt, die Frage zu stellen: »Wie hat der Mitarbeiter dieses Ziel erreicht?« Es könnte nämlich sein, dass ein Vorgesetzter aufgrund eines solchen reinen »Output-Systems« die Ziele 100% erreicht hat und deshalb eine hervorragende Gesamtbeurteilung erzielt, obwohl er zur Erreichung des Ziels viele Mitarbeiter frustrierte.

Wird eine reine sog. »Input-Beurteilung« angewandt, besteht die Gefahr, dass ein Mitarbeiter aufgrund seines Verhaltens als sehr gut beurteilt wird, obwohl er fast nichts geleistet hat. Er war z. B. immer sehr pünktlich und arbeitete sehr exakt, aber er leistete trotzdem nichts.

Aufgrund dieser Überlegungen ist zu fordern, dass bei der Erarbeitung von Beurteilungsbogen sowohl Verhaltensmerkmale (Input-Elemente), als auch Leistungsziele (Output-Elemente) berücksichtigt werden sollten (vgl. das Beispiel eines Beurteilungsbogens für Führungskräfte in Abbildung 41).

85

1. Beurteilung des Leistungsverhaltens

Leitbildgerechte Dimensionen	(–)*	Leitbildgerechte Ausprägung		(–)*
(1) Persönlichkeits-Kompetenz				
1.1 Integrität	moralistisch	legitim	legal	legalistisch
1.2 Stressresistenz	unbeweglich	beständig	flexibel	unberechenbar
1.3 Innovationsfähigkeit	überaktiv	kreativ	lernfähig	zeitgeizig
(2) Fach-Kompetenz				
2.1 Unternehmerisches Handeln	riskant	proaktiv	wohlkalkulierend	risikoscheu
2.2 Ganzheitliches Handeln	haarspalterisch	differenziert	ganzheitlich	unrealistisch
2.3 Berufliches Können	einseitig	fachkompetent	generalistisch	oberflächlich
(3) Sozial-Kompetenz				
3.1 Zuhörfähigkeit	überheblich	aktiv zuhörend	lernfreudig	passiv zuhörend
3.2 Offenheit	brutal offen	offen	diskret	verschlossen
3.3 Teamfähigkeit	einzelgängerisch	selbstständig	kooperativ	anpasserisch
(4) Führungs-Kompetenz				
4.1 Zielorientierung	unzufrieden	erfolgsorientiert	zufrieden	anspruchslos
4.2 Ressourcen-Management-Fähigkeit	autoritär	bestimmt	tolerant	durchsetzungsschwach
4.3 Führungs-Vorbildlichkeit	unglaubwürdig	motivierend	konstruktiv offen	manipulierend

* Überschreitungen der angestrebten (dunkel schraffierten) Leitplanken.

2. Beurteilung der Zielerreichung im vergangenen Jahr

Zielart	Messbare Zielbeschreibung	Grad der Zielerreichung			Zukunftsmaßnahme mit Zeitangabe	Kommentar
		übertroffen	erreicht	nicht erreicht		
1. Teamziele						
	1.1					
	1.2					
1. Individualziele						
	2.1					
	2.2					

3. Gesamtbeurteilung

Zufriedenheit mit der gegenwärtigen Tätigkeit:	😊 😊 😐 😟 😣
Persönliche Anliegen:	Evtl. Anliegen der Familie an die Firma:

Besondere Stärken des Mitunternehmers:

Entwicklungsfähige Bereiche des Mitunternehmers:

Vorschläge zur individuellen Entwicklung	Verantwortlicher	Datum
1.		
2.		
3.		

87

4. Ziele für das nächste Jahr

Zielart	Messbare Zielbeschreibung	Datum
1. Teamziele		
1.1		
1.2		
2. Individualziele		
2.1		
2.2		

Abbildung 41: Beispiel eines Beurteilungsbogens für Führungskräfte

Während die visionsgerechten und personalgruppenspezifischen Verhaltens-Input Merkmale[21] (vgl. Teil 1 des Entwicklungsgesprächsbogens in Abbildung 41) gemeinsam zunächst mit den Führungskräften und sodann mit den Mitarbeitenden in einem Workshop erarbeitet werden, geht es bei der Output-Beurteilung darum, zunächst die Führungskräfte und sodann die Mitarbeitenden in der Erarbeitung von messbaren ganzheitlichen Leistungszielen* zu schulen (vgl. Teil 2 und 4 des Bogens in Abbildung 41).

Jeder Mitarbeitende sollte periodisch seine Leistungsziele mehrdimensional (d. h. kunden-, eigentümer-, umwelt- und mitarbeiterorientiert) selbst erarbeiten und dem Vorgenetzten am Schluss des Entwicklungsgesprächs vorlegen, um dann zu einer Zielvereinbarung für die nächste Beurteilungsperiode zu gelangen. Damit wird auch erreicht, dass das Entwicklungsgespräch zukunftsgerichtet geführt wird.

Damit sich einerseits der Mitarbeitende auf das Entwicklungsgespräch optimal vorbereiten kann und andererseits möglichst alle leistungsrelevanten und visionsgerechten Sachverhalte während des Gesprächs diskutiert werden, empfiehlt sich neben dem Vorgenetzten-Exemplar zur Fremdbeurteilung des Mitarbeitenden durch den Vorgenetzten ein zweites Mitarbeiter-Exemplar zur Selbstbeurteilung des Mitarbeitenden z. B. auf Klarsichtpapier (mit gleichem Inhalt wie Abbildung 41) zu verwenden. Wenn sich der Vorgenetzte und der Mitarbeitende zum Entwicklungsgespräch treffen, werden die Fremd- und Selbstbeurteilung aufeinandergelegt und Punkt für Punkt besprochen. Da beide die Bogen zuvor mit Bleistift ausgefüllt haben, können im Laufe des Gesprächs beiderseits Änderungen vorgenommen werden, mit dem Ziel, eine objektivere Beurteilung des Leistungsverhaltens zu erzielen.

Wir betiteln den Bogen bewusst mit »Entwicklungsgespräch« oder »Dialog«, um die mechanistischen Begriffe »(Ab)-Qualifikation« oder »Mitarbeiterbe(ab)urteilung« zu vermeiden.

Sollte ein Unternehmen bereits über eine Vertrauenskultur verfügen, so kann anhand von Workshops mit entsprechenden Bezugspersonen versucht werden, gemeinsam Formulare für die Vorgenetzten-, Arbeitskollegen- und Kundenbeurteilung zu entwickeln. In den Abbildungen 39, 42 und 43 werden entsprechende Praxisbeispiele vorgestellt.

---

21 Vgl. hierzu Evans/Doz/Laurent (1989, S. 238).
* Z. B. nach dem SMART-Ansatz: Specific, Measurable, Ambitious, Realistic, Time bound.

Bewertung	☺	☺	☺	☹	☹	Bemer-kungen
1. Persönlichkeits-Kompetenz 1.1 Vorbild für Mitarbeitende						
1.2 Einfühlungsvermögen im Umgang mit Mitarbeitenden						
1.3 Mut zum Risiko						
2. Fach-Kompetenz 2.1 Zugestandener Entscheidungsspielraum						
2.2 Förderung der Mitarbeitenden						
2.3 Ermutigung zur Erneuerung						
3. Sozial-Kompetenz 3.1 Zuhörfähigkeit gegenüber Mitarbeitenden						
3.2 Konstruktiv-offene Informationsabgabe an Mitarbeitende						
3.3 Förderung des Teamgeistes						
4. Führungs-Kompetenz 4.1 Visionäres Denken und Handeln						
4.2 Involvierung des Mitarbeitenden bei Zielvereinbarung						
4.3 Entscheidungsbeständigkeit						
Anzahl ☺-Bewertungen						

Abbildung 42: Selbst- und Fremd-Beurteilung des Vorgenetzten durch Geführte (ein Praxis-Beispiel)

Lieber Gast,
damit unsere Dienstleistungen auch in Zukunft Ihren Bedürfnissen entsprechen, bitten wir Sie, kurz folgende Aspekte zu beurteilen. Wenn Sie diesen Bogen ausgefüllt an der Rezeption abgeben, erwartet Sie als Zeichen des Dankes ein kleines Präsent unseres Hauses.

Wie beurteilen Sie ...	☺	☺	☹
– unser Empfangspersonal			
– unser Zimmer-Preis-Leistungs-Verhältnis			
– unser Zimmerpersonal			
– unser Essen-Preis-Leistungs-Verhältnis			
– unser Restaurationspersonal			
– unsere Tagungsräumlichkeiten			
– unser Tagungspersonal			
– unser Hotel insgesamt			

Wir danken Ihnen für Ihren wertvollen Beitrag und freuen uns auf Ihren nächsten Besuch.

Abbildung 43: Leistungsbeurteilung aus Sicht der Kunden
(ein Praxis-Beispiel)

Die Ergebnisse der Leistungsbeurteilung aus Sicht der Vorgenetzten, der Arbeitskollegen und der internen und externen Kunden vermitteln vor allem den Beurteilten ein objektiveres Bild über deren Leistungs- und Verhaltensergebnisse.

Es können drei Leistungs- und Verhaltens-Wahrnehmungen unterschieden werden:

– So wie wir uns selbst sehen.
– So wie wir von unseren Interaktionspartnern (Vorgenetzten, Mitarbeitern, Kollegen, Kunden) gesehen werden.
– So wie wir wirklich sind.

Mit dem 360°-Beurteilungskonzept wird versucht, durch die Kombination verschiedener Sichtweisen eine Annäherung an das objektive Bild zu erreichen.

(2) Entwicklungsgespräch

Die Bedeutung des Gesprächs für die Mitarbeiterbeurteilung wird klar, wenn man das »Johari«-Konzept[37] betrachtet (vgl. Abbildung 44).

---

37 Vgl. J. Luft/H. Ingham (1955): »Johari« entspricht der Abkürzung der Vornamen der beiden Autoren **Jo**seph Luft und **Har**ry **In**gham.

Wissen anderer über unsere Persönlichkeit / Unser Wissen über unsere Persönlichkeit	Bekannte Faktoren (Dem Selbst bekannt)	Unbekannte Faktoren (Dem Selbst nicht bekannt)
Bekannte Faktoren (Anderen bekannt)	**(1)** Arena	**(2)** Selbstblindheit
Unbekannte Faktoren (Anderen nicht bekannt)	**(3)** Fassade	**(4)** Unbewusstes

Abbildung 44: Die vier Fenster der Persönlichkeit des Mitarbeiters

Dieses Modell geht davon aus, dass jeder Interaktionspartner (hier: Mitarbeiter und Vorgenetzte) verschiedene Persönlichkeitsbereiche aufweist:

(1) einen Bereich, der ihm und seinem Vorgenetzten bekannt ist, der sog. Arena-Bereich der Persönlichkeit,

(2) einen Bereich, der dem Vorgenetzten, nicht aber dem Mitarbeitenden selbst bekannt ist, der sog. Selbstblindheits-Bereich der Persönlichkeit,

(3) einen Bereich, der dem Mitarbeitenden selbst bekannt, seinem Vorgenetzten jedoch nicht bekannt ist, der sog. Fassaden-Bereich der Persönlichkeit,

(4) einen Bereich, der weder dem Mitarbeitenden noch seinem Vorgenetzten bekannt ist, das sog. Unbewusste der Persönlichkeit.

Je nach Interaktionshäufigkeit zwischen Vorgenetztem und Mitarbeitenden können nun unterschiedliche Profile als Dominante auftreten (vgl. Abbildung 45).

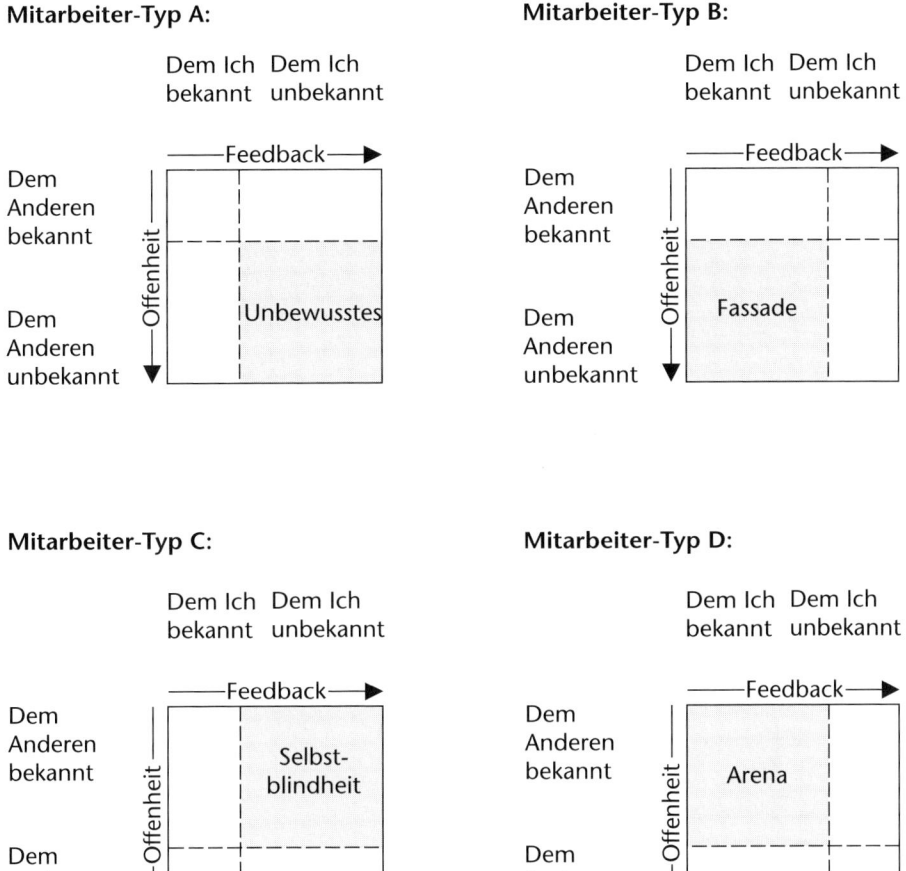

Abbildung 45: **Verschiedene dominante Interaktionsprofile zwischen Vorgenetztem und Mitarbeitenden**

Ein Entwicklungsgespräch ist in der Regel umso erfolgreicher, je größer die Durchschnittsarena aus Sicht der Vorgenetzten und Mitarbeitenden bewertet wird (vgl. unten stehende Abbildung).

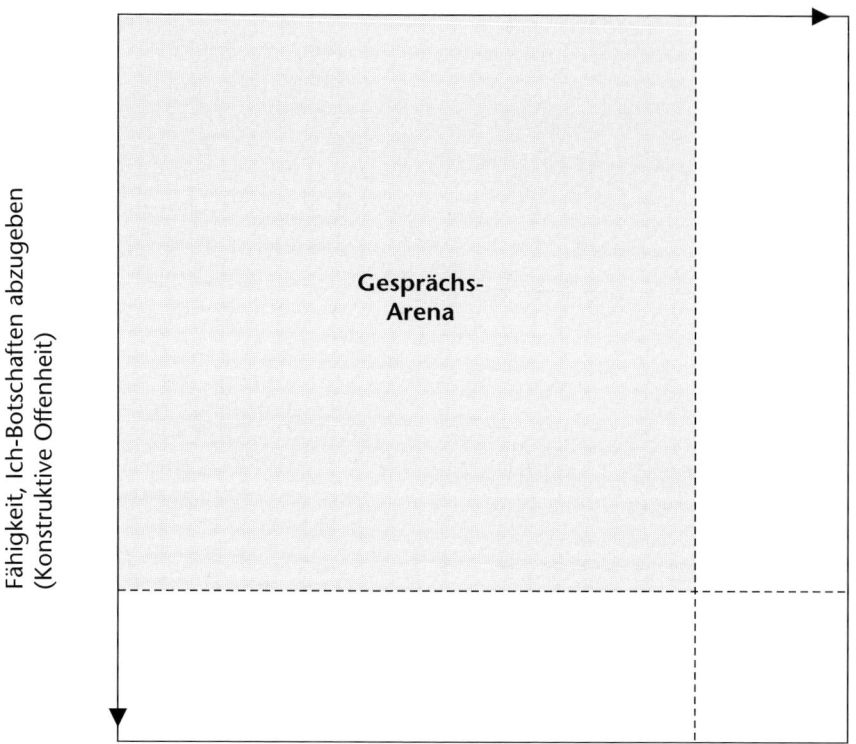

Abbildung 46: Die Größe der Arena-Fläche als Erfolgsdeterminante des Entwicklungsgesprächs

Eine große Arena-Fläche kann aufgrund des Gordon-Ansatzes[38] durch folgende Verhaltensweisen des Vorgenetzten und des Mitarbeitenden erreicht werden:

– die Fähigkeit, Ich-Botschaften abzugeben (d. h. konstruktive Offenheit zu zeigen) sowie
– die Fähigkeit, aktiv zuzuhören (d. h. Feedback zu erhalten, um die Selbstblindheit zu verkleinern).

---

38 Vgl. Gordon (1970).

Bei Gesprächstrainingsseminaren kann der Erfolg aufgrund einer Arena-Messung anhand eines besonderen Fragebogens[39] vor und nach dem Workshop bewertet werden.

Die Arena kann auch gesteigert werden, indem die Entwicklungsgespräche von den Lohngesprächen getrennt werden. Aufgrund unserer Erfahrungen empfiehlt es sich, die Beurteilung als Entwicklungsgespräche z. B. Mitte des Jahres und die Salärgespräche als Follow-up-Maßnahme getrennt z. B. Ende des Jahres durchzuführen.

(3) Aktionsplan

Es können noch so ideale Beurteilungsbogen verwendet und noch so konstruktive Gespräche durchgeführt werden, der Erfolg eines Personalbeurteilungskonzepts ist stark davon abhängig, inwieweit die partizipativ erarbeiteten Aktionspläne bezüglich der Zielvereinbarung und der Personalentwicklung im Laufe der Beurteilungsperiode verwirklicht werden. Das Salärgespräch nach einem halben Jahr kann dabei jeweils als erstes »Follow-up-Meeting« zur Diskussion der Zielerreichung und etwaiger Zielabweichungen dienen.

Aufgrund unseres Ausgangs-Modells des visionsorientierten und integrierten Personalmanagements (vgl. Abbildung 7, S. 19) bauen zwei Konzepte auf der in diesem Kapitel beschriebenen ganzheitlichen Personalbeurteilung auf:

– die ganzheitliche Personalhonorierung als Instrument zur Anerkennung und Förderung des positiven Leistungsverhaltens und -ergebnisses (vgl. das folgende Kapitel) sowie
– die ganzheitliche Personalentwicklung als Instrument zur gezielten Berücksichtigung der Begabungs- und Leistungspotenziale im Interesse der relevanten Anspruchsgruppen (vgl. Kapitel 3.4).

---

39 Vgl. die Testfragebogen von Hall (1978).

3.3 Personalhonorierung

3.3.1 Ziel

Die wichtigsten Ziele der Personalhonorierung lassen sich anhand des »Magischen Dreiecks der Verteilungsgerechtigkeit«, das wir in Abbildung 47 vorstellen, übersichtlich darstellen. Wir haben dieses Konzept bereits in Unternehmen verschiedener Größe, Branche und Länderkultur[40] eingeführt.

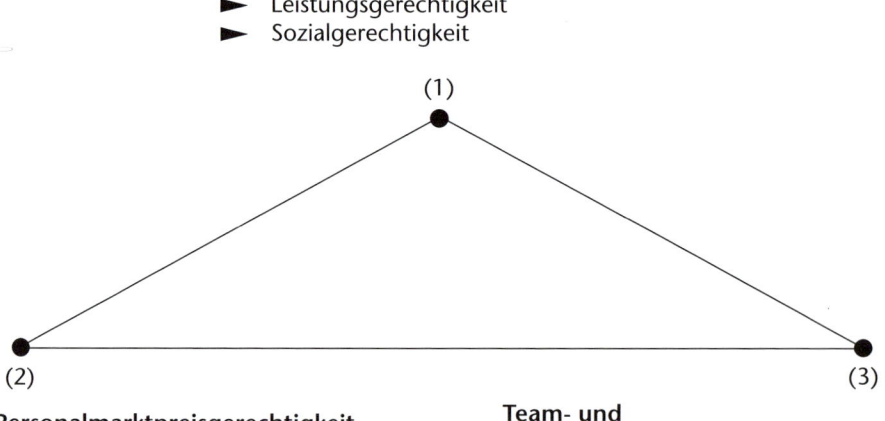

Interne Verteilungsgerechtigkeit

▶ Anforderungs- und Kompetenzgerechtigkeit
▶ Leistungsgerechtigkeit
▶ Sozialgerechtigkeit

(1)

(2)
Personalmarktpreisgerechtigkeit

(3)
Team- und
Unternehmenserfolgsgerechtigkeit

Abbildung 47: Das Magische Dreieck der Verteilungsgerechtigkeit

Das Ziel besteht darin, dass jeder Mitarbeitende das Gefühl hat, intern (d. h. anforderungs-, kompetenz-, leistungs- und sozial-), extern sowie team- und unternehmenserfolgsgerecht honoriert zu werden. Das Zieldreieck bezeichnen wir (in Anlehnung an das bekannte magische Dreieck der Volkswirtschaftspolitik) deshalb als »magisch«, weil zwischen den einzelnen Komponenten viele Konflikte bestehen und deshalb eine Optimierung angestrebt werden muss.

---

40 Zu den wenigen Ausnahmen gehören Länder wie Japan, die aufgrund der spezifischen Länderkultur andere Honorierungskonzepte benötigen (vgl. hierzu Hilb 1985, S. 236 f.).

Dieses Konzept bezweckt, die Honorierung der Mitarbeitenden gemäß unserem Kreislaufkonzept (in Abbildung 7):

- auf die Unternehmensvision auszurichten,
- mit den anderen zentralen Personalmanagementkonzepten wie Gewinnung, Beurteilung und Entwicklung durch ein visionsgerechtes Funktionsbewertungsprogramm zu integrieren und
- einer periodischen Erfolgsevaluation aus Sicht der verschiedenen Anspruchsgruppen des Unternehmens zu unterziehen.

Mit diesem verhaltenssteuernden Konzept soll der Beitrag der Mitarbeitenden zur Schaffung und Steigerung des Nutzens für

- Eigentümer,
- Mitarbeiter,
- Kunden und
- Umwelt

visionsgerecht belohnt und gefördert werden.

3.3.2 Strategie

Um das Ziel des »Magischen Dreiecks« anzustreben, sollte in folgenden Phasen vorgegangen werden:

Phase 1:

Entwicklung einer visionsorientierten und konkurrenzfähigen Honorierungspolitik mit entsprechenden Richtlinien, wie:

- Vergütung und Sozialleistungen werden als steueroptimales Netto-Gesamtpaket betrachtet, wobei dem direkten Anteil (gemäß Abbildung 48), falls es die lokalen Bedingungen erlauben, Priorität beigemessen wird.
- Die angestrebte Vergütungsmarktposition soll sich im (bzw. X% über dem) relevanten Vergütungsmarktdurchschnitt befinden.
- Die Honorierungspolitik soll in nicht-diskriminierender Weise angewandt werden, d. h. ohne Berücksichtigung sozialer Daten wie Geschlecht, Religion oder Nationalität des Personals.

Netto-Gesamtvergütung
(unter Berücksichtigung der Lebenshaltungskosten und legaler Steueroptimierung)

Grundgehalt	Variable Vergütung	Zusatzleistungen
└ **Festgehalt**	├ **Anerkennungsprämie** (Spontan-Honorierung von Leistungen und Verhaltensweisen) ├ **Bonus** (Kurzfristig variabler operativer Erfolgsanteil) └ **Incentive** (Langfristig variabler strategischer Erfolgsanteil)	├ **Versorgungsleistungen** (z. B. Personalversicherungen) └ **Nutzungsleistungen** (z. B. Firmenwagen)
Direkter Anteil		Indirekter Anteil

Abbildung 48: Komponenten der Gesamtvergütung

Die verschiedenen Komponenten des Gesamtpakets (in Abbildung 48) tragen je nach Situation in unterschiedlichem Umfang zur Erreichung personalpolitischer Ziele bei (Abbildung 49).

Personalpolitisches Ziel / Vergütungselemente	Personal-gewinnung	Personal-erhaltung	Personal-motivation
Festgehalt und -gratifikation	Hoch	Niedrig	Niedrig
Spontan-Honorierung außerordentlicher Leistungen (Anerkennungsprämie)	Niedrig	Mittel	Hoch
Kurzfristig variable Vergütung (Bonus)	Hoch	Mittel	Hoch
Langfristig variable Vergütung (Incentive)	Niedrig	Hoch	Mittel
Versorgungsleistungen	Mittel	Hoch	Niedrig
Nebenleistungen	Hoch	Mittel	Niedrig

Abbildung 49: Beispiel von Auswirkungen verschiedener Vergütungskomponenten auf eine intrinsisch motivierte Führungskraft X im Land Y bei ausgetrocknetem Arbeitsmarkt

Phase 2:

Visionsgerechte vernetzte Darstellung der Aufbauorganisation (z. B. kreisförmiges Organigramm mit Passfotos aller Stelleninhaber).

Phase 3:

Partizipative Entwicklung und Einführung eines einfachen ganzheitlichen Funktions- und Kompetenzbewertungskonzepts (vgl. Kapitel 3.3.3/A) zur Sicherung der Anforderungs- und Kompetenzgerechtheit der Honorierung.

Phase 4:

Partizipative Entwicklung und Einführung eines 360°-Personalbeurteilungskonzepts (siehe Kapitel 3.2) (aus Sicht der Mitarbeitenden, Vorgenetzten, Kollegen, internen und externen Kunden) zur Sicherung der Leistungsgerechtigkeit der Vergütung.

Phase 5:

Partizipative Entwicklung, periodische Erfolgsevaluation und Anpassung eines Sozialleistungsprogramms im Dienste der verschiedenen Anspruchsgruppen des Unternehmens (vgl. Kapitel 3.3.3/B).

Phase 6:

Periodische Durchführung von Honorierungsumfragen mit relevanten Personalmarktkonkurrenten (vgl. Kapitel 3.3.3/C) zur Sicherung der externen Verteilungsgerechtigkeit.

Phase 7:

Partizipative Entwicklung bzw. Anpassung der Vergütungsstruktur mit den Linienverantwortlichen der verschiedenen Organisationseinheiten (vgl. Abb. 67).

Phase 8:

Partizipative Erarbeitung folgender an der Vision zu orientierender und aufeinander abzustimmender Anreizkonzepte (vgl. Kapitel 3.3.3/D):

- Konzept zur spontanen Anerkennung außerordentlicher Leistungen und Verhaltensweisen
- Bonus-Konzept zur Honorierung kurzfristiger operativer Leistungserfolge sowie
- Incentive-Konzept zur Honorierung langfristiger visionsorienterter Leistungserfolge.

Phase 9:

Entwicklung und Einführung eines Konzepts zur Jahresplanung und -budgetierung der Honorierung (vgl. Kapitel 3.3.3/E).

Phase 10:

Information des Personals über die Honorierungspolitik mit dem Hinweis auf die Möglichkeit jedes Mitarbeitenden, den eigenen Vergütungsgrad und die eigene Vergütungsbandbreite beim jeweiligen Vorgenetzten zu erfahren.

Phase 11:

Periodische Vergütungsaudits und Erfolgsevaluation der Honorierungspolitik (gemäß Kapitel 4.3).

Phase 12:

Erarbeitung und Einführung eines Aktionsplanes zur Weiterentwicklung der Honorierungspolitik und -praxis.

3.3.3 Instrumentarium

Neben einem (in Kapitel 3.2 bereits dargestellten) umfassenden und stimulierenden Beurteilungskonzept zur Sicherung der Leistungsgerechtheit der Honorierung werden folgende, gemäß dem Magischen Ziel-Dreieck aufeinander abzustimmende Instrumente benötigt:

(A) Ein einfaches und möglichst objektives Funktions- und Kompetenzbewertungsprogramm zur Sicherung der Anforderungs- und Kompetenzgerechtheit

(B) Ein visionsorientiertes Sozialleistungsprogramm zur Sicherung der Sozialgerechtheit

(C) Ein umfassendes Vergütungs- und Sozialleistungs-Umfrage-Programm zur Sicherung der Marktpreisgerechtheit

(D) Ein Anreizprogramm zur Sicherung der Unternehmenserfolgsgerechtheit

sowie zusätzlich

(E) Ein einfaches und systematisches Planungsprogramm zur Integration der verschiedenen Instrumente.

(A) Funktions- und Kompetenzbewertung

Ziel der Funktionsbewertung ist es, die Anforderungsgerechtheit der Honorierung durch eine möglichst

- objektive
- systematische
- visionsgerechte und
- zweckmäßige

Bewertung der verschiedenen Stellen innerhalb der Organisation sicherzustellen.

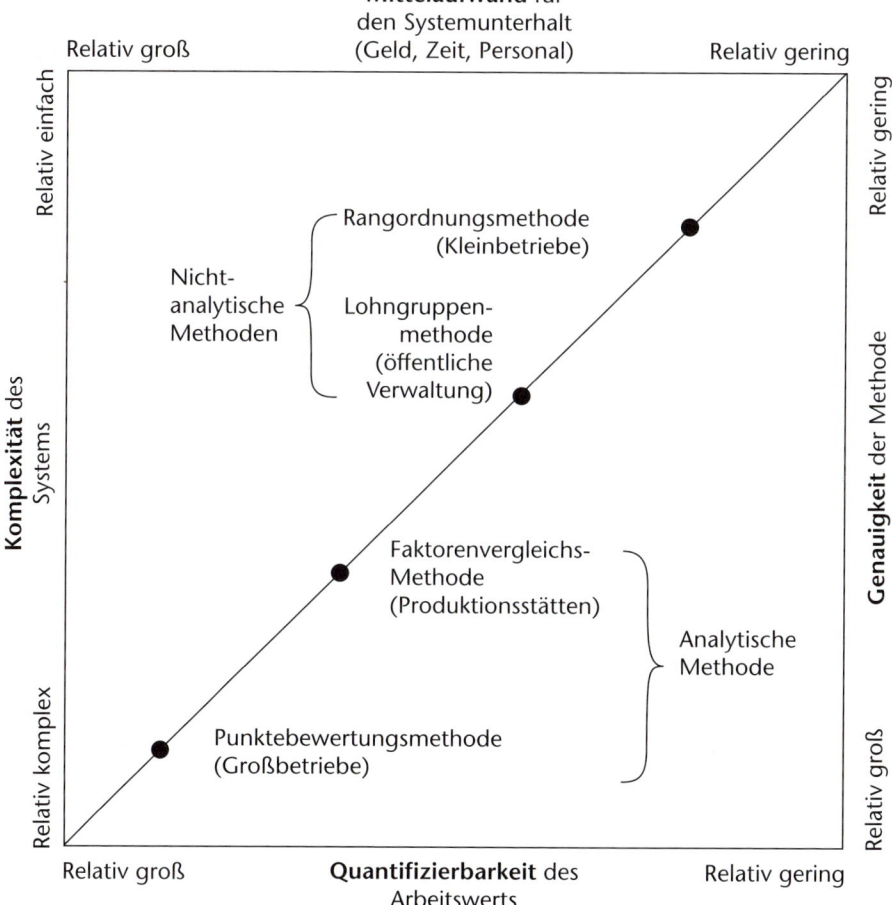

Abbildung 50: Vor- und Nachteile traditioneller Funktionsbewertungs-methoden

In Theorie und Praxis werden je nach Organisationstyp vier verschiedene Funktionsbewertungsverfahren unterschieden. Sie weisen alle, wie die Abbildung 50 illustriert, unterschiedliche Vor- und Nachteile auf.

Das ideale Funktionsbewertungskonzept muss die Vorteile eines

– Punktebewertungskonzepts (Genauigkeit und Messbarkeit) mit denen des
– Rangordnungsverfahrens (Einfachheit und Minimalaufwand)

verbinden, d. h. es ist ein möglichst einfaches, genaues, systematisches, PC-gestütztes und kostengünstiges Punktebewertungsverfahren, das auch die visionsorientierte Bedeutung der Funktionen mitberücksichtigt, anzuwenden und mit einer Kompetenzbewertung zu ergänzen.

Bei der **Entwicklung** eines visionsorientierten Funktions- und Kompetenzbewertungskonzeptes kann wie folgt vorgegangen werden:

Phase 1:

Entwicklung von visionsgerechten Organisationsgrundlagen:

– Organisationsplan (z. B. föderalistische Zeltstruktur netzförmig mit Bildern);
– Funktionendiagramme (auf je einer Seite für alle Organisationseinheiten);
– Leistungsorientierte Kurz-Stellenbeschreibungen (auf je einer Seite mit entsprechender Delegation von Budgetverantwortung).

Phase 2:

Bestimmung der visionsrelevanten Anforderungs- und Kompetenzkriterien (vgl. Abbildung 51).

Phase 3:

Entwicklung einer Gewichtungstabelle (siehe Abbildung 52).

Phase 4:

Entwicklung eines Funktionsklassifikationssystems (in dem Funktionen mit gleicher Punktespanne [z. B. 500–550 Punkte] zu Funktionsgruppen zusammengefasst werden).

Fachkompetenz (WER)	A	Ausbildungsniveau (Explizites Know-how)	
	B	Berufserfahrung (Implizites Know-how)	
Persönlichkeitskompetenz (WIE)	C	Kommunikationserfordernis	**P Polyvalenz (Kompetenzvielfalt)**
	D	Detailgrad der Instruktionen (Selbstständigkeit)	
Führungskompetenz (WAS)	E	Einheitsvielfalt (Komplexität der Tätigkeit)	
	F	Führungsumfang (Zahl der direkt Rapportierenden und des strategisch notwendigen Personals)	
Aktionskompetenz (WOMIT)	G	Geldmäßige Verantwortung (Budgetverantwortung)	
	H	Höhe des Einflusses auf das Firmenergebnis	

Abbildung 51: Beispiel der Faktoren unseres PC-gestützten Funktions- und Kompetenzbewertungskonzepts unter Berücksichtigung des möglichen Einflusses des Stelleninhabers auf Kunden, Mitarbeiter, Umwelt und Eigentümer gemäß der ganzheitlichen Unternehmensvision

Anforderungs-niveau / Funktions-dimensionen	A	B	C	D	E	F	G	H
0								
1	20	20	20	24	20	15	15	25
2	40	40	40	48	40	30	30	50
3	60	60	60	72	60	45	45	75
4	80	80	80	96	80	60	60	100
5	100	100	100	120	100	75	75	125
6	120	120	120		120	90	90	150
7			140		140	105		
8					120			

Abbildung 52: Beispiel einer visionsgerechten Gewichtung der Funktions-dimensionen

Phase 5:

Bestimmung der optimalen Durchführungsart der Funktions- und Kompetenzbewertung z. B. durch den direkten und nächsthöheren Linienvorgenetzten in Zusammenarbeit mit dem Personalverantwortlichen (vgl. Beispiel in Abbildung 53).

Dabei findet jeweils für jede Funktion ein Konsensmeeting zwischen den drei Beurteilern (vgl. Legende) statt und zwar nur bezüglich der unterschiedlich eingestuften Dimensionen (im folgenden Beispiel nur A und D).

Dieses Verfahren wird kaskadenartig von unten nach oben eingeführt. Zunächst wird auf der untersten Managementebene eine Bewertung vorgenommen. Nachdem sich die drei Beurteiler über die Bewertung geeinigt haben, werden alle Stellen als Abteilungsorganigramm auf unterschiedlich bewerteten Ebenen auf dem Bildschirm dargestellt.

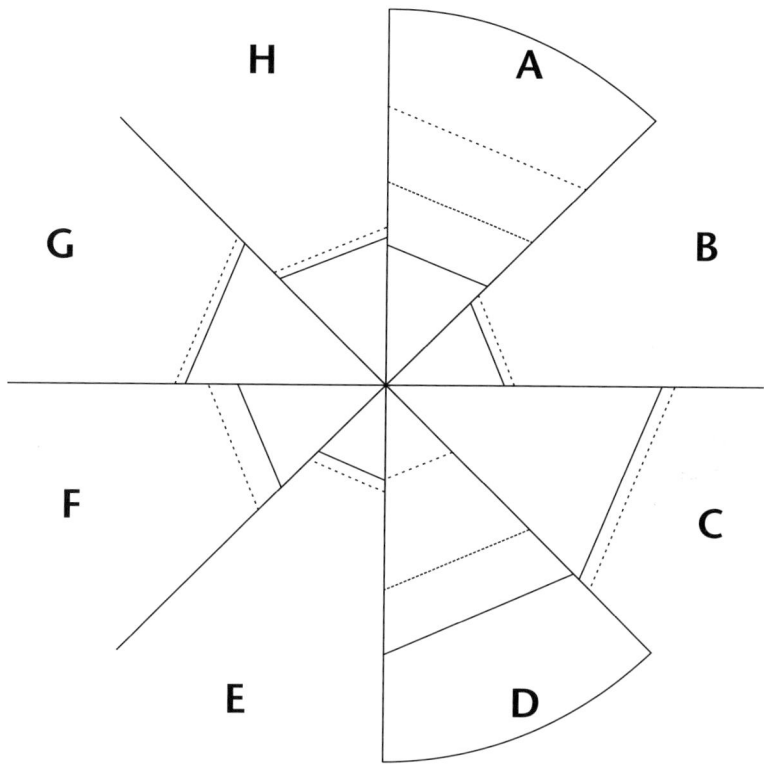

Beispiel einer Funktionseinordnung für Position X

Legende: ┄┄┄┄ Anforderungsprofil bewertet durch den Vorgenetzten
          ┄┄┄┄ Anforderungsprofil bewertet durch den nächsthöheren
                Vorgenetzten
          ──── Anforderungsprofil bewertet durch den Personal-
                verantwortlichen

Abbildung 53: Beispiel einer Funktionseinordnung für Position X aufgrund unseres PC-gestützten Funktions- und Kompetenzbewertungskonzepts

Phase 6:

Der nächsthöhere Vorgenetzte hat nun die Aufgabe, anhand der Ergebnisse der unterstellten Abteilungen eine laterale Überprüfung der Bewertung seiner Abteilungsleiter vorzunehmen und nach Vereinbarung mit ihnen etwaige Änderungen anzubringen.

Phase 7:

Am Schluss werden alle Stellen anhand einer Funktionsmatrix (mit der Angabe der Funktionsstufen auf der vertikalen Dimension und mit der Angabe der Organisationseinheit auf der horizontalen Dimension) dem Unternehmensleiter zur Verabschiedung vorgelegt (vgl. z. B. Abbildung 67, wobei die Bezeichnung »Vergütungsgrad [mit Monatsbandbreite]« ersetzt wird durch die Bezeichnung »Funktionsstufe«).

(B) Sozialleistungsgestaltung

Wir unterscheiden folgende **Ziele** bei der Sozialleistungsgestaltung:

○ Soziale Integration des Personals
   – In die Arbeitsgruppe
   – In die Abteilung
   – In die Unternehmung
○ Soziale Sicherheit für das Personal
   – Beschäftigungssicherheit (nicht zu verwechseln mit Arbeitsplatzsicherheit)
   – Personalversicherungen
   – Gesundheitsschutz
   – Personalberatung und -betreuung
○ Soziale Gerechtigkeit zwischen den Mitarbeitenden
   – Gleichbehandlungsgrundsatz (keine Diskriminierung)
   – Differenzierungsgrundsatz (nach objektiven Kriterien)
   – Partizipationsgrundsatz
○ Soziale Berichterstattung
   Berichterstattung über den gesamten personal- und umweltbezogenen Aufwand und Nutzen als integrierter Bestandteil des Geschäftsberichts.
   Wir schlagen dabei folgende Gliederung vor:
   – Teil 1: Produkt- und marktbezogene
   – Teil 2: Mitarbeiter- und umweltbezogene
   – Teil 3: Gewinn- und umsatzbezogene
Jahres-Berichterstattung.

Bei der *Gestaltung* der betrieblichen Sozialleistungen kann wie folgt vorgegangen werden:

Phase 1:

Systematische Bestandsaufnahme aller gegenwärtig gewährten gesetzlichen, tariflichen und freiwilligen Sozialleistungen.

Phase 2:

Ermittlung der Gründe, weshalb die einzelnen freiwilligen Sozialleistungen gewährt werden.

Phase 3:

Genaue jährliche Budgetierung der einzelnen obligatorischen und freiwilligen Sozialleistungen pro Mitarbeiter und insgesamt

- in absoluten Werten und
- prozentual (z. B. im Verhältnis zur Lohn- und Gehaltssumme und zum Branchendurchschnitt).

Phase 4:

Im Rahmen der periodischen Personalumfrage u.a. Befragung der Mitarbeitenden über Wichtigkeit von und Zufriedenheit mit den einzelnen freiwilligen Sozialleistungen (vgl. Kapitel 4.3.3).

Phase 5:

Periodischer Vergleich der eigenen Sozialpolitik mit derjenigen

- des Staates
- der Gewerkschaften und anderer Interessenverbände sowie
- der personalmarktrelevanten Konkurrenzfirmen (anhand von relevanten Vergütungs- und Sozialleistungs-Umfragen).

Phase 6:

Laufende Anpassung der betrieblichen Sozialleistungspolitik an die veränderten Umweltbedingungen mit dem Ziel, jederzeit für die Mitarbeitenden attraktive freiwillige Sozialleistungen zu erbringen, die sich ökonomisch verantworten lassen und dem Primat der leistungsorientierten direkten Kompensation nicht widersprechen.

Phase 7:

Erarbeitung bzw. Anpassung eines systematischen, umfassenden und motivierenden Personalhandbuches (vgl. Abbildung 54), um eine einheitliche Personalpolitik und -praxis sicherzustellen.

Bei diesem Vorgehen zeigt sich immer wieder, dass viele Sozialleistungen nicht das leisten, was sie kosten, d. h. zu leisten vorgeben.

Willkommen in unserer Firma	1
Unser Firmenleitbild	2
Unsere Mitarbeitenden	3
Unsere Produkte	4
Unsere Märkte	5
Unsere Personalpolitik	6
Unsere Anstellungsbedingungen von A–Z	7
Unser Arbeitsvertrag	8
Unsere Versicherungsleistungen für Sie	9
Unsere Unfallversicherung	10
Unsere Krankenversicherung	11
Unsere Pensionsversicherung	12

Abbildung 54: Beispiel des Deckblattes eines (webbasierten) Personal-Handbuches

Oft werden Leistungen angeboten, die nicht (oder nicht mehr) gewünscht werden, andere werden z. B. aufgrund des Wertewandels erwartet, jedoch nicht gewährt.

Um die Verteilung der Sozialleistungen den individuellen Bedürfnissen der Mitarbeitenden besser anzupassen und die Nutzenstiftung durch die Eigentümer damit zu erhöhen, können in begrenztem Umfang sog. »Cafeteria-Konzepte«[41] eingeführt werden. Dabei ist vor allem darauf zu achten, die Transparenz des Honorierungskonzepts nicht zu gefährden, soziale Ungerechtigkeiten zu vermeiden und den Administrationsaufwand in Grenzen zu halten.

Wie Abbildung 55 zeigt, ist die Qualität eines »Cafeteria-Konzepts« daran zu messen, inwieweit es gelingt, allen Anspruchsgruppen Nutzen zu stiften.

---

41 Vgl. Dycke/Schulte (1986).

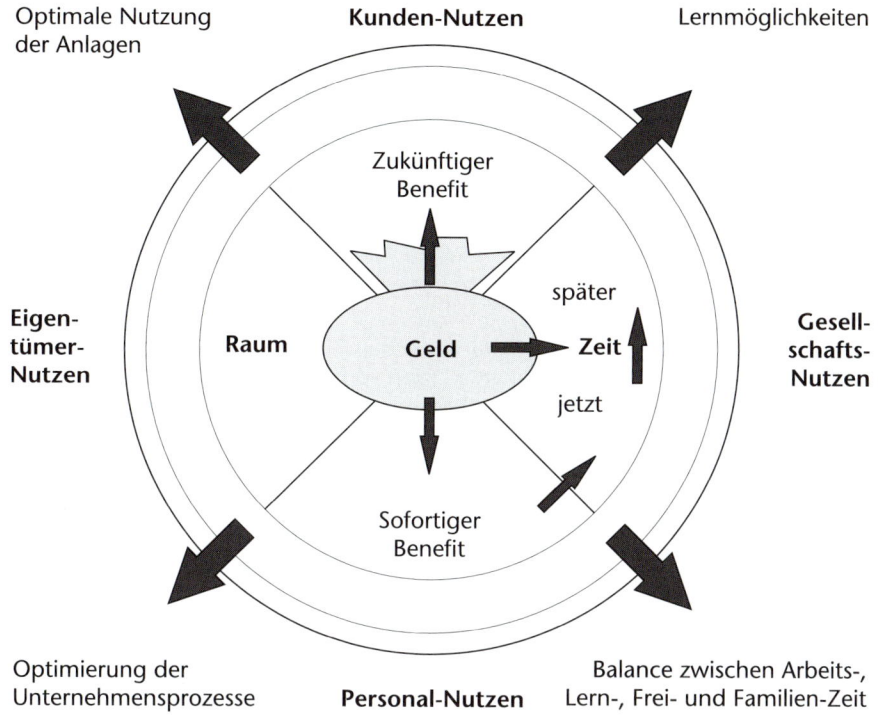

Optimale Nutzung der Anlagen

Kunden-Nutzen

Lernmöglichkeiten

Eigen-tümer-Nutzen

Gesell-schafts-Nutzen

Optimierung der Unternehmensprozesse

Personal-Nutzen

Balance zwischen Arbeits-, Lern-, Frei- und Familien-Zeit

Abbildung 55: Anspruchsorientiertes Cafeteria-Konzept

Mögliche Spielregeln für ein Cafeteria-System[42] sind am Beispiel des öffentlichen Dienstes in Abbildung 56 dargestellt.

---

42 Schedler (1993, S. 165).

Das Cafeteria-System der Leistungshonorierung

Ein Cafeteria-System (CS) der Leistungshonorierung, wie es in der öffentlichen Verwaltung angewendet werden kann, basiert auf folgenden Spielregeln:

- In das CS sind die verschiedensten Arten von Belohnungen als Anreize integriert, insbesondere materielle *und* nichtmaterielle.

- Die *Relationen* der Belohnungen untereinander sind klar definiert. So entspricht beispielsweise eine Prämie von Euro 200,– einem zusätzlichen Urlaubstag oder zwei Abendessen für zwei Personen oder einer Teilnahme an einem Weiterbildungsseminar usw. Ausschlaggebend für die Verrechnungspreise sind die *Selbstkosten* für die Verwaltung.

- Die *Leistungshonorierung* ist einheitlich geregelt. Sie erfolgt beispielsweise in Form von Leistungspunkten, die kumuliert werden können. Eine bestimmte Anzahl von Punkten berechtigt zum Bezug einer bestimmten Honorierung. Die Punkte sind nicht auf Dritte übertragbar, können hingegen auch in Teilbezüge aufgeteilt werden. Mit Punkten kann in der Cafeteria »eingekauft« werden.

- Die Leistungshonorierung kann nach der jährlichen Beurteilung oder individuell nach besonderen Leistungen unter dem Jahr erfolgen. Jeder Vorgenetzte erhält ein bestimmtes *Punktebudget*, das er nach bestimmten vorgegebenen Kriterien verteilen kann.

- Die Cafeteria kann ausverkauft sein. Gefährden Kumulationen den Verwaltungsbetrieb, so kann der Bezug verweigert werden. Trotzdem ist großes Gewicht auf eine größtmögliche *Flexibilität* zu legen.

- Die Anreize sind auf die Bedürfnisse der Mitarbeitenden abgestimmt. Diese werden über eine *Mitarbeiterbefragung* ermittelt. Die Mitarbeitenden können zudem jederzeit Vorschläge für neue Honorierungen einreichen, die, wenn zweckmäßig, zu berücksichtigen sind.

Abbildung 56: Cafeteria-System für die öffentliche Verwaltung

(C) Kompensationsumfragen

Ziel dieser Umfragen ist es festzustellen, ob das gesamte Honorierungspaket der eigenen Mitarbeitenden im Verhältnis zu Mitarbeitenden von vergleichbaren Unternehmen als marktgerecht einzustufen ist. Dies wird ermittelt durch die periodische Durchführung von Vergleichen

- ähnlicher Stelleninhaber
- in vergleichbaren Positionen
- in genügend vielen Unternehmen
- der gleichen Branche
- der gleichen Größe
- mit ähnlichem Erfolg
- unter Berücksichtigung der angestrebten Honorierungsmarktposition.

Dabei ist wichtig, zuerst die honorierungspolitische Zielsetzung anhand der folgenden Matrix festzulegen:

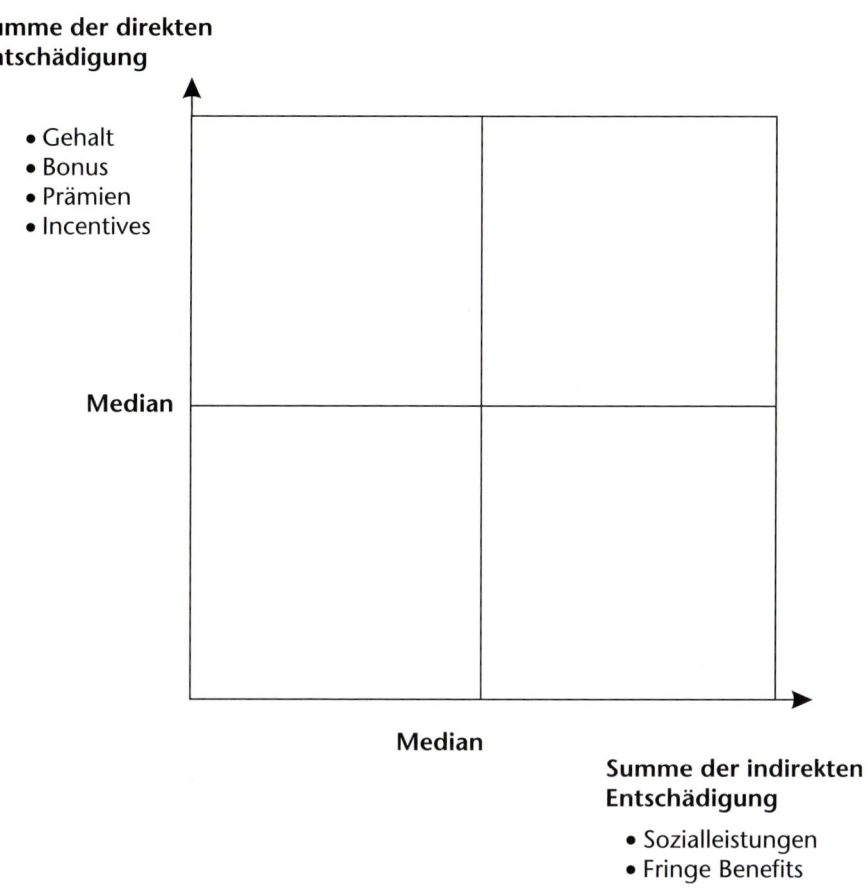

Summe der direkten Entschädigung

• Gehalt
• Bonus
• Prämien
• Incentives

Median

Median

Summe der indirekten Entschädigung

• Sozialleistungen
• Fringe Benefits

Abbildung 57: Eigenes Unternehmen im Vergleich zu Personalmarkt-konkurrenten

In Theorie und Praxis werden folgende vier Umfrage-Methoden (gemäß unserer Abbildung 58) unterschieden: Sie weisen jeweils unterschiedliche Vor- und Nachteile auf.

(1) Die **Titelvergleichs-Methode** vergleicht Stellen aufgrund der Titelbezeichnung.

Bei dieser Umfragemethode werden weder Unternehmensgröße, Funktionswert, individuelle Charakteristika der Bewerber (wie z. B. Dienstalter oder Leistungsverhalten) noch Firmenerfolg berücksichtigt.

(Beispiel: Gehaltsumfragen von ERFA-Gruppen)

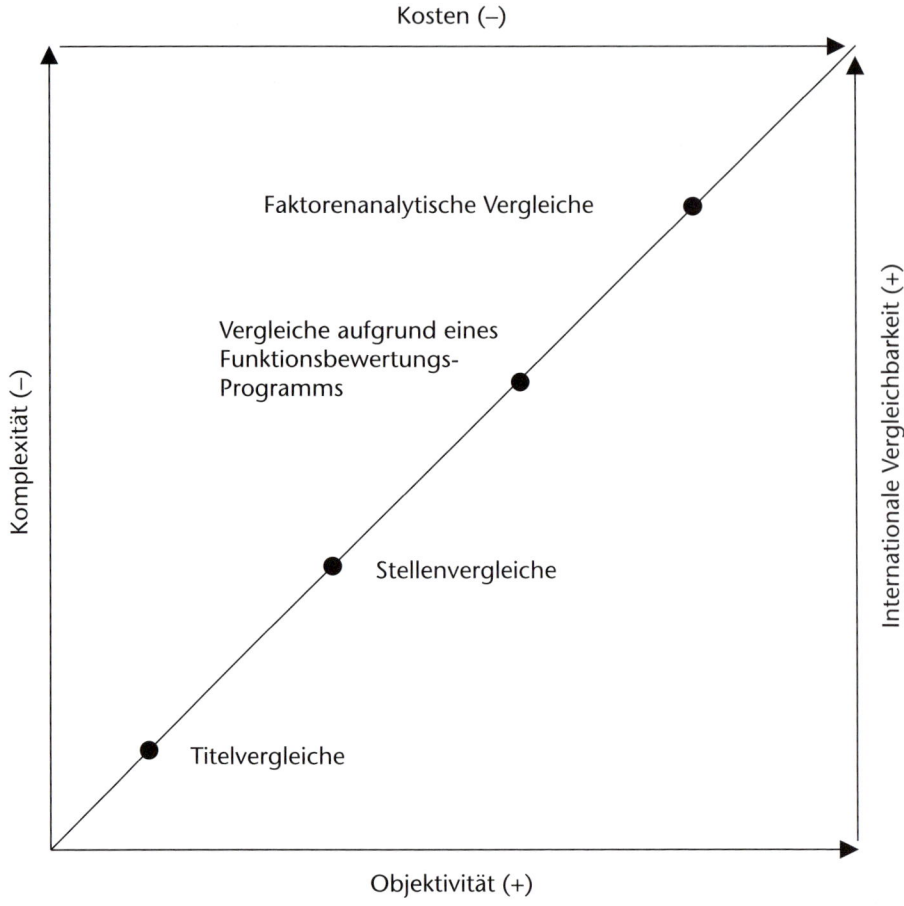

Abbildung 58: Vor- und Nachteile von Kompensationsumfragemethoden

(2) Die **Stellenvergleichs-Methode** vergleicht Stellen in verschiedenen Unternehmen aufgrund von Stellenbeschreibungen.

Bei dieser Umfragemethode werden weder die individuellen Charakteristika der Stelleninhaber noch die Gewinnsituation der Unternehmen berücksichtigt.

(Beispiele: Gehaltsumfragen von Management-Instituten wie z. B. MCE oder von Berufsverbänden wie z. B. des Informatik-Verbands in der Schweiz)

(3) Die **Gehaltsumfrage-Methode** vergleicht Stellen **anhand eines einheitlichen Punkte-Funktionsbewertungskonzepts**.

Bei dieser Umfragemethode wird nicht berücksichtigt,

– dass die Umfrage-Teilnehmer ihre Führungspositionen ohne Berücksichtigung der Unternehmensgröße selbst bewerten und in Punkte umsetzen,

– dass der individuelle Marktwert der verschiedenen Positionen das Gehalt beeinflussen kann,

– dass der Unterschied zwischen einer einzelnen Unternehmens- und der Durchschnitts-Vergütungskurve evtl. ein honorierungspolitisches Ziel des einzelnen Unternehmens widerspiegelt.

(Beispiele: Hay-Gehaltsumfrage, C.R.G.-Gehaltsumfrage)

(4) Die **Gehaltsumfrage-Methode aufgrund einer Multi-Faktoren-Analyse** vergleicht Stellen anhand von verschiedenen gleichzeitig berücksichtigten Faktoren wie:

– Arbeitsinhalt
– Marktwert
– Organisationsgröße
– Unternehmensgewinn
– Branche
– Charakteristika der Stelleninhaber (wie z.B. Leistungsverhalten und Potenzial)

Diese Umfragemethode berücksichtigt alle unternehmensrelevanten Merkmale gleichzeitig.

(Beispiel: Gehaltsumfragen spezialisierter internationaler Entlöhnungsberatungsfirmen wie TPF + C)

Je nach Funktion müssen unterschiedliche Methoden verwendet werden. So wird bei Positionen, deren Inhalt aus der Titelbezeichnung klar hervorgeht die Methode (1), bei Positionen, bei denen die Stellenbeschreibungen vergleichbar sind, die Methode (2), bei Führungsfunktionen die Methode (3) und bei Konzernleitungsfunktionen die Methode (4) angewandt.

Um ein umfassendes Marktbild zu erhalten, sollten von Zeit zu Zeit **eigene Umfragen** durchgeführt werden. Dabei kann wie folgt vorgegangen werden:

Phase 1:

Wahl von geeigneten Schlüssel-Positionen für die Honorierungsumfrage. Die Schlüssel-Positionen sollten:

– repräsentativ sein für alle Positionen des gleichen Salärgrades,
– so ausgewählt werden, dass alle verschiedenen Funktionsbereiche vertreten sind (z. B. Marketing, Produktion, Finanz, Informatik),
– bei allen Teilnehmerunternehmen einen allgemeinen Bekanntheitsgrad (mit eindeutigem Profil) aufweisen,
– so ausgewählt werden, dass alle Funktionsstufen vertreten sind,

– alle Top-Positionen (z. B. alle Positionen der ersten und zweiten Führungsebene) umfassen.

Phase 2:

Wahl relevanter Teilnehmer an der Honorierungsumfrage.

Dabei haben die teilnehmenden Unternehmen je nach Position, die in der Umfrage verglichen wird, bestimmte Anforderungen zu erfüllen, z. B.:

– annähernd gleich große Belegschaftszahl,
– ähnliche markt- und finanzwirtschaftliche Kennzahlen,
– gleiche Palette von Funktionsbereichen (z. B. Produktion, F&E, Marketing),
– gleiche Branche (gilt vor allem für Marketing- und Verkaufspositionen),
– untereinander aktiv und direkt im Personalmarktwettbewerb (zeigt sich bei
  der Selektion von neuen Mitarbeitenden und beim Austritt bisheriger Mitarbeitenden),
– gleiche Funktions- und Kompetenzbewertungskonzepte,
– vergleichbare Organisation (mit gleichen Schlüsselpositionen),
– regelmäßige Beteiligung an der Umfrage.

Phase 3:

Wahl der gewünschten Komponenten für die Honorierungsumfrage sowie Entwurf eines standardisierten und umfassenden Fragebogens.

(a) Notwendige Unternehmensdaten:

– Relevante finanzwirtschaftliche Kennzahlen
– Belegschaftszahl nach Personalgruppen
– Salärpolitisches Ziel (im oder X% über Durchschnitt)
– Rate vermeidbarer Fluktuation
– Anzahl Arbeitsstunden pro Jahr.

(b) Notwendige Positionsdaten:

– Anzahl pro Schlüsselposition und Durchschnittsjahressalär (inkl. variabler
  Zielanteil)
– Salärbandbreite mit Minimalwert, Mittelwert und Maximalwert
– Höchstes und tiefstes Jahresbruttosalär pro Position
– Variable Vergütung (Incentive, Bonus, Prämien)
– Vorsorgungsleistungen
– Nebenleistungen
– Gesamtvergütung

Phase 4:

Wahl der geeigneten Honorierungsumfrage-Methoden (gemäß Abbildung 58)

Phase 5:

PC-gestützte Auswertung der Honorierungsumfrageergebnisse (vgl. als Beispiel Abbildung 59)

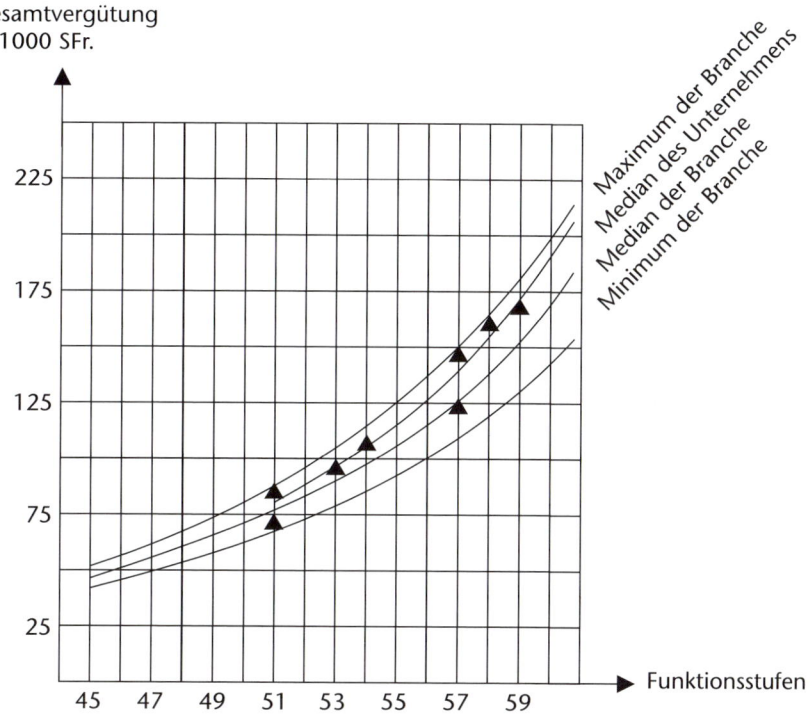

Abbildung 59: Vergleich von eigenen Mitarbeitenden im Vergleich mit den relevanten Branchenkonkurrenten
(ein Praxis-Beispiel)

Phase 6:

Gezielte Folgemaßnahmen (vgl. das übernächste Kapitel E/2).

(D) Materielles Anreizgestaltungsprogramm

Mit einem materiellen Anreizgestaltungsprogramm wird bezweckt, strategiegerechtes Verhalten der Mitarbeitenden zu fördern und zu belohnen.

Die inhaltliche Definition der erwarteten Leistungsbeiträge hängt von der gewählten Unternehmensvision ab. Das Programm sollte Mitarbeitende aller Ebenen betreffen.

Wir unterscheiden (gemäß Abbildung 60) folgende vier Komponenten materieller Anreizgestaltung, die strategiegerecht kombiniert werden:

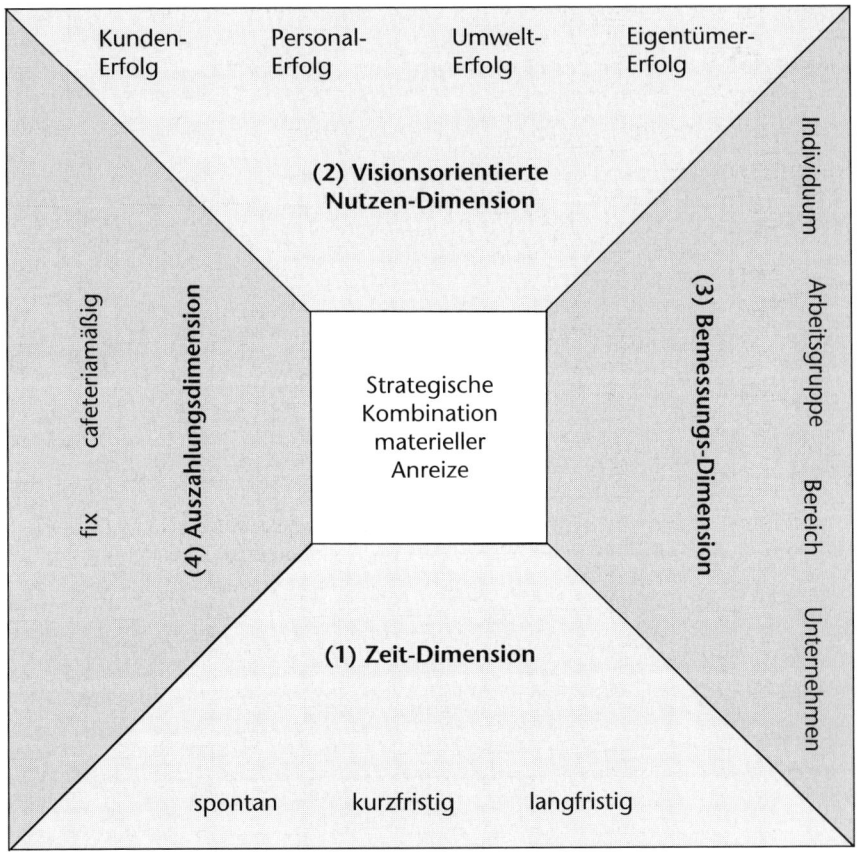

Abbildung 60: Visionsorientierte Kombination materieller Anreize

(1) Je nach Zeithorizont werden folgende **Ziele** angestrebt:

– die **spontane** Honorierung außerordentlicher Einzel- oder Team-Leistungen oder Verhaltensweisen durch Prämienkonzepte,
– die gezielte Honorierung **kurzfristiger** operativer Leistungserfolge durch Bonuskonzepte,
– die gezielte Honorierung **langfristiger** visionsorientierter Leistungserfolge durch Incentivekonzepte.

(2) Visionsgerecht soll der durch die Mitarbeiter(-Teams) geschaffene ganzheitliche **Nutzen für**

– **Kunden**,
– **Personal**,
– **Eigentümer** und
– **Umwelt**

gemessen und honoriert werden (vgl. Abbildung 62).

(3) Es gilt je nach Position, den **Beitrag** des einzelnen Mitarbeiters **zum Erfolg**

– des **Arbeitsteams** (z. B. der Hauptabteilung einer Tochtergesellschaft)
– der **übergeordneten Organisationseinheit** (z. B. der Tochtergesellschaft)
– des **Gesamtunternehmens**

zu berücksichtigen.

(4) Es stehen je nach Situation **fixe** oder **cafeteriamäßige** Auszahlungsmöglich-keiten zur Verfügung.

Im Folgenden wollen wir zwei Beispiele für die Gestaltung von materiellen Anreizkonzepten vorstellen, die wir in Unternehmen eingeführt haben:

– Ein Konzept zur Spontan-Honorierung von außerordentlichen Leistungen (vgl. Abbildung 61) und
– Ein kombiniertes Bonus- und Incentive-Konzept (vgl. Abbildung 62)

Die Wertschätzung von Mitarbeiterinnen und Mitarbeitern für **außerordentliche Leistungen** stellt einen wichtigen Bestandteil der Personalpolitik dar.
Unsere Vorgenetzten haben die Möglichkeit, die primäre immaterielle Anerkennung von außerordentlichen Leistungen durch angemessene materielle Belohnung zu ergänzen.

Die folgende Regelung dient hierzu als Grundlage:
Das Konzept enthält folgende Honorierungs-Merkmale für Gruppen- und Einzelleistungen:

(1) Leistungs-**Qualität**:
   - Erbringung einer zusätzlichen außerordentlichen Leistung außerhalb der ordentlichen Zielvereinbarung und Aufgabenerfüllung.
   - Erbringung einer außerordentlichen, besonders innovativen Idee mit nachhaltiger, positiver Auswirkung bei Realisierung.

(2) Leistungs-**Quantität**:
   - Weit überdurchschnittlicher Zeiteinsatz, der zu einer unter normalen Bedingungen nicht erreichbaren termingerechten Erfüllung eines sehr wichtigen Zieles beiträgt.
   - Im wesentlichen Ausmaß Übererfüllung der vereinbarten Ziele im Interesse der Eigentümer, Kunden, Mitarbeiter und der Mitwelt.

(3) Leistungs-**Verhalten**:
   - Markante, messbar höhere Gruppenleistung durch das Schaffen eines leistungsorientierten Teamgeistes und beispielhaften Beitragens zur Erreichung der Gruppenziele.
   - Außergewöhnlich engagiertes, ganzheitliches und unternehmerisches Handeln mit sichtbar positiven Auswirkungen für Eigentümer, Kunden, Personal und Umwelt.

Es werden drei Arten von Auszeichnungen angeboten (die jeweils nach Abklärung der steuerlichen Möglichkeiten angeboten werden):

(1) **Kleine Auszeichnung** im Wert von Euro 200,–:
   - Gutschein zum Essen (z. B. Dinner for two)
   - Goldmünze im Etui
   - Einkaufsgutschein
   - Theatergutschein
   - Bücher-/CD-Gutschein

(2) **Mittlere Auszeichnung** im Wert bis Euro 2000,–:
   - Möglichkeit der Umwandlung der Prämie in bezahlten Urlaub (z. B. 4-Tage-Woche über eine bestimmte Zeit)
   - Verlängertes Wochenende (z. B. Städteflug und 2 Urlaubstage)
   - Bahn-Schiff-Bus-Generalabonnement
   - Kunstwerk-Gutschein
   - Familien-Geschenk (z. B. wöchentlicher Blumenstrauß während eines Jahres nach Hause)

(3) **Hohe Auszeichnung** im Wert ab Euro 2000,– mit Urkunde:
   - Möglichkeit der Umwandlung der Prämie in Sabbatical-Urlaub (inkl. Übernahme der Weiterbildungskosten)
   - Bezahlter Urlaub inkl. Reisegutschein
   - Firmen-Aktien
   - Pensionskassen-Einlage
   - Erfüllung eines Wunsches (z. B. Kunstwerk, Elektrofahrzeug)

Die Anerkennungsprämie wird jeweils mit einem handschriftlichen Anerkennungsschreiben durch den direkten Vorgenetzten ausgehändigt. Bei hohen Auszeichnungen findet jeweils ein feierliches Abendessen statt.

Abbildung 61: Praxis-Konzept zur Spontan-Honorierung außerordentlicher Leistungen von Mitarbeitenden

Bei der Gestaltung von Bonus- und Incentive-Konzepten gehen wir von folgendem Anreizwürfel aus (vgl. Abbildung 62):

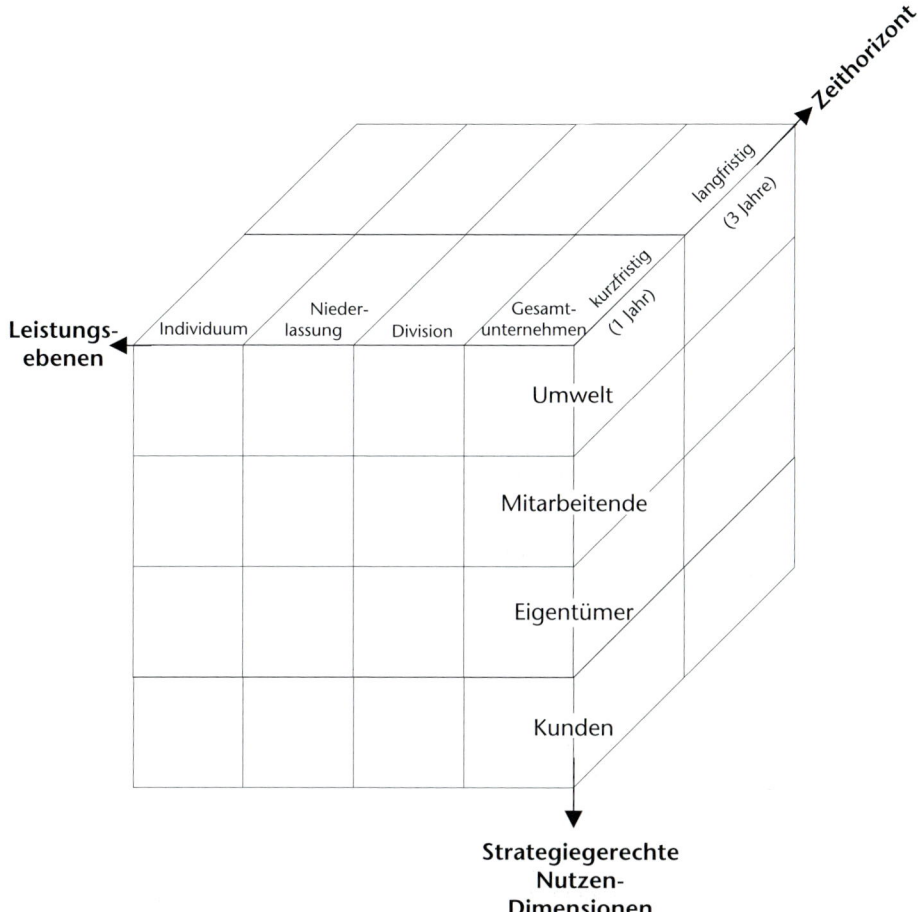

Abbildung 62: Bewertungsgrundlagen eines kombinierten Bonus- und Incentive-Planes

Ein Beispiel aus der Praxis wird in Abbildung 63 dargestellt.

Zielgruppe	Ziel	Berechnungs-grundlage	Zielbetrag in % der angestrebten direkten Jahres-gesamtvergütung	
		(mit % Anteil am Gesamtbonus)	Kurzfr. Bonus (1 Jahr)	Langfr. Incentive (3 Jahre)
Geschäftsfüh-rer	Anerkennung des Bei-trags des Geschäfts-führers für den Erfolg der Niederlassung und damit der übergeord-neten Einheit und des Gesamtunternehmens	● Konzern-erfolg: 10% ● Divisions-erfolg: 20% ● Nieder-lassungs-erfolg: 40% ● Individuelle Leistung: 30%	25%	10%
Geschäfts-leitungsteam	Anerkennung des Bei-trags des GL-Teams für den Geschäftserfolg der Niederlassung und der übergeordneten Einheit	● Divisions-erfolg: 10% ● Nieder-lassungs-erfolg: 50% ● Individuelle Leistung: 40%	20%	5%
Personal	Anerkennung des Bei-trags jedes Mitarbei-ters (der nicht der GL angehört) für den Er-folg der Abteilung und damit der Niederlas-sung	● Nieder-lassungs-erfolg: 20% ● Abteilungs-teamerfolg: 40% ● Individuelle Leistung: 40%	10%	–

Abbildung 63: Beispiel eines kombinierten Bonus-Incentive-Programms für Mitglieder einer Auslandsniederlassung einer inter-nationalen Firmengruppe

Bei der Einführung von Bonus- und Incentive-Programmen muss jeweils die Ganzheitlichkeit der Unternehmensvision, die Situation der Landeskultur, die steuerlichen Verhältnisse und die Entwicklungsreife (gemäß Abbildung 64) des Geschäfts berücksichtigt werden.[43] Die Prozentsätze der Ziel-Betrags-Spalte in Abbildung 63 unterscheiden sich somit von Niederlassung zu Niederlassung.

---

43 Vgl. hierzu auch Mahoney in Salaman (1992, S. 336 ff.).

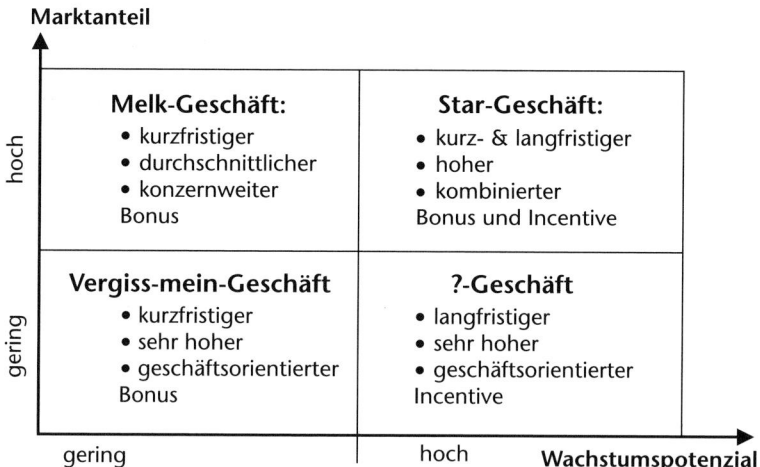

Abbildung 64: Beispiel eines Bonus- und Incentive-Portfolios

Für die langfristige Vergütung wurden in vielen europäischen Ländern Aktien-Options-Programme eingeführt, die seit langem in den USA als Anreizsysteme bekannt, neuerdings aber in Forschung und Praxis mehr und mehr umstritten sind.

Als Grund, weshalb in vielen europäischen Konzernen Aktien-Options-Pläne eingesetzt wurden, wird oftmals angeführt, dass auf diese Weise Vorteile aus den Optionsrechten eng mit dem wirtschaftlichen Erfolg der Gesellschaft verknüpft sind, der über den gestiegenen Börsenkurs auch den Aktionären zugute kommt.

Allerdings ist in Europa (z. B. in Deutschland und der Schweiz) vor der kurzatmigen Nachahmung der in den USA seit langem praktizierten Aktien-Options-Programmen aus folgenden Gründen zu warnen:

1. Aktienoptionsbesitzer werden gegenüber Aktionären bevorzugt: Sie werden lediglich an Kurssteigerungen, nicht aber an allen Kursverlusten beteiligt.

2. Aktienoptionsbesitzer haben in den meisten Fällen keinen direkten Einfluss auf die Kursentwicklung der Unternehmensaktie.

3. Aktienoptionsbesitzer, die Aktienoptionen einlösen, können in bestimmten Fällen für Banken Insiderinformationen (die nicht einmal die Aktionäre kennen) vermitteln und damit Spekulationen bewirken.

4. Aktien-Options-Programme setzen voraus, »dass sich der steigende Unternehmenswert in steigenden Börsenkursen niederschlägt.« Dies trifft beschränkt nur zu, wenn die Kapitalmärkte effizient sind.

5. Aktien-Options-Programme sind ein Modell der amerikanischen habenorientierten Gesellschaft, in der bereits »1995 die Gesamtbezüge eines CEO ... durchschnittlich das 212fache des Gehalts eines durchschnittlichen amerikanischen Arbeiters betrugen.«

Die Konsequenz ist der Schlussfolgerung eines »Fortune«-Artikels zu entnehmen:

»Incentive Stock options don't work. If CEOs want shares, let 'em buy some.«

Eine Möglichkeit für Publikumsaktiengesellschaften besteht darin, im Rahmen unseres vorgestellten strategischen Anreizkonzeptes (Abbildung 60), den variablen Anteil wahlweise voll oder teilweise in Aktien und z.T. als indexierte Aktienoptionen auszuzahlen. Gemäß Abb. 65 besteht für nicht kotierte (Familien-)Gesellschaften (welche im Arbeitsmarkt konkurrieren und fähige Vergütungspakete anbieten müssen) die Möglichkeit, zum einen virtuelle Aktien, und zum anderen indexierte virtuelle Aktienoptionen auszugeben.

Ein solcher Ansatz ist ». . . verlässlicher, leistungs- und erfolgsbezogener als lediglich (Incentive) Stock Options, die mit der Entwicklung des – kurzfristigen und gegebenenfalls kurzsichtigen – Börsenkurses verknüpft sind.«[44] Das Hauptproblem in vielen Unternehmen liegt gegenwärtig nicht in einer einseitigen Shareholder-Value-Ausrichtung, sondern primär in einem einseitigen Top-Executive-Value-Denken (auf Kosten der Shareholder, der Kunden, der Mitarbeitenden und der Gesellschaft).

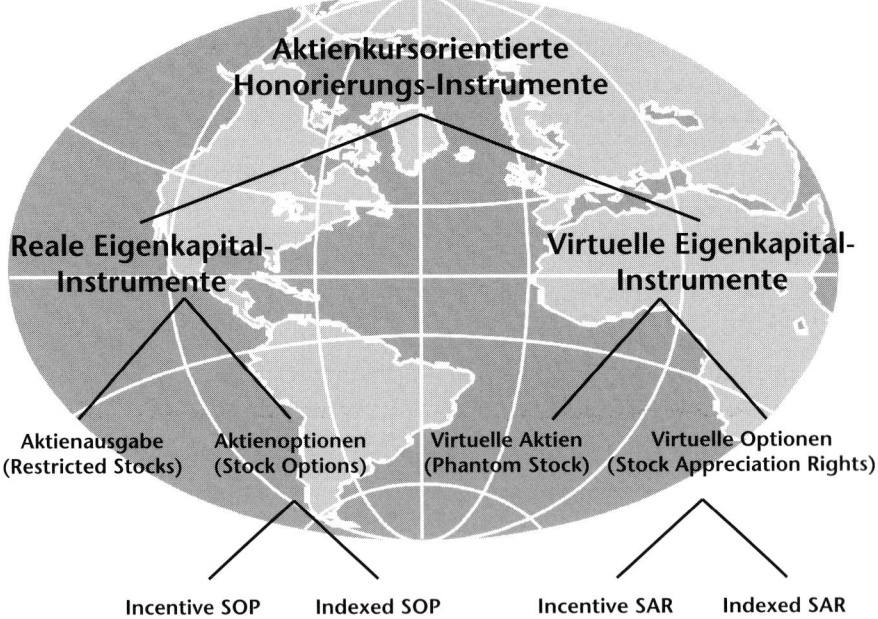

Abbildung 65: Formen aktienorientierter Honorierung

---

44 N. Bernhardt/P. Witt: »Stock Options and Shareholder Value«, in: ZfB, 67. Jg., H. 1., S. 85–101.

(E) **Programm zur Honorierungsplanung**

Es geht dabei

(1) um die Entwicklung einer Vergütungsmatrix und
(2) um die alljährliche Anpassung der Strukturen und Saläre.

(1) Entwicklung einer **Vergütungsmatrix**

Um die einzelnen Instrumente in einer Matrix miteinander zu integrieren, müssen Vergütungsstrukturen (gemäß Abbildung 67) entwickelt werden. Dabei können folgende Phasen unterschieden werden:

Phase 1:
Wahl einer strukturgerechten Zahl von Salärgraden.

Phase 2:
Festlegung von genügend großen Salärbandbreiten pro Salärgrad, um leistungsgerechte Salärerhöhungen zu ermöglichen (z. B. mindestens 20%).

Phase 3:
Gleitende Erhöhung der Salärbandbreiten, um auch bei hohen Salären leistungsgerechte Erhöhungen zu ermöglichen.

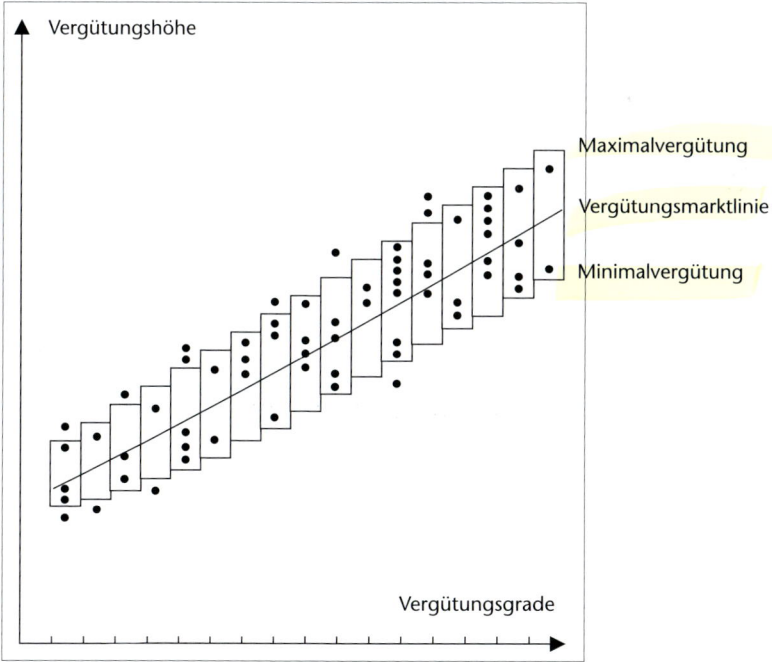

Abbildung 66: Einordnung der Mitarbeitenden nach der gezahlten Gesamtvergütung in das Vergütungspositionsschema des Unternehmens.

Phase 4:
Festlegung genügend großer Unterschiede zwischen den Maximalsalären der verschiedenen Salärstufen, um die effektiven Anforderungs-Unterschiede (d. h. die zunehmenden Aufgaben-, Verantwortungs- und Kompetenzbereiche) mit zunehmendem Salärgrad sichtbar zu machen.

Phase 5:
Angemessene Festlegung von Überlappungsbereichen zwischen dem oberen Teil der jeweiligen Salärbandbreite mit dem unteren Teil der nächsten Salärbandbreite.

Phase 6:
Übereinstimmung der Mittelwerte pro Salärgrad mit den aufgrund von Salärumfragen ermittelten Marktwerten der pro Salärgrad vertretenen Positionen.

Phase 7:
Jährliche Neu-Festlegung von Minimal-, Mittel- und Maximalsalärbeträgen pro Salärgrad aufgrund der Salärumfragen und zu erwartenden Inflationsraten.

Die Mitarbeitenden, die auf dem PC-Bildschirm (vgl. Abbildung 66) mit Punkten angegeben sind, können mit einer »PC-Maus angeklickt« werden. Es erscheint auf dem Bildschirm jeweils die Vergütungs-Geschichte des betroffenen Mitarbeiters im Vergleich zum Durchschnitt der Gesamtbelegschaft.

Alle Stellen werden sodann in eine Vergütungsmatrix übertragen (vgl. Abbildung 67).

Organisationseinheit / Vergütungsgrad (mit Monatsbandbreite)		F+E	Produktion	Marketing	Personal	Finanzen	EDV
Führungsebene [2]	39						
	38	F+E-Direktor		Marketing-Direktor			
	37		Produktions-Direktor		Personal-Direktor	Finanz-Direktor	
	36						Informatik-Direktor
	35						
	34						
	33						
	32						
	31						
Mitarbeiterebene [2]	30						
	29 (z. B. 4000,– bis 4500,–)					Buch-halter[1]	
	28						
	27						
	26						
	25						
	24						
	23						
	22						

Abbildung 67: Vergütungsmatrix (Beispiel eines funktional gegliederten Unternehmens mit der Einordnung der Geschäftsleitungsmitglieder).

1 In diesem Beispiel eines Buchhalters wäre CHF 6000,– das Minimum, CHF 6500,– der Mittelwert (Salärmarktdurchschnitt) und CHF 7000,– das Maximum des Monatssalärs in Grad 29.
2 Die Aufteilung erfolgt in einzelnen Ländern aufgrund des Rechts auf Überstundenentschädigung, die in diesem Beispiel nur dem Nichtkaderpersonal zusteht.

(2) Alljährliche **Struktur-** und **Gehaltsanpassungen**

Es empfiehlt sich dabei folgendes Vorgehen:

Phase 1:
Aufgrund der jährlichen Überprüfung der Funktionsbewertung und der Durchführung von Vergütungsumfragen Anpassung der Stellen-Einstufung durch die Linien- in Zusammenarbeit mit den Personalverantwortlichen sowie inflationsbedingte Anpassung der Vergütungsbandbreiten.

Phase 2:

Ermittlung des »**Budgetprozentsatzes**« für die Erhöhung der Vergütung der Gesamtbelegschaft, z. B.

a) 3,0% Inflationsrate (evtl. Begrenzung bis zu einer bestimmten Einkommenshöhe)

b) 1,5% durchschnittliche Leistungszuwachsrate (z. B. aufgrund der budgetierten Unternehmenserfolge)

c) 0,5% durchschnittlicher Anpassungsprozentsatz (Anpassung unterbewerteter Stellen aufgrund der Vergütungsumfragen)

d) 0,5% durchschnittlicher Promotionsprozentsatz (z. B. bei Gewährung einer Beförderungszulage)

= 5,5% Budgetprozentsatz

Phase 3:

Festlegung der Richtlinien der Honorierungserhöhung aufgrund

– des Leistungsverhaltens (entsprechend der Leistungsbeurteilung)

sowie

– der Position des Stelleninhabers innerhalb der Vergütungsbandbreite (vgl. Abbildung 68).

Position innerhalb der Salärbandbreite / Leistungsbewertung	1. Drittel	2. Drittel	3. Drittel
Position im Markt	unter-durch-schnittlich	durch-schnittlich	über-durch-schnittlich
hervorragend	12%	11%	10%
sehr gut	9%	8%	7%
gut	6%	5%	4%
genügend	3%	2%	1%
ungenügend	0%	0%	0%

Abbildung 68: Beispiel von Vergütungserhöhungsrichtlinien

Phase 4:

Festlegung der individuellen Vergütungserhöhungen durch die Linienverantwortlichen für alle Mitarbeiter ihrer Abteilung aufgrund der Richtlinien (Abbildung 68) und des vorgegebenen Budgetprozentsatzes (gemäß Phase 2) (vgl. Musterformular in Abbildung 69).

Phase 5:
Überprüfung der Vorschläge aller Linienverantwortlichen durch den Personalverantwortlichen und kaskadenartige Genehmigung durch den jeweils nächsthöheren Vorgenetzten und die Unternehmensleitung.

Phase 6:
Regelmäßige (z. B. monatliche) Kontrollen der Budgeteinhaltung z. B. im Rahmen eines webbasierten Personalmanagement-Informationssystems (vgl. Abbildung 86).

Das in diesem Kapitel vorgestellte »Magische Dreieck der Verteilungsgerechtigkeit« bildet eine wichtige Grundlage, um die weitere zentrale Funktion unseres
Ausgangsmodells, die ganzheitliche Personalentwicklung, visionsorientiert und
integriert anzustreben.

Abteilung: Antrag durch: Datum:

I Grund: I = Inflation, L = Leistung, P = Promotion, M = Marktanpassung

Mitarbeiter/in	Funktion		Alter		Positionsalter	Gehaltsmarktposition	Letzte Gehaltserhöhung				Leistungsbewertung	Nächste Gehaltserhöhung				Neues Monatsgehalt	Bemerkungen
	Funktionsbezeichnung	Funktionsstufe	Lebensalter	Dienstalter			Euro	%	Datum	Grund I		Euro	%	Datum	Grund I		
Total	–									–			5,5%	–			

Abteilungsleiter: Nächsthöherer Vorgenetzter: Personalverantwortlicher:

Abbildung 69: Beispiel eines PC-gestützten Musterblattes für Salärerhöhungen

128

3.4 Personalentwicklung

3.4.1 Ziel

Im Folgenden wird die ganzheitliche (d. h. mitarbeiter-, kunden-, eigentümer- und mitweltorientierte) Personalentwicklung aufgrund der »zentralen W-Fragen« dargestellt:

(1) WARUM?

Zur Sicherung zukünftiger Erfolgspotenziale ist ein »Fit« von Umwelt und Unternehmen notwendig[45]. Je stärker sich der Wandel in den Umweltverhältnissen vollzieht, desto wichtiger wird die Forderung nach einer erwerbslebenslangen Weiter-Entwicklung der Mitarbeitenden.

(2) WAS?

Mit Personalentwicklung wird bezweckt, dass möglichst viele Mitarbeitende Tätigkeiten ausüben, die ihnen persönlichen und gesellschaftlichen Sinn und Freiraum bieten und ihnen eine Balance von Lern-, Arbeits-, Familien- und Freizeit ermöglichen. Es sollte angestrebt werden, die Bedürfnisse der Mitarbeitenden nach Entfaltung der eigenen Potenziale mit den Entwicklungsbedürfnissen der Unternehmenseigentümer, der Kunden und der Mitwelt in Einklang zu bringen (vgl. Abbildung 70).

---

45 Dies ist eine zentrale Aussage der systemorientierten Managementlehre (vgl. hierzu Bleicher 1991).

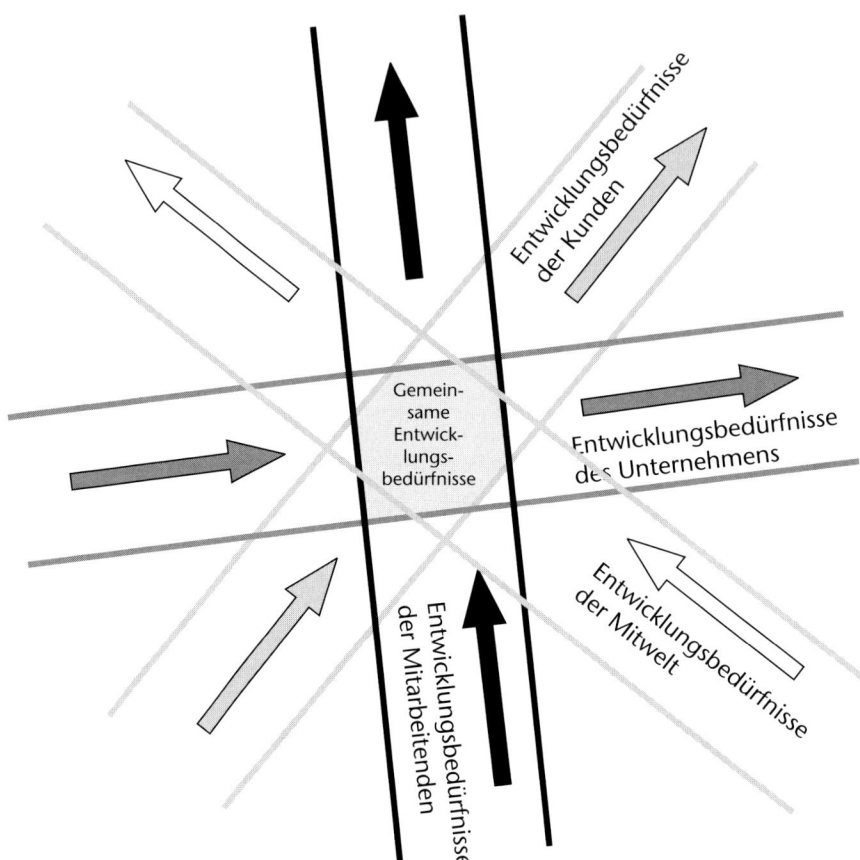

Abbildung 70: Feld der gemeinsamen Entwicklungsbedürfnisse der wichtigsten Anspruchsgruppen des Unternehmens

Ziel sollte sein, die integrierte Erfolgsintelligenz der Mitarbeitenden zu fördern (Abb. 71).

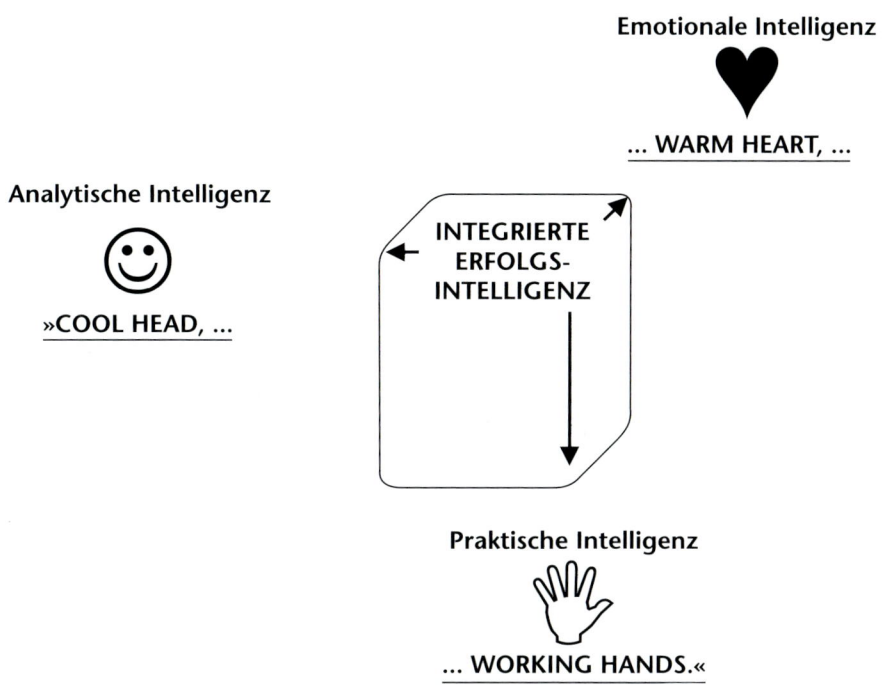

Abbildung 71: Integrierte Erfolgsintelligenz der Mitarbeitenden

Dabei wird die Selbst-Entwicklung angestrebt, die idealerweise (gemäß Abbildung 72) auf allen drei Entwicklungsebenen erfolgt.

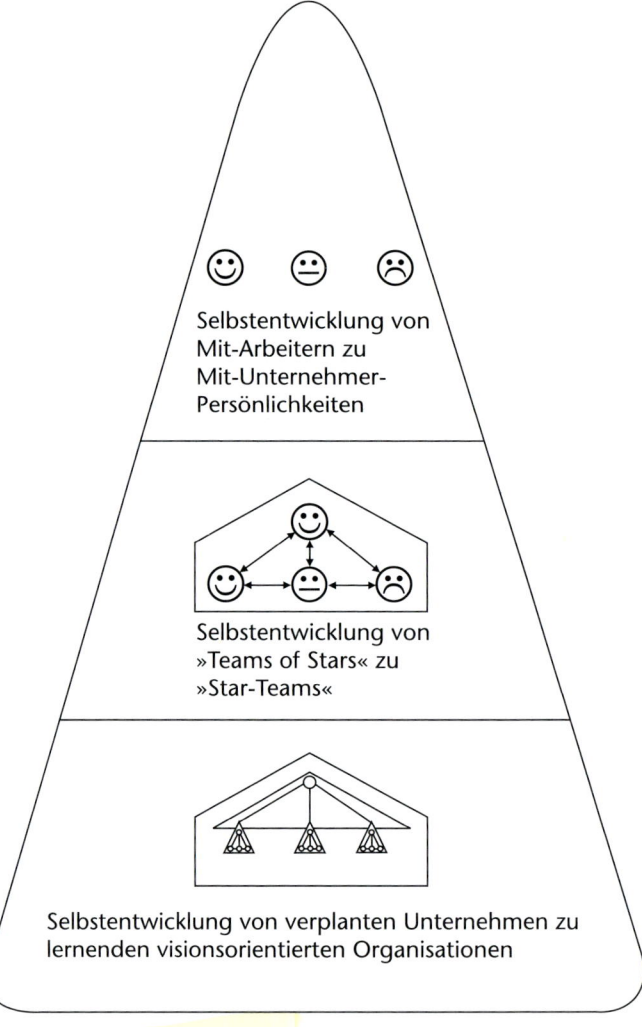

Abbildung 72: Entwicklungsebenen

(3) WER?

Die Verantwortung für die Personalentwicklung sollte nach dem Subsidiaritätsprinzip wahrgenommen werden (Abbildung 73).

Primär verantwortlich für die Personalentwicklung ist demnach jeder Mitarbeitende selbst (Selbstentwicklungspostulat), erst sekundär verantwortlich sind der direkte Vorgenetzte (idealerweise in der Rolle des »Coach«), sodann der indirekte Vorgenetzte (in der Rolle des Mentors) und der oberste Unternehmensverantwortliche (in der Rolle des Promotors). Der Personal- (bzw. Personalentwicklungs-)Verantwortliche hat sich danach auf die Rolle des Konzeptentwicklers, Koordinators und Beraters[46] zu beschränken.

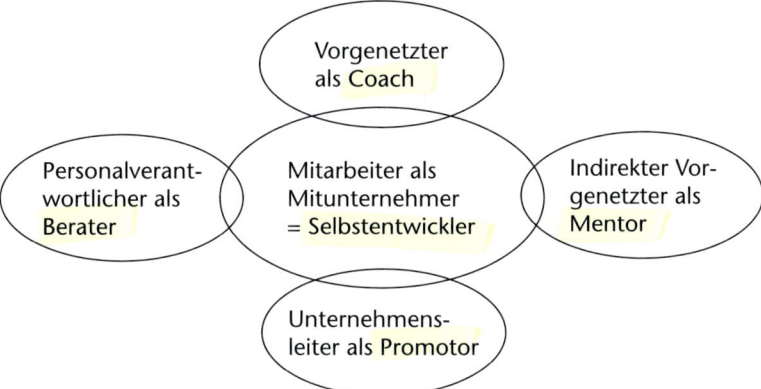

Abbildung 73: Verantwortliche der Personalentwicklung

---

46 Vgl. Block (1989).

(4) WEN?

Die Zielgruppe der ganzheitlichen Personalentwicklungsmaßnahmen hat alle Mitarbeitenden auf allen Ebenen zu umfassen und sich nicht, wie häufig in großen Unternehmen, auf die Management-Entwicklung zu beschränken[47]. Letzteres bewirkt eine Verschleuderung von Humanpotenzial und -kapital.

(5) WOHER?

Die große Zahl von »Executive Search Consultants« (sog. »Kopfjägern«) in den führenden Industrieländern deutet darauf hin, dass es vielen Unternehmen noch nicht gelingt, Schlüsselpositionen aus eigenen Reihen zu besetzen.

Das Ziel muss deshalb in der primären Berücksichtigung interner Bewerber bestehen, wobei in berechtigten Ausnahmefällen auch externe Bewerber ausgewählt werden können (vgl. Kapitel 3.1).

Als anzustrebende Kennzahl von internen versus externen Selektionsfällen hat sich in den Unternehmen, deren Personalentwicklung allgemein als vorbildlich angesehen wird, 80:20 ergeben.

(6) WOHIN?

Der Primat der ganzheitlichen Personalentwicklung sollte in arbeitsplatzbezogenen Maßnahmen liegen, die durch gezielte betriebliche Bildungsaktivitäten[48] ergänzt werden.

Der in Abbildung 74 dargestellte, im »kopflastigen Westen« immer noch vorherrschende Primat der off-the-job-Maßnahmen sollte somit in Zukunft durch das z. T. in Asien vorherrschende Primat der on-the-job-Maßnahmen ersetzt werden.

---

47 Vgl. hierzu Purcell (1988, S. 61).
48 Vgl. Knowles (1990).

134

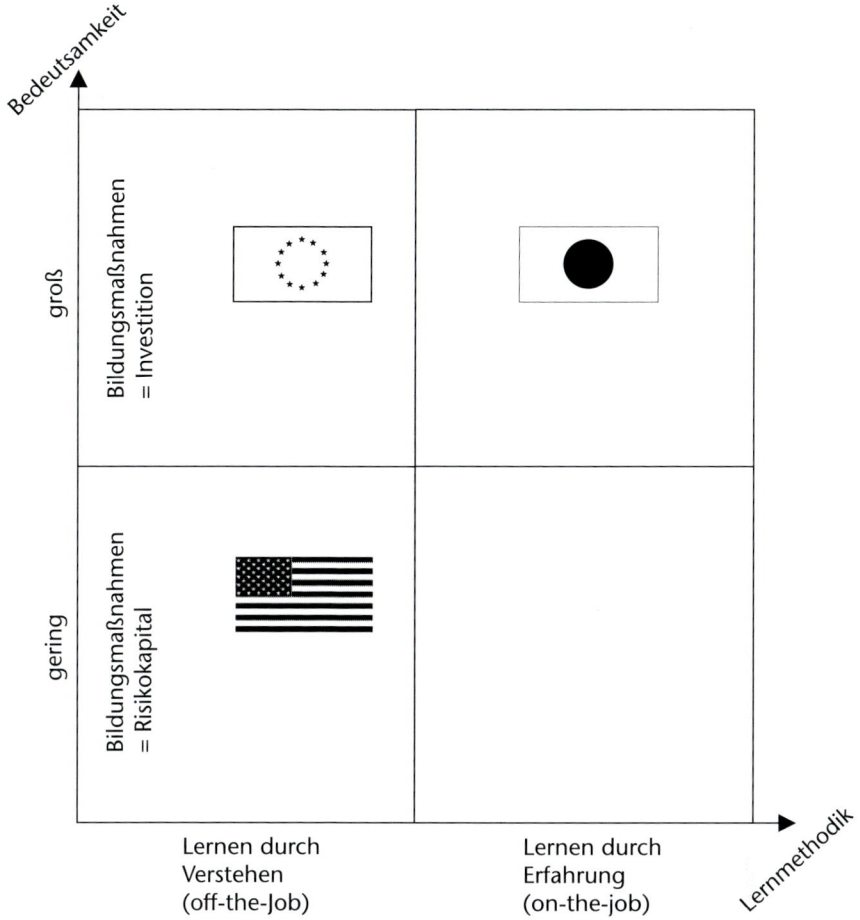

Abbildung 74: Personalentwicklungsmaßnahmen in verschiedenen Kulturen[49]

Der führende amerikanische Laufbahnforscher Edgar Schein[50] hat in seinen Untersuchungen am MIT folgende acht verschiedene berufliche Laufbahnziele ermittelt:

1. Sich fachlich spezialisieren
2. Geschäftsführer mit Gewinn- und Verlustverantwortung werden
3. Selbstständig werden
4. Beständigkeit in der Laufbahn anstreben
5. Unternehmerische Kreativität im Beruf verwirklichen können
6. Sich voll für eine gute Idee oder Sache einsetzen
7. Eine totale Herausforderung annehmen

---

49 Hilb (1984. S. 130).
50 Vgl. Schein (1995).

8. Eine Balance von Arbeits-, Frei-, Familien- und Lernzeit anstreben.

Wenn wir in der Praxis die beruflichen Entwicklungsziele der Mitarbeitenden analysieren, stellen wir immer wieder fest, wie unterschiedlich die Bedürfnisse des Personals sind. Moderne Personalentwicklungskonzepte haben sich in Zukunft vermehrt auf diese Vielfalt der Entwicklungsbedürfnisse auszurichten (vgl. Abbildung 75).

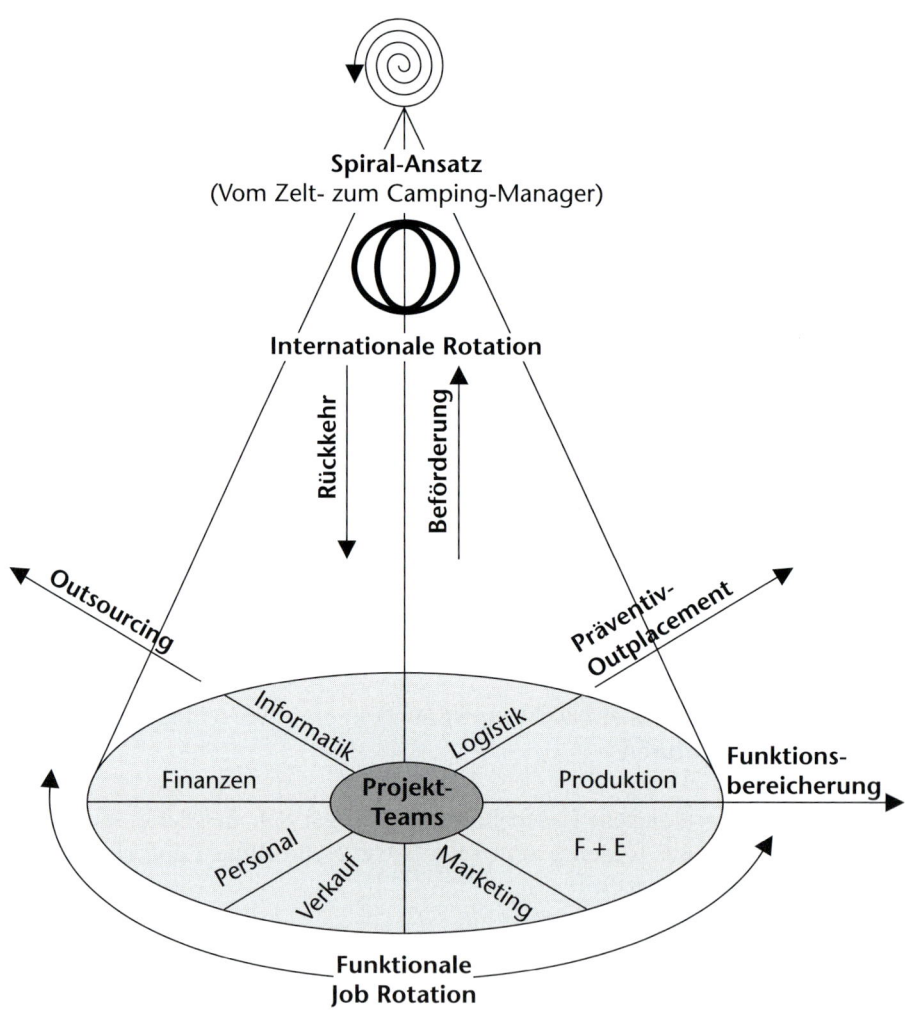

Abbildung 75: Verschiedene Pfade der Personalentwicklung

Da sich einerseits die Strukturen erfolgreicher Unternehmen verflachen (vgl. Kapitel 2.3) und andererseits infolge der veränderten Werthaltungen (»Höher ist nicht immer schöner!«) die geographische und vertikale Mobilitätsbereitschaft vieler Mitarbeitenden trendmäßig abnimmt, wird die **Beförderung** in Zukunft lediglich als **ein** Entwicklungsweg[51] für Mitarbeitende und Unternehmen in Betracht gezogen (vgl. Abbildung 75). »Förderung ist nicht gleich Beförderung!«

Dabei werden Humanisierungsstrategien wie gezielte Entwicklung vom »Zelt«-zum »Camping«-Manager, **Funktionsbereicherung** und **Job-Rotationen** (funktionaler oder geographischer Art, ein- oder gegenseitig, intern oder extern, von oder zu Kunden und/oder Lieferanten), präventive **Outplacement**-Maßnahmen, **Outsourcing** von Funktionen bzw. ganzen Abteilungen, vom Mitarbeitenden gewünschte **Rückkehr** in frühere Funktionen, die Mitwirkung in multifunktionalen und/oder multinationalen betrieblichen oder überbetrieblichen **Projektgruppen** oder die Mitwirkung in teilautonomen Arbeits-Teams (wie sie in Kapitel 4.3 näher vorgestellt werden) in Zukunft die erfolgversprechendsten Personalentwicklungs-Maßnahmen darstellen. Diese Maßnahmen müssen in langfristige Personalentwicklungspläne eingebunden und durch gezielte near-the-job- und off-the-job-Weiterbildung und durch gezielte Coaching- und Mentoring-Konzepte unterstützt werden[52]. Im Zentrum stehen somit Arbeitsgestaltungsmaßnahmen. Es ist dabei »erstaunlich, wie wenig Raum dieses Thema in neueren Lehrbüchern einnimmt«[53].

(7) WIE?

Alle Personalentwicklungsmaßnahmen sollten ohne Diskriminierung nach sozialen Daten wie z. B. Alter, Geschlecht oder Nationalität vorgenommen werden. So gilt es in Zukunft, die Begabungs- und Leistungspotenziale der bisher oft noch (z. B. durch Zwangspensionierung mit 60) diskriminierten älteren, der weiblichen und der ausländischen Mitarbeitenden vermehrt zu fördern. Dies dient der langfristigen Entwicklung der Mitarbeitenden wie des Unternehmens.

Die Firma PEPSICO fasst diesen Grundsatz prägnant zusammen: »We only discriminate based upon ability.« Dabei gilt betr. aller sozialer Daten[54]: Gleichwertigkeit $\neq$ Gleichartigkeit.

(8) WOMIT?

Aufgrund der gleichzeitigen Ermittlung des Zukunfts-Potenzials und der Vergangenheits-Leistung der Mitarbeitenden können die entsprechenden Ziele anhand des Portfolio-Ansatzes[55] dargestellt werden (Abbildung 76).

---

51 Vgl. hierzu Schein (1971, S. 402).
52 Vgl. Wunderer (1993, S. 236 ff.), ferner Jalland/Gunz (1993, S. 12) und Hilb (1997 a).
53 Wächter (1992, S. 328).
54 Vgl. Jent (2002).
55 Vgl. Odiorne (1984).

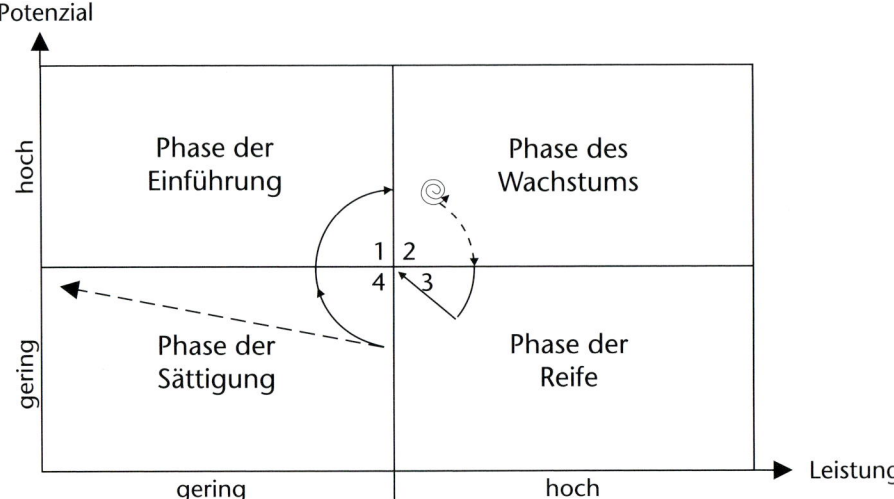

Abbildung 76: Personal-Portfolio-Ansatz

- Das **erste Ziel** besteht darin, Mitarbeitende mit Entwicklungspotenzial einzustellen, sie umfassend und rasch mit den neuen Aufgaben und der ungewohnten Arbeitsumgebung vertraut zu machen und damit die Phase der Einführung möglichst kurz zu gestalten.
- Als **zweites Ziel** sollten die Mitarbeitenden durch das Angebot von »3-S«-Tätigkeiten, die Sinn, Spielraum und Spaß vermitteln, möglichst lange in der Wachstumsphase verbleiben.
- Das **dritte Ziel**: Diejenigen Mitarbeitenden, die in die Phase der Reife gelangen, sollten so lange die gleiche Funktion ausüben, wie sie gutes Leistungsverhalten zeigen. Um sinkende Leistungen zu vermeiden, sollten (z. B. durch Job Enrichment oder Job Rotation) rechtzeitig neue Herausforderungen angeboten werden (Rückkehr zu Phase I).
- Das **vierte Ziel** besteht darin, denjenigen Mitarbeitenden, die in die Phase der Sättigung gelangt sind, zwei Möglichkeiten anzubieten: entweder eine neue Position, mit der sie sich wieder identifizieren können (Rückkehr zu Phase I) oder Präventiv-Outplacement-Beratung. Dabei sucht der Betroffene mit Hilfe eines externen Beraters so lange extern nach einer geeigneten Position, bis er eine passendere Stelle findet und von sich aus kündigt. Damit gewinnen der Betroffene und seine Familie, der bisherige und der neue Arbeitgeber und der Berater.

(9) WAS DANACH?

Aufgrund der ganzheitlichen Leistungs- und Potenzialbeurteilung kann der Mitarbeiter im Interesse seiner eigenen Entwicklung und der Unternehmensentwicklung seinen Entwicklungspfad mit einer angestrebten Balance von Lern-, Arbeits-, Familien- und Freizeit gestalten und damit kritische Laufbahnphasen mit Erfolg überwinden (vgl. Abbildung 77):

Phase I	Eintritt in eine Organisation (Die erste Stelle)
Phase II:	Übergang vom Spezialisten zum Generalisten
Phase III:	Übergang vom Projekt- zum Menschen-Führer
Phase IV:	Übergang von der eindimensionalen Einstellung »Arbeit als einziges Hobby« zur ganzheitlichen familienorientierten Einstellung »Arbeit als lediglich **ein** Hobby«
Phase V:	Übergang vom Aufstiegsdenken zur Funktionsbereicherung
Phase VI:	Übergang von der Vollzeit-Beschäftigung zur flexiblen Pensionierung

Abbildung 77: Kritische Phasen der Laufbahngestaltung[56]

Bei allen diesen kritischen Phasen können gezielte inner- und außerbetriebliche Bildungsmaßnahmen unterstützend wirken.

3.4.2 Strategie

Um die Zielsetzung zu erreichen, kann man nach folgendem Phasenplan vorgehen:

Phase 1:

Erarbeitung eines aus der Unternehmensvision abgeleiteten und mit den Konzepten der Personalgewinnung, -beurteilung und -honorierung integrierten Personalentwicklungs-Konzepts durch die oberste Unternehmensleitung unter Moderation des für das Personal verantwortlichen Mitglieds.

Phase 2:

Gezielte Auswahl von Nachwuchskräften, die den Anforderungen aus der Unternehmensvision entsprechen, aufgrund eines speziellen Assessment-Center-Programms[57].

---

56 Vgl. hierzu die Konzepte von Schein (1987, S. 31) sowie Bolles (1989).
57 Vgl. Seegers in: Salaman (1992, S. 282 ff.).

Phase 3:

Partizipative Erarbeitung und Einführung eines einfachen, umfassenden und stimulierenden 360°-Leistung-Beurteilungskonzepts (vgl. Kapitel 3.2).

Phase 4:

Einführung eines einfachen, umfassenden Potenzial-Beurteilungskonzepts (vgl.
Kapitel 3.4.3/1).

Phase 5:

Alljährliche kaskadenartige Aufnahme von einfachen Personal-Inventaren aller
Mitarbeitenden (nicht nur der Führungskräfte) durch die Linien – in Zusammenarbeit mit dem Personalverantwortlichen (Abbildung 82).

Phase 6:

Alljährliche Durchführung von Personal-»Portfolio«-Analysen durch den Personalverantwortlichen als Grundlage für zukünftige Personalentwicklungsmaßnahmen (Abbildung 83).

Phase 7:

Entwicklung, Einführung und Erfolgskontrolle von individuellen Laufbahnplä-
nen für Mitarbeitende (auf allen Ebenen) mit hervorragendem Leistungsausweis,
ausgeprägtem Potenzial und Mobilitätsbereitschaft.

Phase 8:

Einleitung von Entwicklungsmaßnahmen aufgrund der Phasen 5 und 7 durch gezielte Funktions-Rotation, -Bereicherung oder Beförderung mit gezielten ergänzenden inner- und überbetrieblichen Bildungsmaßnahmen.

Phase 9:

Periodische Erfolgsevaluation aller Personalentwicklungsmaßnahmen durch
Personalentwicklungsaudits und Bewegungsbilanzen, in denen »Produzenten«
und »Konsumenten« von Personalentwicklungsmaßnahmen intern veröffentlicht werden.

3.4.3 Instrumentarium

Das Instrumentarium besteht aus folgenden vier aufeinander abzustimmenden
Entwicklungshilfsmitteln:

(1) Konzept zur Potenzialbeurteilung
(2) Konzept zur Nachfolgeplanung
(3) Konzept des Personal-Portfolios
(4) Konzept zur Beurteilung der Funktionseignung

(1) Potenzialbeurteilungs-Konzept

Unter Potenzialbeurteilung, die auch als Teil der Personalbeurteilung (Kapitel 3.2) dargestellt werden kann, verstehen wir den systematischen Versuch,

- einerseits die momentan vorhandenen, allerdings noch brachliegenden Fähigkeiten (d. h. das offene Potenzial)
und
- andererseits die noch nicht erkannten bzw. noch nicht ausgebildeten Fähigkeiten (d. h. das verborgene Potenzial)

durch mehrere Beurteiler im Arbeitsalltag gezielt zu beobachten, um gültige Voraussagen über künftiges Verhalten zu ermöglichen.

Dabei ergeben sich häufig Zielkonflikte[58], z. B. bei der Frage, ob die Potenzialbeurteilung betrieben werden soll

- zur gezielten Beförderung oder zur gewollten Förderung?
- zur Nachfolgeplanung oder zur Standortbestimmung?
- zur Ermittlung des Endpotenzials oder des Entwicklungspotenzials?

Die Hauptgründe, weshalb die Potenzialbeurteilung sowohl in Theorie wie auch Praxis noch einen relativ tiefen Entwicklungsstand aufweist, können anhand folgender fünf Problemfelder[59] veranschaulicht werden:

1. Die Definition von »Potenzial« ist nicht eindeutig.
2. Die Multidimensionalität des Potenzialbegriffs erschwert eine objektive Erfassung.
3. Beurteiler sind ohne umfassende Schulung nicht in der Lage, das Potenzial einzuschätzen.
4. Die Auswahl von relevanten Kriterien zur Potenzialermittlung genügt wissenschaftlichen Anforderungen nicht.
5. Demzufolge kann es kein objektives Verfahren geben, das sich zur Potenzialbeurteilung eignet.

Ein Potenzialbeurteilungskonzept stellt somit kein wissenschaftlich abgesichertes Instrument dar. »Gerade im Verzicht darauf, die Potenzialbeurteilung zu ›objektivieren‹, im Eingestehen der Vorläufigkeit der Urteile ... besteht die Chance, das relativierte Ziel erreichen zu können.«[60]

Neben der Akzeptanz von Subjektivität in der Beurteilung muss ein solches Konzept trotzdem folgenden Anforderungen genügen:

- Ableitung der Kriterien aus der Unternehmensvision,
- Koordination der Kriterien mit denjenigen der Personalgewinnung,

---

58 Vgl. Wenk (1993, S. 6).
59 Vgl. Becker (1991, S. 67–72).
60 Vgl. Becker (1991, S. 75).

– Integration des Konzepts in die Nachfolgeplanung,
– Konzentration auf wenige Kriterien, die für alle Positionen gültig sind,
– Auswertung möglichst vieler relevanter Informationsquellen durch kombinierte Mehrpersonenbeurteilung,
– Konzentration auf verhaltens- (nicht eigenschafts-) orientierte Verfahren.

Bei der Potenzialbeurteilung können die gleichen Kompetenz-Ebenen wie bei Personalgewinnung (in Abbildung 34) und Leistungsbeurteilung (in Abbildung 41) verwendet werden. Dabei zeigt sich, dass diesen Ebenen für die Potenzialbeurteilung unterschiedliche Bedeutung zukommt (Abbildung 78).

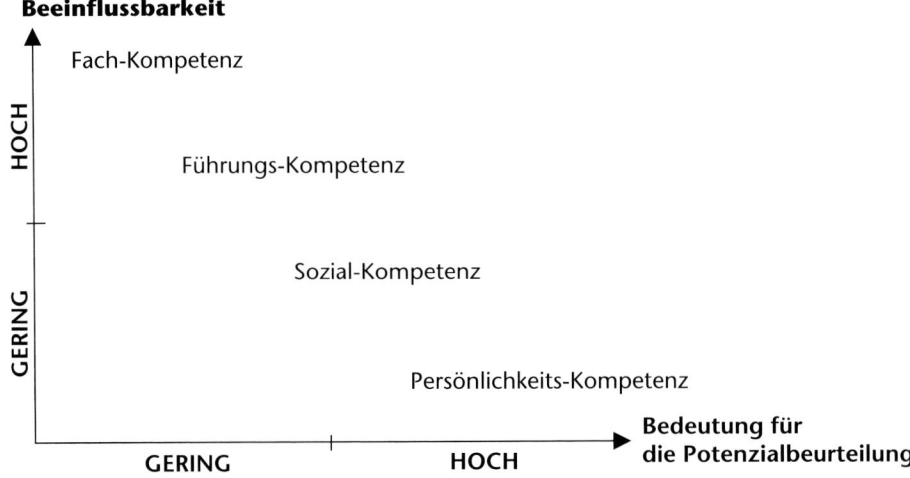

Abbildung 78: Bedeutung und Beeinflussbarkeit der vier Kompetenzen[61]

---

61 Wenk (1993, S. 119).

Ein möglicher Potenzialkriterienkatalog lässt sich weiter untergliedern (Abbildung 79):

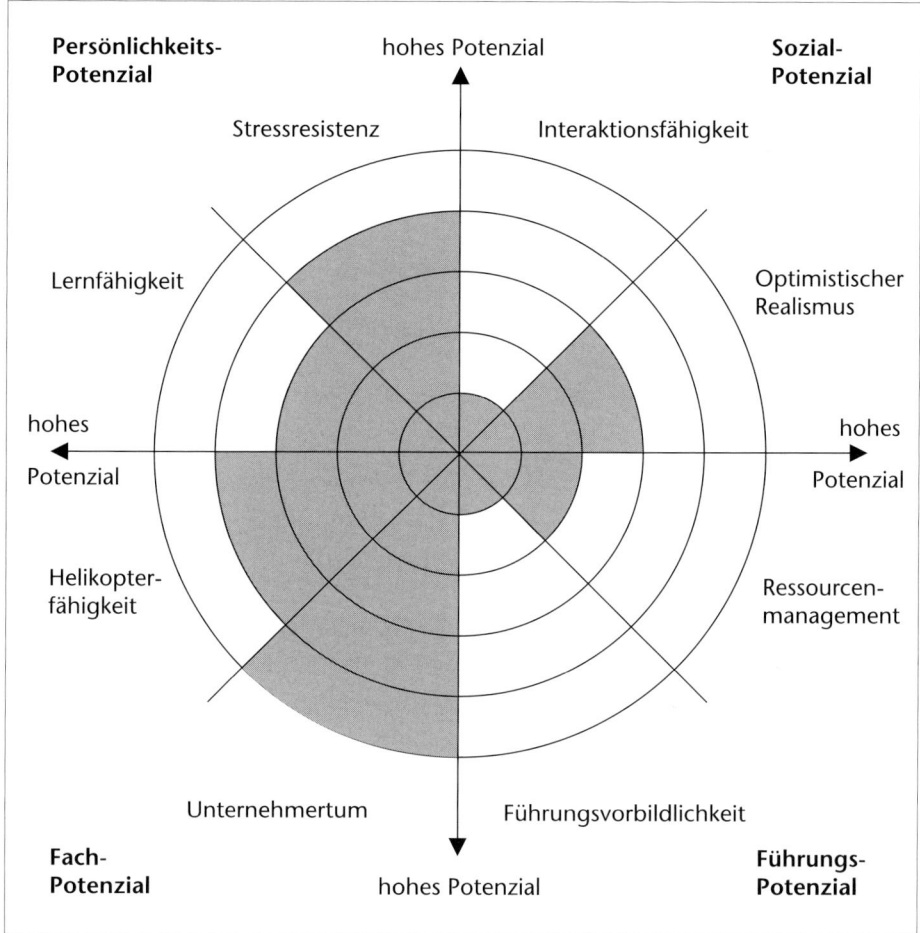

Abbildung 79: Gliederung möglicher Potenzialbeurteilungs-Kriterien[62]
(dargestellt am Beispiel des ermittelten Potenzials der
Führungsnachwuchskraft X)

Aus diesem Katalog lassen sich je nach Unternehmensvision diejenigen Kriterien bestimmen, die für den zukünftigen Erfolg von Mitarbeitenden bei der Bewältigung ihrer Aufgaben von zentraler Bedeutung sind.

---

62 Vgl. hierzu Wenk (1993, S. 115), der aufgrund unseres Modells der Potenzialbeurteilung und einer Inhaltsanalyse von Potenzialbeurteilungskonzepten in der Praxis in seiner Dissertation acht Kriterien vorgeschlagen und sie auf S. 199 in Kreisform dargestellt hat.

In Abbildung 80 wird ein Praxis-Beispiel vorgestellt, das lediglich fünf zentrale Beurteilungskriterien unterscheidet.

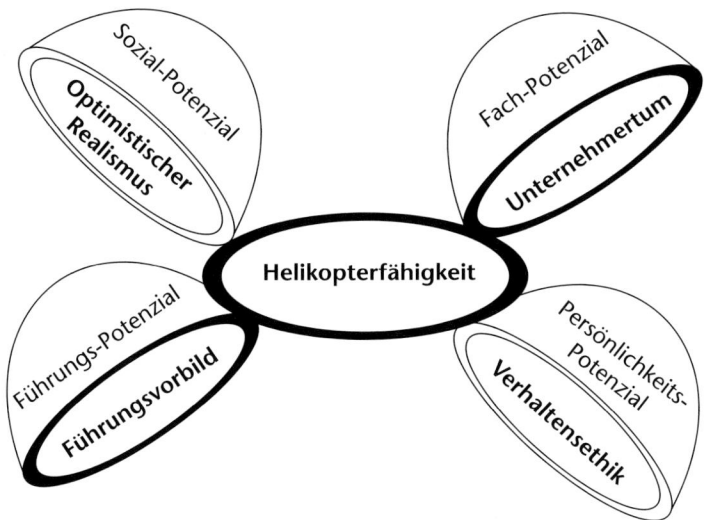

Abbildung 80: Fünf zentrale Potenzialdimensionen

Diese Dimensionen gelten in diesem Unternehmen positionsunabhängig und müssen lediglich durch fachspezifische Kriterien ergänzt werden.

Im Mittelpunkt steht dabei die so genannte »Helikopterfähigkeit«[63]. Darunter verstehen wir die Fähigkeit, immer gleichzeitig im Dienste der Kunden, Mitarbeiter, Eigentümer und Umwelt zu handeln. Diese Fähigkeit wird mit zunehmendem Aufgaben-, Kompetenz- und Verantwortungsbereich immer wichtiger. Zusätzlich wurde für jede der vier Kompetenzdimensionen je ein visionsgerechtes Merkmal ausgewählt.

Um nicht übertriebene Erwartungshaltungen zu wecken, empfiehlt es sich unseres Erachtens im Gegensatz zur Leistungsbeurteilung in vielen Fällen nicht, die Mitarbeitenden bei der Durchführung der Potenzialbeurteilung unmittelbar zu beteiligen.[64]

Die negative Seite vieler Versuche, amerikanische Assessment-Center-Methoden unkritisch auf europäische Verhältnisse zu übertragen, zeigen dies deutlich: Erfüllen sich die vor oder nach Durchführung der Assessment-Center in den Mitarbeitenden geweckten Erwartungen nicht, kann dies zu Frustration, ja sogar zu innerer Kündigung bewährter Mitarbeitender führen.[65]

---

63 Vgl. Müller (1970).
64 Vgl. auch Strombach in: Mitrani (1992, S. 104).
65 Vgl. zur Kritik von ACs z. B. Kompa (1990, S. 587 ff.).

Es wird davon ausgegangen, dass die Potenzialbeurteilung eine wichtige Führungsaufgabe des Vorgenetzten darstellt und nicht an (nicht direkt beteiligte) AC-Beobachter delegiert werden sollte. Obwohl AC-Instrumente bei korrekter Durchführung genauere Ergebnisse zeitigen[65], sollte der sozialen Akzeptanz und der direkten Involvierung der Vorgenetzten bei der Potenzialbeurteilung größere Bedeutung beigemessen werden.

Im Folgenden wollen wir als Beispiel einen Potenzialbeurteilungsbogen vorstellen, den wir in einem internationalen Unternehmen eingeführt haben (Abbildung 81). Der Bogen wird zur Potenzialbeurteilung **aller** Mitarbeitenden dieses Unternehmens verwendet.

Um die einzelnen Dimensionen zu bewerten, wird im Konsens eine Fremdbeurteilung durch den direkten und indirekten Vorgenetzten sowie den Personalverantwortlichen gemäß der in Kapitel 3.1.3 in Abbildung 35 dargestellten Verhaltensdreiecksfragen vorgenommen.

Jeder Beurteiler bewertet aufgrund dieser Dreieck-Fragetechnik aus seiner Sicht alle fünf Dimensionen im Vergleich. Nachdem man sich geeinigt hat, wird das Profil erstellt und das Gesamtpotenzial ermittelt.

Diese Angabe wird in Verbindung mit den Ergebnissen der Leistungsbeurteilung in das Individual-Portfolio übertragen und entsprechende on-the-job- sowie ergänzende off-the-job-Entwicklungsmaßnahmen abgeleitet (Abbildung 81).

Potenzialdimensionen	Potenzialprofil				
	Top 10%	Überdurchschnittlich	Durchschnittlich	Unterdurchschnittlich	Bottom 10%
Ganzheitliches Handeln (Helikopterfähigkeit) ▲ Welches ist die schwierigste Entscheidung, die er/sie letztes Jahr getroffen hat? ▲ Wie hat er/sie entschieden? ▲ Welches ist heute die Auswirkung seines/ihres Entscheides?		x			
Unternehmertum ▲ Welches ist das größte Risiko, das er/sie letztes Jahr eingegangen ist? ▲ Wie hat er/sie es bewältigt? ▲ Welches sind die Auswirkungen seines/ihres Entscheides heute?	x				
Integrität (Verhaltensethik) ▲ Welches ist der größte Interessenkonflikt, den er/sie letztes Jahr erfahren hat? ▲ Wie hat er/sie den Konflikt gelöst? ▲ Welches sind die Auswirkungen seines/ihres Entscheides?		x			
Optimistischer Realismus ▲ Welches ist die größte Stresssituation, der er/sie letztes Jahr ausgesetzt war? ▲ Wie kam er/sie zurecht? ▲ Welches sind die Auswirkungen auf sein/ihr Verhalten heute?		x			
Führungsvorbild ▲ Welches war sein/ihr größtes Problem im Umgang mit Mitarbeitern letztes Jahr? ▲ Wie hat er/sie das Problem gelöst? ▲ Welches sind die Auswirkungen auf sein/ihr Verhalten heute?				x	
Gesamtpotenzial:	1	2	3	4	5

Bewertung: 1 = Heute (be)förderungswürdig
              2 = In den nächsten 2 Jahren (be-)förderungswürdig
              3 = Kann innerhalb seiner/ihrer Funktion bereichert werden
              4 = Begrenzt auf jetzige Position

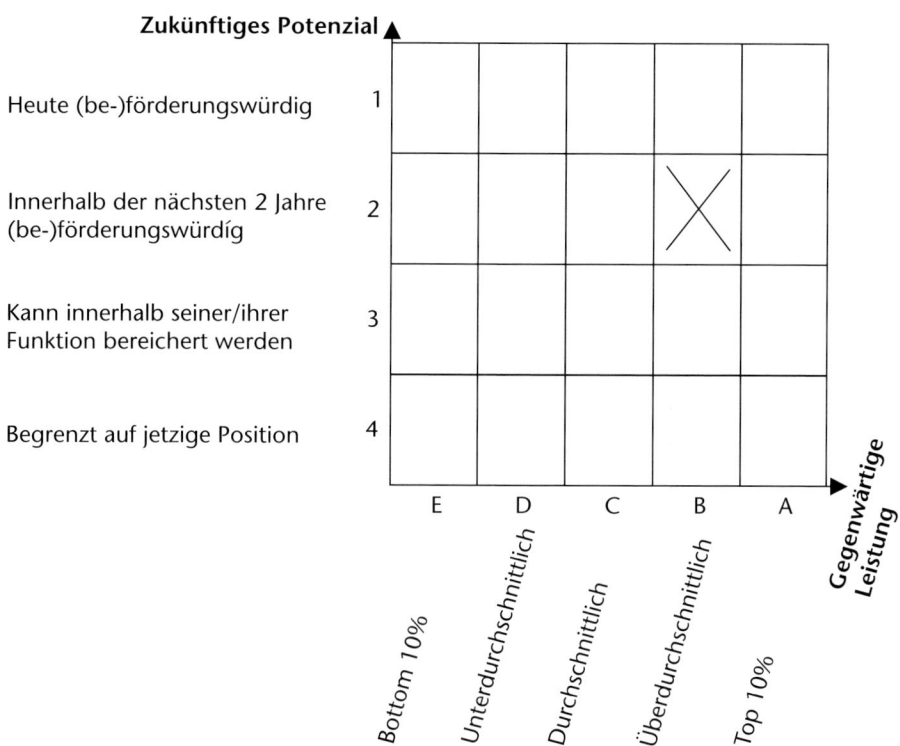

Individual-Portofolio

Aktionsplan

> On-the-job-Entwicklung: ½-jährige Job-Rotation mit
> Position X und Land Y
> Erfüllungsdatum: 30.06.-31.12.2004
> Verantwortlich: MK
>
> Off-the-job-Entwicklung: Time-Management-Workshop
> Erfüllungsdatum: 31.12.2004
> Verantwortlich: FG

Abbildung 81: Potenzialbeurteilungsbogen (ein Praxisbeispiel)

(2) Personal-Nachfolge-Planung

Dabei geht es darum, dass alljährlich die Abteilungsleiter für alle ihre Mitarbeitenden anhand eines Personalplanungsbogens (vgl. Abbildung 82) eine Leistungs-, Potenzial- und Nachfolgebeurteilung vornehmen.

Diese wird mit dem Bereichsleiter besprochen, der dann wiederum die Abteilungsleiter zusätzlich beurteilt. Dieser Prozess wird kaskadenartig nach oben weitergeführt.

Der Personalverantwortliche koordiniert diese Sitzungen und legt am Schluss dem Unternehmensleiter das gesamte Personal-Ressourcen-Programm zur Genehmigung vor.

Personal-Ressourcen-Planungskonzepte erreichen erst dann ihre volle Wirksamkeit, wenn anschließend Fördermaßnahmen eingeleitet werden.

Es ist wichtig, dass die Entwicklungsrichtung für jeden Mitarbeitenden festgelegt wird und die Fördermaßnahmen Schritt für Schritt geplant und verwirklicht werden.

Um alljährlich einen Überblick über das Leistungsniveau und das Begabungs-Potenzial des gesamten Personals zu erhalten, kann der in der Betriebs- und Volkswirtschaft häufig verwendete Portfolio-Ansatz verwendet werden[66].

---

66 Vgl. Odiorne (1980).

Organisationseinheit			Erstellt durch:		am:			Genehmigt durch:		am:	

Leiter der Organisationseinheit	Datum	Vorgesetzter des Leiters der Organisationseinheit	Datum
Personalleiter	Datum	Generaldirektor	Datum

Name des Mitarbeiters	Funktions-bezeichnung	Lebens-alter	Dienst-alter	Anzahl Jahre in jetziger Posi-tion	Lohn-grad	Leistungs-beur-teilung L	Potenzial-beur-teilung P	Potenzielle Nach-folger (mit Altersanga-be)		Geplante Entwicklungsmaßnahmen (mit Angabe der Maßnahmen)					
								heute	nach 1 Jahr	Job-Ro-tation	Team-Projekt	Job-En-rich-ment	Verkauf	Weiter-bil-dung	Andere Aktion

Beurteilungsmöglichkeiten

L Leistungsbeurteilung
A = Hervorragende Gesamtleistung (rund 10% des Personals)
B = Sehr gute Gesamtleistung
C = Gute Gesamtleistung
D = Befriedigende Gesamtleistung
E = Unbefriedigende Gesamtleistung

P Potenzialbeurteilung
I = Heute beförderungswürdig (→ Ausarbeitung eines Aktionsplans)
II = Innerhalb der nächsten zwei Jahre beförderungswürdig (→ Ausarbeitung eines individuellen Laufbahnplans)
III = Innerhalb eines Fachbereichs entwicklungsfähig
VI = Potenzial durch die gegenwärtige Position weitgehend ausgeschöpft

Abbildung 82: Personal-Ressourcen-Planungsbogen

(3) Personal-Portfolio-Konzept

Aufgrund der Personal-Ressourcen-Planung kann periodisch für das Gesamt-Unternehmen und/oder für einzelne Organisationseinheiten und/oder für bestimmte Personalkategorien PC-gestützt ein Personal-Portfolio (vgl. Abbildung 83) erstellt werden.

Die Einstufungen erfolgen anhand des im Unternehmen üblichen Leistungs- und Potenzialbeurteilungskonzepts.

Diese Matrix informiert die Geschäftsleitung über den Ist-Zustand der Leistungsfähigkeit und des Begabungspotenzials des Personals.

Anhand eines Vergleichs des je nach Unternehmungssituation zuvor festgelegten Soll-Zustandes mit diesem Ist-Zustand können Personalstrategien entwickelt werden, welche die Personalfördermaßnahmen (wie Job Rotation, Job Enlargement, Job Enrichment und Projektgruppeneinsatz) sowie die Personalgewinnung beeinflussen.

	0%	2%	24%	64%	10%	100%
① Heute beförderungswürdig				2%	3%	5%
② Innerhalb der nächsten zwei Jahre beförderungswürdig			5%	18%	6%	29%
③ Innerhalb des bisherigen Fachbereichs entwicklungsfähig			14%	44%	1%	59%
④ Potenzial durch die gegenwärtige Position weitgehend ausgeschöpft		2%	5%			7%
Zukünftiges Potenzial / Gegenwärtige Gesamtleistung	Ⓔ unbefriedigend	Ⓓ befriedigend	Ⓒ gut	Ⓑ sehr gut	Ⓐ hervorragend	

Abbildung 83: Ist-Personal-Portfolio (Beispiel einer Organisationseinheit X), das mit dem auf einer Klarsichtfolie vorgängig festgelegten Soll-Personal-Portfolio verglichen werden kann

Das in Abbildung 83 dargestellte Praxisbeispiel würde z. B. folgende Konsequenzen bewirken:

Für die 3% der Mitarbeitenden, die eine hervorragende Gesamtleistung und ein sehr hohes Potenzial aufweisen (»heute beförderungswürdig«), haben die direkten Vorgenetzten in Zusammenarbeit mit deren Vorgenetzten und dem Personalverantwortlichen die Aufgabe, individuelle Laufbahnpläne zu entwickeln und diese mit den Nachfolgeplänen zu integrieren (Abbildung 84). Dies ist vor allem in (internationalen) Firmengruppen sinnvoll, um so innerhalb der Organisation unterschiedliche Soll-Ist-Konstellationen auszugleichen.

Abbildung 84: Integrierte Personalentwicklung aufgrund der Verbindung individueller Laufbahnpläne und betrieblicher Nachfolgeplanung

Für die 2% der Mitarbeitenden, die im Praxis-Beispiel in Abbildung 83 zum zweiten Mal ein lediglich befriedigendes Leistungsverhalten gezeigt haben und kein Potenzial aufweisen, werden gezielte sog. Präventiv-Outplacement-Maßnahmen eingeleitet. Dies kann im Auftrag des Unternehmens durch einen externen Laufbahnberater vertraulich durchgeführt werden.

Für den Großteil der Mitarbeitenden (in unserem Beispiel in Abbildung 83: 95%) werden gezielt on-the-job- und ergänzende off-the-job-Maßnahmen zwischen Vorgenetzten und Mitarbeitenden vereinbart.

Die Integration der individuellen Entwicklungspläne mit der betrieblichen Nachfolgeplanung erfolgt aufgrund eines Konzepts zur Beurteilung der Funktionseignung.

(4) Konzept zur Beurteilung der Funktionseignung

Darunter wird ein qualitatives Verfahren verstanden, mit dem direkte und indirekte Vorgenetzte und Personalverantwortliche Informationen über das bisherige Arbeitsverhalten von Mitarbeitenden austauschen und im Konsens »Prognosen« über die Eignung für eine vakante Position treffen.[67] Dabei kann ähnlich wie bei der externen Personalgewinnung aufgrund des folgenden Phasenschemas vorgegangen werden:

Phase 1:
Eindeutige Definition stellenspezifischer Anforderungskriterien: z. B. aufgrund der bereits erwähnten Systematik:

- Persönlichkeits-Kompetenz
- Fach-Kompetenz
- Führungs-Kompetenz
- Sozial-Kompetenz

Diese Hauptdimensionen sind stellenspezifisch weiter zu untergliedern und dienen als Zielangaben für die Auswahl der internen Kandidaten.

Phase 2:
Systematische Strukturierung des Auswahlverfahrens

Wie bei der externen Personalgewinnung soll eine einfache Matrix (vgl. Abbildung 34) die Verbindung zwischen stellenspezifischen Anforderungskriterien und Beurteilern festlegen.

Dabei sollten verschiedene Beurteiler, z. B. der Personalverantwortliche, der direkte und indirekte Vorgenetzte sowie (je nach Situation) zusätzlich zukünftige direkte und indirekte Vorgenetzte, Arbeitskollegen und Mitarbeiter, die Kandidaten beurteilen.

Als Grundsatz gilt, dass jedes Anforderungskriterium durch diejenigen internen Beurteiler bewertet werden muss, die das Kriterium am besten beurteilen können.

Phase 3:
Ermittlung von konkretem früheren Verhalten, um künftiges Verhalten abzuschätzen.

Die Eignung wird für jedes Anforderungskriterium anhand der sog. »Verhaltensdreiecksfragen«[68] beurteilt (vgl. Abbildung 35 in Kapitel 3.1).

---

67 Lessmann (1980, S. 127).
68 Vgl. hierzu die »Targeted Selection«-Interviewmethode von Byham (1977).

Phase 4:
Konsens-Sitzung der Beurteiler
Um den internen Auswahlentscheid im Konsens zu erzielen, wird folgende Vorgehensweise angewandt:

- Jeder Beurteiler bewertet die Eignung der internen Bewerber bezüglich der durch ihn zu beurteilenden Anforderungskriterien anhand einer 5er Skala:
  5 = weit überdurchschnittlich
  4 = überdurchschnittlich
  3 = durchschnittlich
  2 = unterdurchschnittlich
  1 = weit unterdurchschnittlich
- Die Beurteiler tauschen in der kurzen Sitzung ihre Bewertungen und Informationen aus und belegen in Fällen unterschiedlicher Bewertungen ihre Beurteilungen mit Verhaltensdreiecks-Beispielen.
- Die Beurteiler einigen sich bezüglich aller Anforderungskriterien auf eine gemeinsame Wertung (= Gruppenkonsenswertung).
- Aufgrund der Konsenswertung aller Anforderungskriterien wird eine Eignungsrangliste erstellt.
- Derjenige interne Kandidat, dessen Eignungsprofil dem Anforderungsprofil am besten entspricht, wird dem neuen direkten und indirekten Vorgenetzten zur Ernennung vorgeschlagen.

Dieses Instrumentarium zur Personalentwicklung soll sowohl den Mitarbeitenden dienen, indem sie ihnen zu Tätigkeiten verhelfen, die persönlichen und gesellschaftlichen Sinn, Befriedigung und Freiraum vermitteln, als auch dem Unternehmen, indem sie das Engagement und die Innovationsfreude der Mitarbeitenden steigern und so zur dauernden Wettbewerbskraft der Unternehmen beitragen.

4

Kommunikationskonzept zur Integration des visionsorientierten Personalmanagements

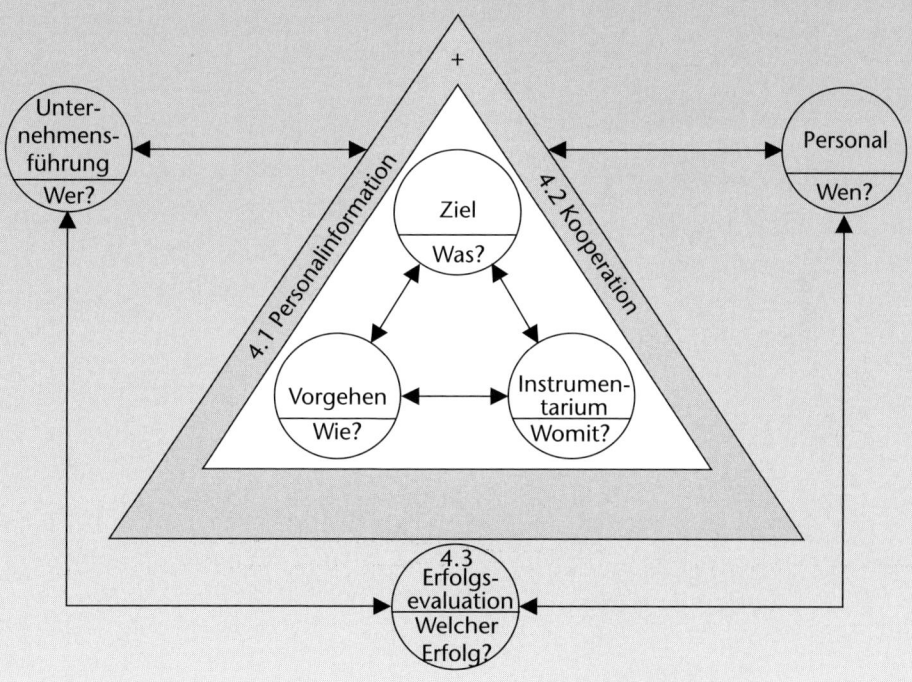

Neben der Integration der zentralen Module des Ausgangsmodells (in Abbildung 7) durch eine gezielte aufeinander abgestimmte Gestaltung der einzelnen Konzepte muss ein ganzheitliches Kommunikationskonzept eingeführt werden, um die gegenseitige Integration nachhaltig zu festigen.

Wir unterscheiden:

- ein Personal-Informationsmanagement-Konzept (Kapitel 4.1),
- ein Kooperationsgestaltungs-Konzept (Kapitel 4.2) sowie
- ein Evaluations-Konzept (Kapitel 4.3)

4.1 Ganzheitliches Personal-Informationsmanagement

In diesem Teil wird von einem einfachen Kommunikationsmodell ausgegangen.

Der gegenwärtige Stand der Kommunikationsforschung, die sich vor allem mit der interpersonalen und mit der Massen-Kommunikation befasst, wurde maßgebend durch die anglo-amerikanische Forschungstradition beeinflusst.[1]

Dabei hat Lasswell[2] als Analytiker für die empirische Massenkommunikationsforschung entscheidende Grundlagentheorien entwickelt. Wir wollen von seiner heuristischen Frage »Who says what in which channel to whom with what effect?« ausgehen.[3]

Da die Wirkungen (als das zentrale Problem der Lehre von der Massenkommunikation) nicht einfach das Ende des Kommunikationsprozesses darstellen (wie dies die Laswell-Formel suggeriert), sondern vielmehr jede Variable dieses Prozesses wirkungsrelevante Faktoren beisteuert, soll die »Wirkung« als selbstständige Komponente aufgegeben und das Modell durch einen Feedbackfaktor ergänzt werden. Außerdem ist im Zusammenhang mit dem Personal-Informationsmanagement das Vorgehen als weiteres wichtiges Element beizufügen.

Die Formel lässt sich somit ergänzen und in folgendem Bildmodell darstellen:

---

1 Vgl. Watzlawick (1990).
2 Vgl. z. B. Lasswell et al. (1949); er gilt mit seinen groß angelegten Feldstudien als bedeutender Wegbereiter der empirischen Massenkommunikationsforschung.
3 Vgl. Lasswell (1948 und 1964, S. 37).

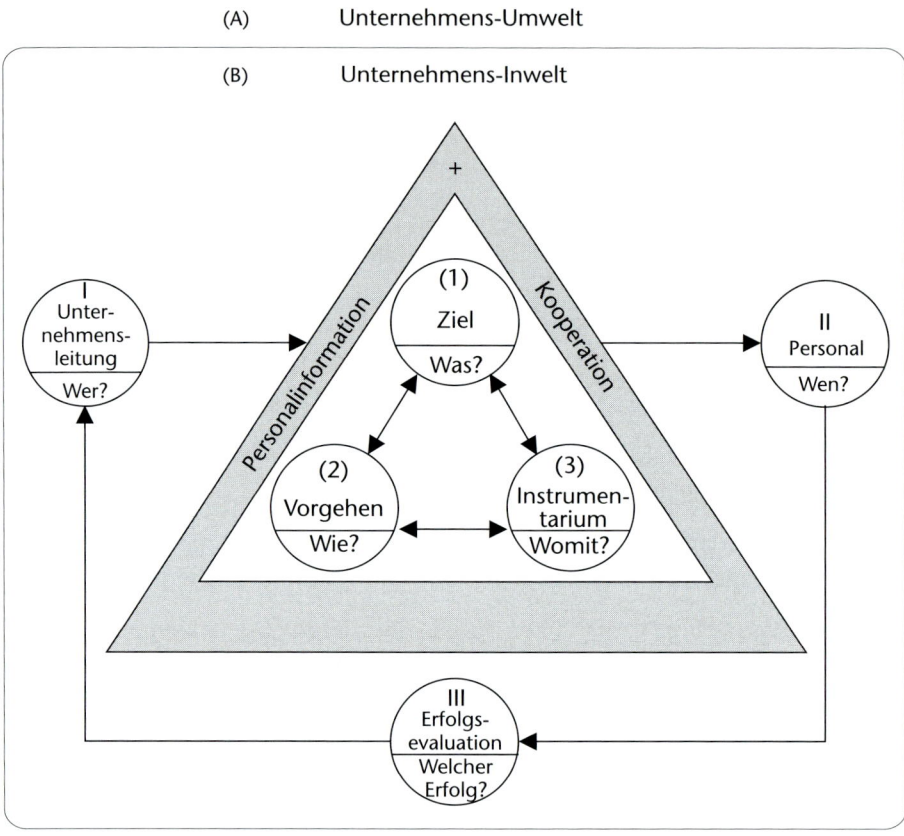

(A)   Unternehmens-Umwelt

(B)   Unternehmens-Inwelt

Abbildung 85: Innerbetriebliches Kommunikationskonzept

Als Situationsbedingungen betrachten wir in unserem Falle alle Variablen:

(A) aus dem sozialen, technologischen, ökonomischen und ökologischen Bereich der Unternehmens**um**welt sowie

(B) aus dem marktleistungs-, finanz-, personal- und umweltorientierten Bereich der Unternehmens**in**welt,

die mit dem innerbetrieblichen Kommunikationssystem verbunden sind, d. h., dieses beeinflussen und von ihm beeinflusst werden.

(A) Die Unternehmensumweltbedingungen wirken sich vor allem auf

- die Schichtung (d. h. die sozio-kulturelle Differenzierung),
- die Arbeitsteilung (d. h. die Berufsrollen-Differenzierung) und
- die Machtverteilung (d. h. die politische Differenzierung)

innerhalb der Belegschaft aus.[4]

(B) Die Unternehmensinweltbedingungen werden vor allem durch die Unternehmensvision und das
- marktleistungs-,
- finanz-,
- personal- und
- umwelt-

wirtschaftliche Verhalten des Verwaltungs-(Aufsichts-)rates und der Unternehmensleitung bestimmt und wirken sich auf

- den technologischen Entwicklungsstand,
- die Organisationsaufgaben,
- die Mentalität der Organisationsmitglieder und auf
- die Gleichgewichtslage zwischen Unternehmens-Umwelt und -Inwelt-Bedingungen

aus.

Die Elemente (1), (2) und (3) des Modells (in Abbildung 85) bilden die Eckpunkte des Adäquanzdreiecks, die Elemente (I), (II) und (III) entsprechen den wichtigsten endogenen Bestimmungsfaktoren des innerbetrieblichen Kommunikationskonzepts.

Was nun dieses Modell betrifft, so ist wiederum auf die Schwierigkeit hinzuweisen, ein komplexes System (wie es das innerbetriebliche Kommunikationsfeld darstellt) grafisch aufzuzeigen (vgl. Hinweise in Kapitel 1.5).

Beim Personal-Informationsmanagement unterscheiden wir

- (gemäß Kapitel 4.1.1) den funktionsgebundenen (arbeitsplatzbezogenen »need-to-know«) und
- (gemäß Kapitel 4.1.2) den funktions**un**gebundenen (sozioemotionalen »nice-to-know«)

Bereich.

---

4 Vgl. hierzu Badura (1971, S. 19).

4.1.1 Funktionsgebundenes Personal-Informationsmanagement

Beim gebundenen Bereich geht es um die Diagnose, Planung, Durchführung und Kontrolle der Gewinnung, Verarbeitung und Speicherung von funktionsbezogenen Nachrichten, die beim Personal arbeitsplatzrelevante Unsicherheit beseitigen oder reduzieren[5].

Die Schwächen vieler heute installierter Personal-Informationssysteme[6] liegen in folgenden Punkten:

- Der Verwendungszweck beschränkt sich auf die operative (administrative) Nutzung der Daten, statt das Informationssystem strategisch auszurichten.
- Die Programme (gleichgültig, ob selbst entwickelt oder eingekauft) werden für die einzelnen Teilbereiche isoliert statt integriert eingeführt und genutzt.
- Der Einzugsbereich des Systems wird einseitig auf Personaldaten beschränkt, statt Personal- und Stellen-Informationen miteinander zu integrieren.
- Als Daten werden lediglich Merkmale gegenwärtiger Mitarbeitenden erfasst, statt zusätzlich auch die von ehemaligen und potenziellen Mitarbeitenden sowie die von ehemaligen, gegenwärtigen und geplanten (Neu- und Abbau-)Stellen zu integrieren.
- Die Entwicklung, Einführung und Evaluation der Personalmanagement-Informationssysteme erfolgt ohne Involvierung der Linienverantwortlichen als Benutzer.

Anzustreben ist dabei eine Hinwendung zu multiplen und zeitnahen Informationsbedürfnissen. »Dies verlangt eine dezentralisierte Auslegung der (Personalinformations-)Managementsysteme, die benutzerorientiert und vernetzt zu gestalten sind. Eine Nutzensteigerung ist vor allem über die Unterstützung der Problemerkennungs- und Problemlösungskompetenz«[7] der betroffenen Mitarbeitenden und Führungskräfte erreichbar.

Wenn wir diese Anforderungen auf das visionsorientierte und integrierte Personalmanagementkonzept (Abbildung 86) übertragen, so ergibt sich folgendes webbasiertes Konzept des Personal- und Stellen-Management-Informationssystems. Es wird gegenwärtig in Zusammenarbeit mit einer internationalen Software-Firmengruppe weiterentwickelt.

---

5 Vgl. Scholz (1991, S. 508).
6 Vgl. Ceriello (1992).
7 Bleicher (1991, S. 254).

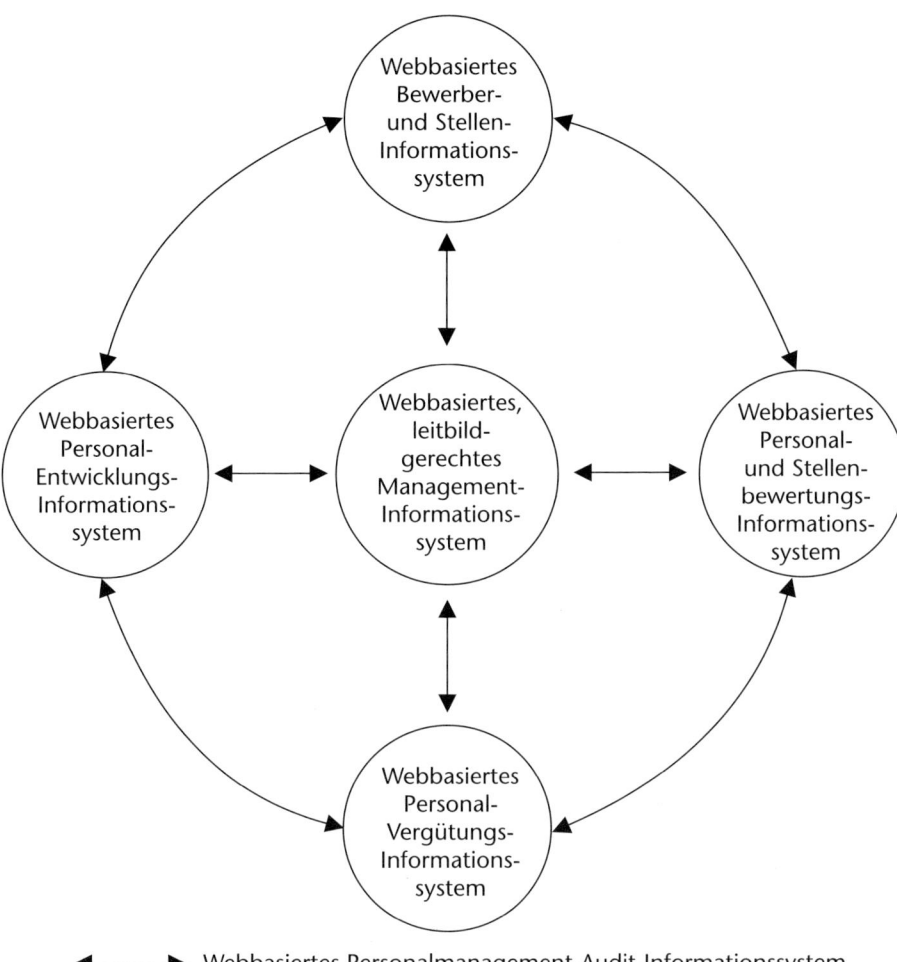

◀━━━━━▶ Webbasiertes Personalmanagement-Audit-Informationssystem

Abbildung 86: Webbasiertes Personal- und Stellen-Informationssystem

Dieses Informationssystem baut auf einem visionsorientierten Management-Informationssystem auf und sollte vertikal mit

– den marktorientierten F&E-, Produktions- und Marketing- sowie
– den ressourcenorientierten Finanz-, Informatik-, Material-, Anlagen- und Ökologie-

Management-Informationssystemen integriert werden.

In unserem System sind (gemäß Abbildung 86) folgende webbasierte Module lateral miteinander integriert:

– ein Bewerber- und Stellen-Informationssystem,
– ein Funktions-, Kompetenzbewertungs-, Leistungs- und Potenzialbeurteilungs-Informationssystem,
– ein Honorierungs-Informationssystem, das Funktions-, Leistungs- und Marktbewertungen miteinander integriert,
– ein Personalentwicklungs-Informationssystem, das ein Personalausbildungs-Informationssystem sowie ein Personal-Planungskonzept beinhaltet,
– ein Personalmanagement-Audit-Informationssystem, das ein PC-gestütztes Personalcontrolling- und ein Erfolgsevaluations-Modul (gemäß Kapitel 4.3) umfasst.

Das Modul des »Personalcontrollings« beinhaltet drei Informationsebenen:

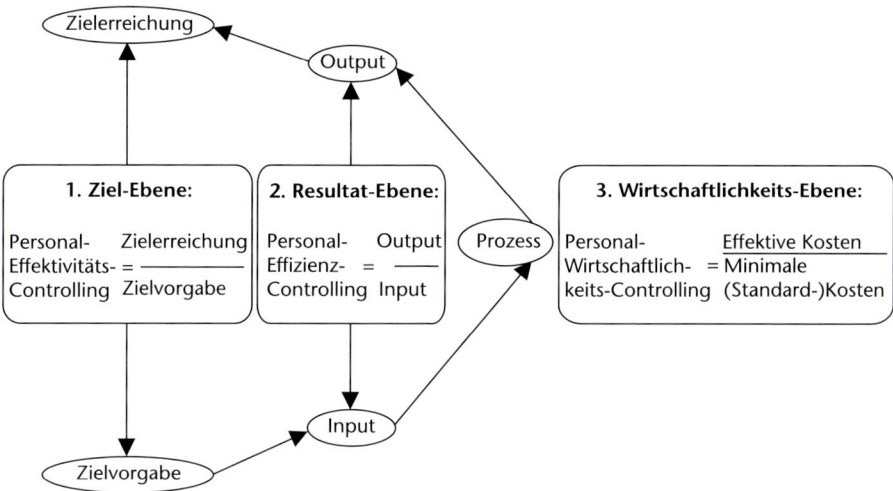

Abbildung 87: Drei Informationsebenen des Personalcontrollings
(in Anlehnung an Buschor/Schedler)[8]

1. Auf der Ziel-Ebene geht es beim Personal-Effektivitäts-Controlling um die Evaluation der Ausrichtung der Personalarbeit auf die Unternehmensvision.

2. Auf der Resultate-Ebene geht es beim Personal-Effizienz-Controlling um die Evaluation der Optimierung der Personalarbeits-Produktivität.

3. Auf der Wirtschaftlichkeits-Ebene geht es beim Personal-Wirtschaftlichkeits-Controlling um die Evaluation der Kostengerechtheit der Maßnahmen.

Diese drei Informationsebenen können bezüglich aller vier (in Abbildung 7 dargestellten) Funktionen des Personalmanagements unterschieden werden (vgl. Abbildung 88).

8 Schedler (1993, S. 45) in Anlehnung an Buschor. Vgl. ferner Wunderer/Sailer (1987, S. 35 ff.).

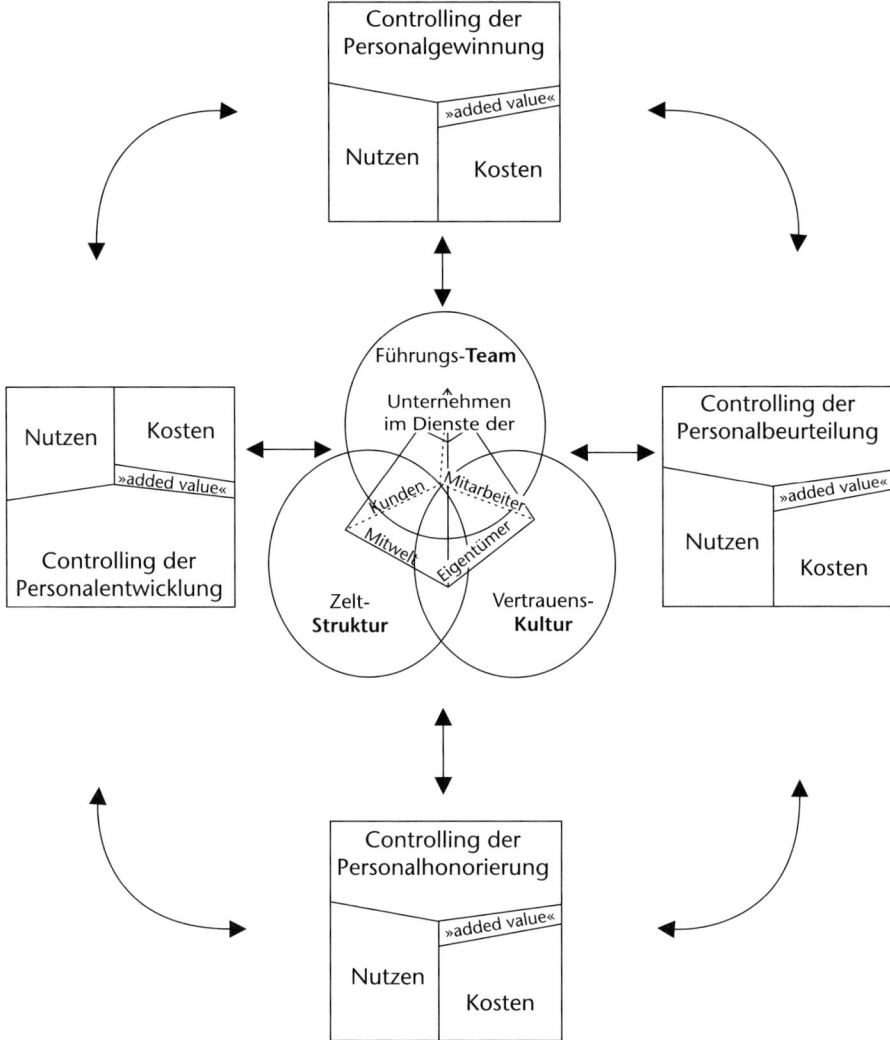

Abbildung 88: Kreislaufkonzept des Personalcontrollings

Mit diesem Aufbau wird auch ein positives Verhältnis von Nutzen und Kosten des Personalmanagement-Informationssystems angestrebt.

Dabei sollen die Module möglichst einfach und benutzerfreundlich gestaltet werden und folgendes Ziel erreichen:

Sie sollen unter Wahrung des Datenschutzes rechtzeitig alle qualitativ und quantitativ leitbildrelevanten Daten zur Personalgewinnung, -beurteilung, -honorierung, -entwicklung und Erfolgsevaluation bereitstellen.

Auch bei Personalmanagement-Informationssystemen scheint sich dabei die Aussage von Antoine de Saint-Exupéry zu bewahrheiten:

»Die Technik entwickelt sich immer

- vom Primitiven
- über das Komplizierte
- zum Einfachen.«

Neben diesem funktionsgebundenen Bereich des Personalinformationsmanagements ist der funktionsungebundene Bereich konzeptionell zu entwickeln.

4.1.2 Funktionsungebundenes Personal-Informationsmanagement

Unter diesem Begriff verstehen wir die Bestimmung der Ziele, Strategien und Instrumente, die das Publizitätsverhalten des Unternehmens und die Beziehungspflege der Unternehmensleitung gegenüber den Mitarbeitenden systematisch und langfristig regeln.

(1) Ziele

Es stehen folgende zwei Ziele im Vordergrund:

a) Inhaltsziel

Die Förderung der Informationstransparenz beim Personal durch rechtzeitige, umfassende, wahrheitsgetreue und verständliche Information über die finanz-, marktleistungs-, personal- und umweltwirtschaftlichen Ziele, Probleme und Zusammenhänge des Unternehmens sowie der Abteilung, in welcher der Mitarbeitende tätig ist.

b) Beziehungsziel

Die Schaffung einer echten Vertrauens- und Lernkultur durch die ständige Verbesserung der gegenseitigen innerbetrieblichen Beziehungen, vor allem zwischen Vorgenetzten und Mitarbeitenden, zwischen einzelnen Arbeitsgruppen und zwischen verschiedenen Nationalitätengruppen, mit dem Ziel, Konflikte konstruktiv zu lösen, gegenseitige Vorurteile abzubauen und damit überflüssige Auseinandersetzungen zu vermeiden.

Die Qualität dieses innerbetrieblichen Dialogs wird vor allem durch die aktive Zuhörfähigkeit und konstruktive Offenheit der obersten Unternehmensleitung bestimmt: »Climate starts at the Top.«

(2) Strategie

Das informationspolitische Verhalten sollte sich grundsätzlich nach folgenden vier Prinzipien richten:

– Vollständigkeit,
– Objektivität,
– Verständlichkeit und
– Rechtzeitigkeit

a) Es ist jederzeit möglich, das Personal über den wahren Sachverhalt im unklaren zu lassen, ohne dass bewusst die Unwahrheit berichtet wird. Es genügt z. B. einfach an der Oberfläche der Erscheinungen zu bleiben und nicht nachzufragen, wo ihre Ursachen liegen.

Der Grundsatz der **Vollständigkeit** besagt, dass alle betrieblichen Kommunikatoren verpflichtet sind, zu jeder Nachricht den adäquaten Kontext zu rekonstruieren.

b) Vollständige **Objektivität** in der Kommunikation gibt es nicht.
Es geht deshalb beim Grundsatz der Objektivität um das Streben nach möglichst wahrheitsgemäßer Berichterstattung.

c) Der Grundsatz der **Verständlichkeit** besagt, dass jede Information empfängergerecht vermittelt werden muss, d. h. in einer Form, die der Empfänger versteht und die den von ihm erlebten Zusammenhängen entspricht.

Was die Verständlichkeit betrifft, gelten folgende Grundregeln:

– Einfachheit und Kürze (Prägnanz),
– Klare Gliederung (äußere Übersichtlichkeit),
– Logische Folgerichtigkeit (logische Ordnung),
– Auflockernde Darstellungsweise (keine Beamtensprache),
– Bildpublizistik (wenn immer möglich und zum besseren Verständnis sinnvoll).

Dabei hat sich vor allem in Großorganisationen die Einführung des »One-page«-Prinzips bewährt:

> Whenever it is not feasible to communicate face-to-face and it is therefore necessary to inform in writing, the ›one-page‹ principle should be followed to reduce bureaucracy and increase information effectiveness.
>
> This means, all e-mails and memos should be put on one page only and all reports should be summarized on one page. The original report can be requested, if necessary by e-mail.

d) Der Grundsatz der **Rechtzeitigkeit** besagt, dass einerseits die meisten Informationen ihren Wert erst durch den Zeitpunkt erhalten, andererseits kann im Unternehmen nicht über alles zu jedem Zeitpunkt informiert werden.

Die *Reihenfolge der Informationsabgabe* kann bestimmt werden:

a) nach hierarchischen Aspekten,

b) nach Abteilungsrelevanz oder

c) nach Zielgruppen der Öffentlichkeit.

a) »Supervisors should receive information ... before it is given to those who are supervised.«[9] Für diesen oft in amerikanischen Informationspolitiken zitierten Grundsatz werden verschiedene Gründe angegeben, z. B.:

– Möglichkeit der Vorbereitung auf Fragen der Mitarbeitenden oder
– Möglichkeit der mitarbeiterrelevanten Auswahl der Informationen.

b) Bei Mitteilungen, die vor allem für bestimmte Unternehmungsbereiche relevant sind, sollte zuerst das Personal der entsprechenden Abteilungen orientiert werden, bevor der Rest der Belegschaft informiert wird.

c) Generell sollte nie eine Meldung nach außen dringen, bevor nicht das Personal orientiert worden ist (Primat der innerbetrieblichen Öffentlichkeit).

(3) Instrumentarium

Wir unterscheiden im innerbetrieblichen Kommunikationswesen zwei Hauptgruppen von Informationsmitteln

– die primären (grundlegenden) Kommunikationsmedien, die den direkten mündlichen Kontakt zwischen den Mitarbeitenden ermöglichen, und
– die sekundären (ergänzenden) Kommunikationsmedien, bei denen spezielle Informationsinstrumente zur Informationsübermittlung benutzt werden.

Im Allgemeinen ist die direkte mündliche Kommunikation allen anderen Medien in ihrer Wirksamkeit überlegen. Deshalb sollte auch innerhalb des Unternehmens – wann immer finanziell und zeitlich möglich – ein primäres Medium gewählt werden.

Das System der überlappenden[10] innerbetrieblichen Kommunikationsgruppen scheint uns dabei vor allem geeignet zu sein, die zwei unter 4.1.2 (1) dargestellten wichtigsten Kommunikationsziele zu verwirklichen: Schaffung einer Informationstransparenz und einer Vertrauenskultur.

Das System der überlappenden Kommunikationsgruppen, dargestellt am Beispiel einer mittelgroßen Organisation mit drei Führungsebenen, ist in drei Stufen gegliedert:

---

9 Seybold (1967, S. 21).
10 Vgl. Likert (1969).

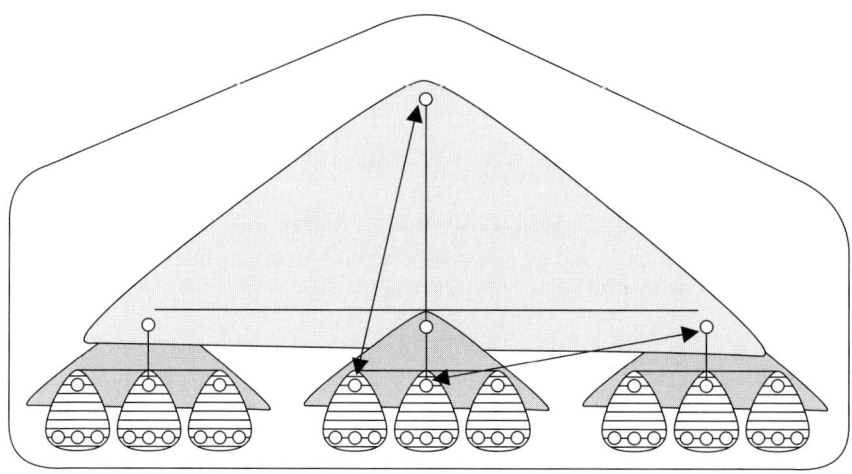

Abbildung 89: Die Personal-Kommunikations-Vollversammlung

Stufe I: Die jährliche Personal-Kommunikations-Vollversammlung

Sie findet z. B. alljährlich statt und richtet sich mit folgendem Programm an alle Mitarbeitenden:

- Der Unternehmensleiter gibt einen marktleistungs-, finanz-, personal- und ökologieorientierten Rückblick auf das vergangene und einen Ausblick auf das kommende Geschäftsjahr.
- Die Mitarbeitenden können vor der Veranstaltung ohne Namensangabe Fragen an die Geschäftsleitung in einen Briefkasten einwerfen. Der Unternehmensleiter liest diese Fragen in einem zweiten Teil der Veranstaltung vor und leitet sie an die vorne im Panel versammelten Geschäftsleitungsmitglieder zur Beantwortung weiter (Marktfragen z. B. hat der Marketingdirektor, Personalfragen der Personalverantwortliche direkt zu beantworten).

- Die Gesamtergebnisse der letztjährigen Personalumfrage bzw. der Austrittsinterviews (gemäß Kapitel 4.3) werden präsentiert und die Verbesserungsmaßnahmen für das laufende Jahr vorgestellt und diskutiert.

- Am Schluss treffen sich alle Teilnehmenden zu einem Apéro.

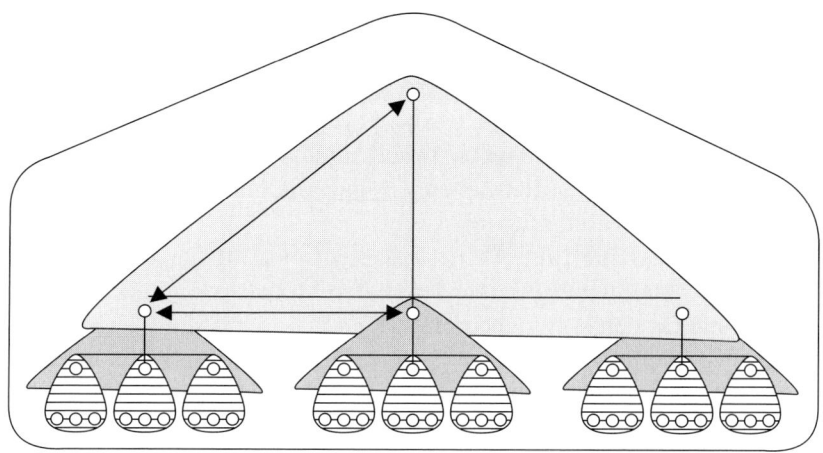

Abbildung 90: Die Geschäftsleitungs-Kommunikations-Sitzung

Stufe II: Die monatliche Geschäftsleitungs-Kommunikations-Sitzung

Sie findet regelmäßig (z. B. monatlich an einem fixen Tag) mit anschließendem gemeinsamen Mittagessen statt. An ihr nehmen alle Geschäftsleitungsmitglieder teil. Sie wird wie folgt durchgeführt:

– Jedes Geschäftsleitungsmitglied hat eine Woche vor der Sitzung dem Unternehmensleiter auf maximal einer Seite kurz über die wichtigsten Ereignisse des letzten Monats sowie die wichtigsten Ziele für den kommenden Monat aus seinem Fachbereich zu berichten. Diese Papiere werden vor der Sitzung an alle Geschäftsleitungsmitglieder via E-Mail zugestellt.
– Die anwesenden Geschäftsleitungsmitglieder (bzw. bei Abwesenheit deren Stellvertreter) stellen Fragen, die sich nach der Lektüre der Papiere der Kollegen in der Geschäftsleitung ergeben haben.
– Am Schluss des Meetings präsentiert der Protokollführer auf einer Seite eine Informationscheckliste (vgl. Abbildung 91), die als Grundlage für die am folgenden Tag stattfindende Bereichs-Kommunikations-Sitzung dient.

Departement	Wichtigste Aktivitäten im letzten Monat	Hauptziele für den nächsten Monat
Marketing		
Produktion		
F + E		
Finanz- und Rechnungswesen		
Informatik		
Personalwesen		
Materialbewirtschaftung		

Abbildung 91: Beispiel einer monatlichen Informationscheckliste

Stufe III: Die monatliche Bereichs-Kommunikations-Sitzung

Die Bereichs-Kommunikations-Sitzung wird wie folgt in allen Unternehmensbereichen durchgeführt:

– Aufgrund der Informationscheckliste informiert der Bereichsleiter (Geschäftsleitungsmitglied) seine Mitarbeitenden über die wichtigsten Informationen aus der Geschäftsleitungssitzung.
– Anschließend berichten alle Abteilungsleiter innerhalb des Bereichs über die wichtigsten Abteilungsereignisse des letzten Monats und die wichtigsten Abteilungsziele für den kommenden Monat.
– Zum Schluss werden auf Wunsch der teilnehmenden Mitarbeiter aktuelle Fragen diskutiert und bei einem anschließenden Apéro weitere Informationen ausgetauscht.

Jede Kommunikationssitzung kostet das Unternehmen etwas: Sowohl den Aufwand für Lohn oder Gehalt und Sozialleistungen der Sitzungsteilnehmer, aber auch die möglichen Frustrationen, die aus schlecht organisierten Informationssitzungen resultieren können. Deshalb sollte auch bei der Organisation von Zusammenkünften das ökonomische Prinzip angewandt werden, d. h. die zwei wichtigsten Kommunikationsziele (Verbesserung der Transparenz und der gegenseitigen Beziehungen) mit möglichst geringem Aufwand an Zeit und Geld erreichen.

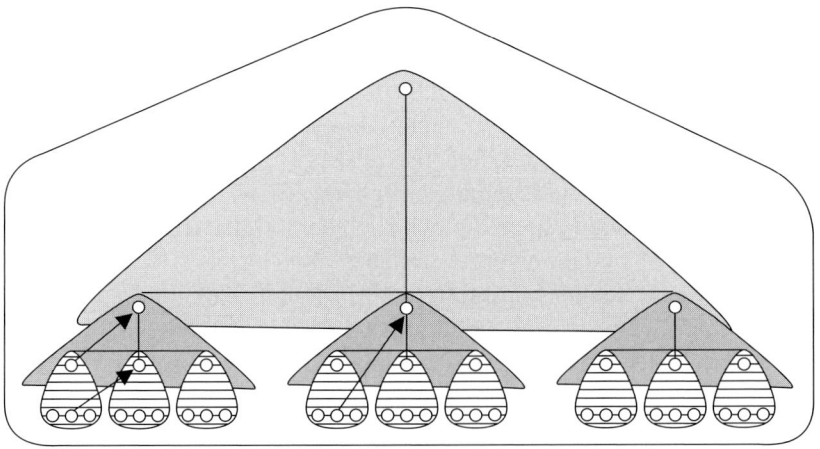

Abbildung 92: Die Bereichs-Kommunikations-Sitzung

Um die Wirkung des Systems der überlappenden Kommunikationsgruppen überprüfen und verbessern zu können, eignet sich eine standardisierte Erfolgsevaluationskarte, mit der am Ende jeder Informationssitzung die Teilnehmer gebeten werden, eine Kurzbewertung der Zusammenkunft vorzunehmen. Der Sitzungsleiter kann damit unmittelbar nach dem Informationstreffen bereits eine wirksame Erfolgskontrolle seiner Sitzung durchführen und entsprechende Verbesserungen in der nächsten Sitzung vornehmen.

Bei diesem Informationsinstrument handelt es sich um ein personales Medium, bei den übrigen Instrumenten spricht man von apersonalen Medien.

Es geht bei der Medienwahl meist nicht um ein Entweder-Oder, sondern vielmehr um ein Sowohl-Als-Auch, d. h. um einen Medienverbund, der die informationspolitischen Funktionen optimal erfüllt.

Die Zweckmäßigkeit eines solchen Medienverbunds muss von Fall zu Fall unter Berücksichtigung der Informationsinhalte und der finanziellen Möglichkeiten geprüft werden.

Mit zunehmender Unternehmungsgröße wird der ergänzende Einsatz von apersonalen Medien und ab einer gewissen Unternehmungsgröße die Koordination der Gesamtheit aller apersonalen Medien (d. h. des informationspolitischen Instrumentariums) zur Notwendigkeit. Das Instrumentarium kann dabei wie folgt eingeteilt werden:

Rezeptionsart → / ↓ Übertragungsart	Visuell	Auditiv	Audiovisuell
»konserviert« Vorteil: Verhaltensfreiheit beim Empfang	• Personalhandbuch • Personalzeitschrift • Anschlagbrett • Mitarbeiterbrief	• Informations-CD-ROM, -DVD • Informationstonband • Informationstelefon (auf Band)	• Informationskassetten-TV • Informationstonbildschau • Informationsfilm
»live« Vorteil: Aktualität	• Informations-Fax • E-Mail	• Informationstelefon (als Auskunftsmedium) • Informationsradio • Informationslautsprecher	• Informationskabel-TV • Informationsbild-Telefon • Video-PC

Abbildung 93: Sekundäre innerbetriebliche Kommunikationsmedien
(zur Ergänzung der primären Instrumente)

a) Nach der **Rezeptionsart** werden unterschieden:

- visuelle Instrumente: das sind alle sekundären Medien, die nur durch Sehen wahrgenommen werden können, also alle schriftlichen Informationsmittel,
- auditive Instrumente: das sind jene Geräte und Gerätekombinationen, die das Hören betreffen,
- audiovisuelle Instrumente: das sind jene Geräte und Gerätekombinationen, bei denen das stehende Bild mit dem Ton eine Einheit bildet[11].

b) Als zweites Gliederungskriterium wurde die **Übertragungsart** gewählt. Je nachdem, ob die Medien

- »... mittelbar nach Erhalt der Kommunikationseinheit in einem vom Rezipienten zu bestimmenden Zeitpunkt genutzt werden können ..., oder
- ... unmittelbar während des Kommunikationsprozesses von Rezipienten genutzt werden müssen ...«[12]

werden

- »Konserven«- und
- »Live«-

Medien unterschieden.

Dabei hat die konservierte Übermittlungsart

- einerseits den Vorteil der Verhaltensfreiheit beim Empfang (d. h. Ort, soziale Situation, Zeitpunkt, Tempo, Reihenfolge und Wiederholung der Informationsaufnahme können durch den Rezipienten frei bestimmt werden)
- anderseits den Nachteil, nicht primär-aktuell sein (also keine »Live«- Informationen übermitteln) zu können.

c) Um eine genaue Bewertung der einzelnen informationspolitischen Medien vorzunehmen, können die **Qualitätsmerkmale** als dritte Dimension eingeführt werden:

---

11 Marais (1971, S. 45): »In Zukunft muss dabei vor allem berücksichtigt werden, dass ... l'homme de l'entreprise c'est aussi celui de la rue: ... il compare! Il y a donc compétition permanente entre la forme de l'information extérieure et les phénomènes observés dans l'entreprise«.

12 Steinmann (1971, S. 184).

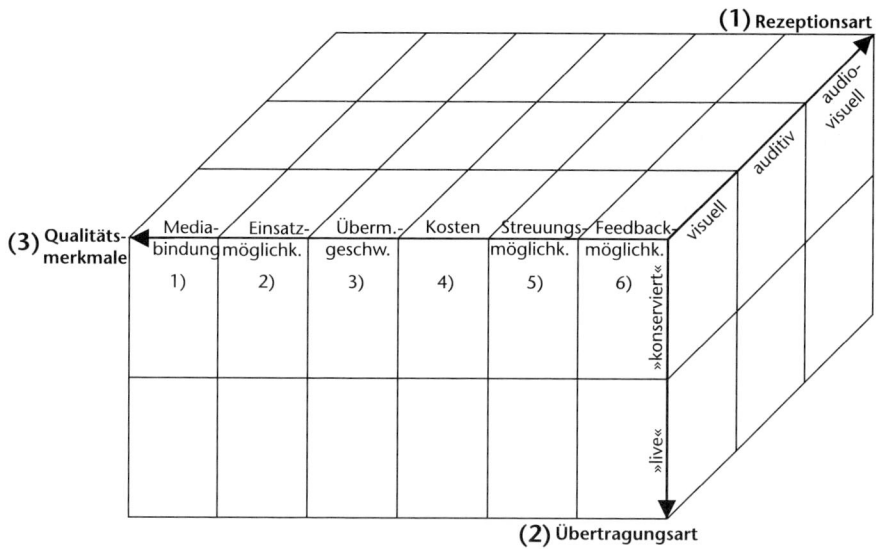

Abbildung 94: Innerbetrieblicher Medienwürfel[13]

Auch nach Einführung des Systems der überlappenden Kommunikationsgruppen im Unternehmen und bei einem noch so gezielten Einsatz einer optimalen Medienkombination bleibt immer zu berücksichtigen: Dieses Konzept kann zwar die Information und den Dialog in der Unternehmung verbessern, neue Tatbestände schaffen kann es nicht.

Dies kann mit neuen Formen der Kooperationsgestaltung angestrebt werden (vgl. das nächste Kapitel).

---

13 Möchte der Unternehmensleiter möglichst gleichzeitig weltweit die Geschäftsführer aller Niederlassungen über eine Neuigkeit ohne große Zeitverzögerung informieren (d. h. sich für die Qualitätsmerkmale 2, 3, 4 und 5 entscheidet), so wählt er am besten ein visuelles »Live-Instrument«, z. B. das E-Mail.

4.2 Ganzheitliche Kooperationsgestaltung

Arbeitszufriedenheitsumfragen, die wir in verschiedenen privaten und öffentlichen Unternehmen in verschiedenen Branchen unterschiedlicher Größe und Länderkultur durchgeführt haben (vgl. Kapitel 4.4), ergaben, dass es vor allem zwei Faktoren sind, die Leistung und Arbeitszufriedenheit gleichermaßen positiv beeinflussen:

– Tätigkeiten, die persönlichen und gesellschaftlichen Sinn, Befriedigung und Freiraum bieten sowie
– Beziehungen zu Vorgenetzten, Kollegen und Mitarbeitenden, die von Vertrauen und gegenseitiger Achtung geprägt sind.

Der letztgenannte Faktor deutet darauf hin, dass das Management vertikaler und horizontaler Kooperation zu einem für die Sicherung der Wettbewerbskraft eines Unternehmens zentralen Erfolgsfaktor geworden ist[14]. Das folgende (auf dem traditionellen Qualitätszirkelmodell aufbauende) Konzept der überlappenden Innovations-Zirkel soll dazu dienen, diese zwei zentralen Anliegen zu verwirklichen und gleichzeitig die Unternehmensentwicklung zu fördern.

---

14 Vgl. Wunderer (2001, S. 246 ff.).

4.2.1 Zielsetzung

Wir streben zwei Ziele gleichzeitig an:

(1) Ein *Inhaltsziel:*

Schaffung eines eigentümer-, personal-, kunden- und umweltorientierten Denkens und Handelns innerhalb aller Arbeitsteams im Unternehmen.

(2) Ein *Beziehungsziel:*

Schaffung harmonischer Beziehungen und einer Vertrauenskultur innerhalb und zwischen den Arbeitsteams des Unternehmens.

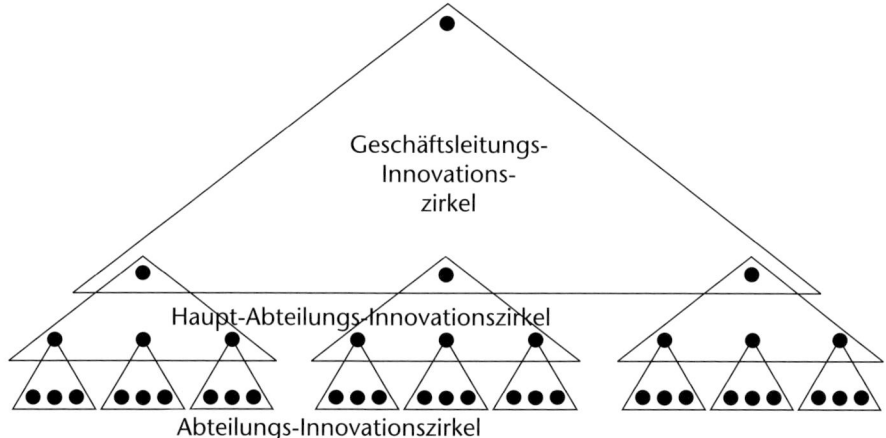

Abbildung 95: Konzept der überlappenden Innovationszirkel

4.2.2 Formelle Gestaltung

Der Geschäftsleitungs-Innovationszirkel findet regelmäßig an einem bestimmten Tag jedes Monats mit einem anschließenden gemeinsamen Mittagessen außerhalb des Unternehmens statt.

Am jeweils folgenden Tag jeden Monats finden in gleicher Weise (einstündig) unter Leitung eines Geschäftsleitungs-Mitglieds die Hauptabteilungs-Innovationszirkel, am nächsten Tag in gleicher Weise die Abteilungs-Innovationszirkel statt.

4.2.3 Materielle Gestaltung

Das Konzept der überlappenden Innovationszirkel lässt sich durch folgende Merkmale kennzeichnen:

(1) Alle Mitglieder der Organisationseinheiten treffen sich in regelmäßigen Abständen zu überlappenden Gesprächsrunden.
(2) Diese Workshops finden jeweils unter der Leitung des Vorgenetzten als geschulter Moderator statt.
(3) Die Arbeitsgruppen wählen und analysieren eigenständig Themen aus dem eigenen Arbeitsbereich.
(4) Mit Hilfe zuvor erlernter Problemlösungs-, Kreativitäts- und Präsentationstechniken erarbeiten sie selbstständig Lösungsvorschläge, setzen sie um und nehmen eine Ergebniskontrolle vor. Dabei ziehen sie, je nach Problem, Vertreter relevanter Anspruchsgruppen (wie der Kunden oder der Öffentlichkeit) hinzu.

Das vorgestellte Konzept unterscheidet sich:

– vom Qualitätszirkelansatz[15] dadurch, dass nicht nur einzelne Bereiche auf unterer Führungsebene, sondern dass alle Abteilungen (von der Unternehmensleitung bis zur untersten Führungsebene) Gesprächsrunden veranstalten, dies nicht auf freiwilliger Basis, sondern dass diese obligatorisch durchgeführt werden und dass nicht besonders Ausgewählte, sondern die Vorgenetzten als Moderatoren wirken.
– von teilautonomen Arbeitsgruppen[16] dadurch, dass es sich nicht um ein Arbeitsgestaltungskonzept handelt, bei dem »die Erstellung eines kompletten (Teil-)Produktes oder einer Dienstleistung mehr oder weniger eigenverantwortlich übertragen wird«[17], sondern um ein Konzept, das vornehmlich auf Kooperation und Innovation ausgerichtet ist.

---

15 Vgl. u.a. Bungard (1992, S. 7).
16 Vgl. u.a. Lattmann (1972).
17 Vgl. Bungard (1992, S. 112).

Zu Beginn der nächsten Gesprächsrunde werden aufgrund des Formulars (Abbildung 96) die Ergebnisse der eingeleiteten Aktionen gemeinsam überprüft.

WER?	WAS?	WANN?	WIE?	WOMIT?	ERFOLG?

Abbildung 96: Aktionsplan aufgrund der Gesprächsrunden

Die Erfahrungen, die wir mit der Einführung dieses einfachen Kooperationsgestaltungskonzepts in verschiedenen Ländern gemacht haben, zeigen, dass mit der Einführung zwar die Entscheidungsfindung durch das Konsensprinzip länger dauert, dass allerdings die Zeitdauer der Implementierung stark zurückgegangen ist, da durch die Involvierung bei der Entscheidungsfindung während der Implementierung weniger Widerstände auftreten[18]. Insgesamt benötigt der Entscheid (Entscheidungsfindung + Implementierung) in den meisten Fällen dadurch weniger Zeit.

---

18 Vgl. hierzu auch Ulrich (1983, S. 33-41), der von einer »Ökonomie des Dialoges« spricht. Vgl. ferner French/Bell (1978, S. 33 ff.).

4.3 Ganzheitliche Erfolgsevaluation

Häufig wird der Unternehmenserfolg nur aufgrund markt- und finanzleistungswirtschaftlicher Kennzahlen beurteilt. Eine ganzheitliche Erfolgsevaluation des Unternehmens ist nur möglich, wenn aufgrund ganzheitlicher Erfolgsmaßstäbe (gemäß Abbildung 23) auch die Diagnose auf allen vier Dimensionen vorgenommen wird (vgl. Abbildung 97).

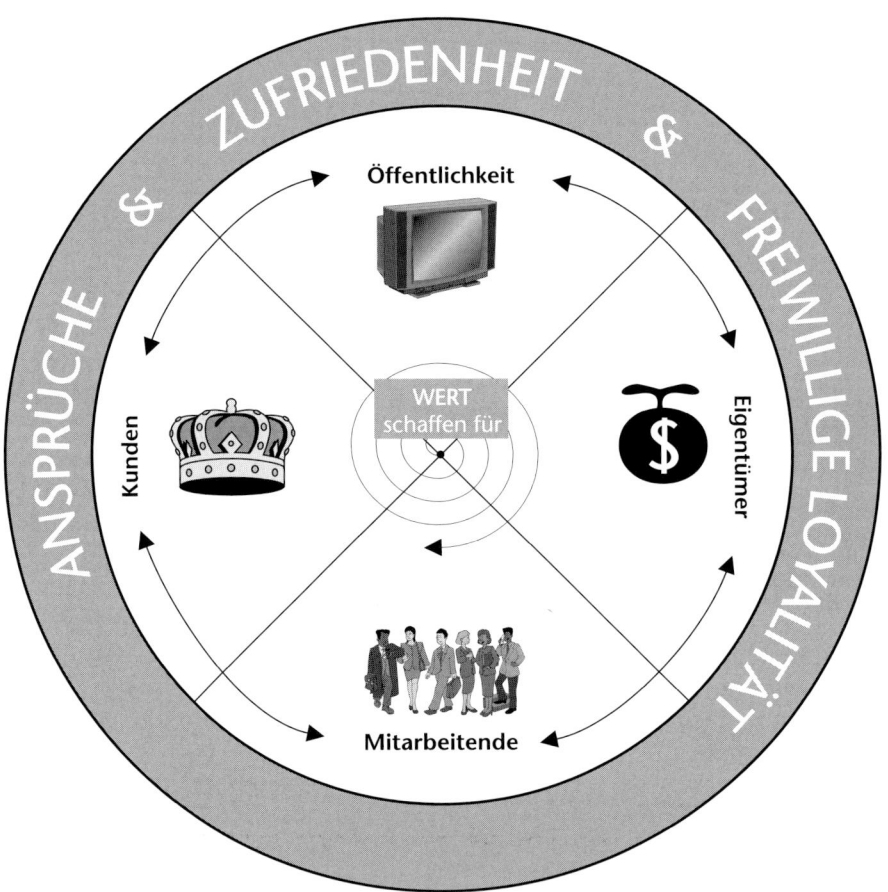

Abbildung 97: Vier Dimensionen der ganzheitlichen Evaluation des Unternehmenserfolgs

In dem Buch über »Integrierte Erfolgsbewertung von Unternehmen« stellen wir unsere Instrumente für alle vier Anspruchsgruppen vor.[19] In diesem Buch beschränken wir uns auf die Diagnose-Dimension der Mitarbeitenden (Abbildung 98).

---

19 Vgl. hierzu Hilb (2002) über Integrierte Erfolgsbewertung von Unternehmen mit standardisierten Kartensätzen und CD-Rom.

178

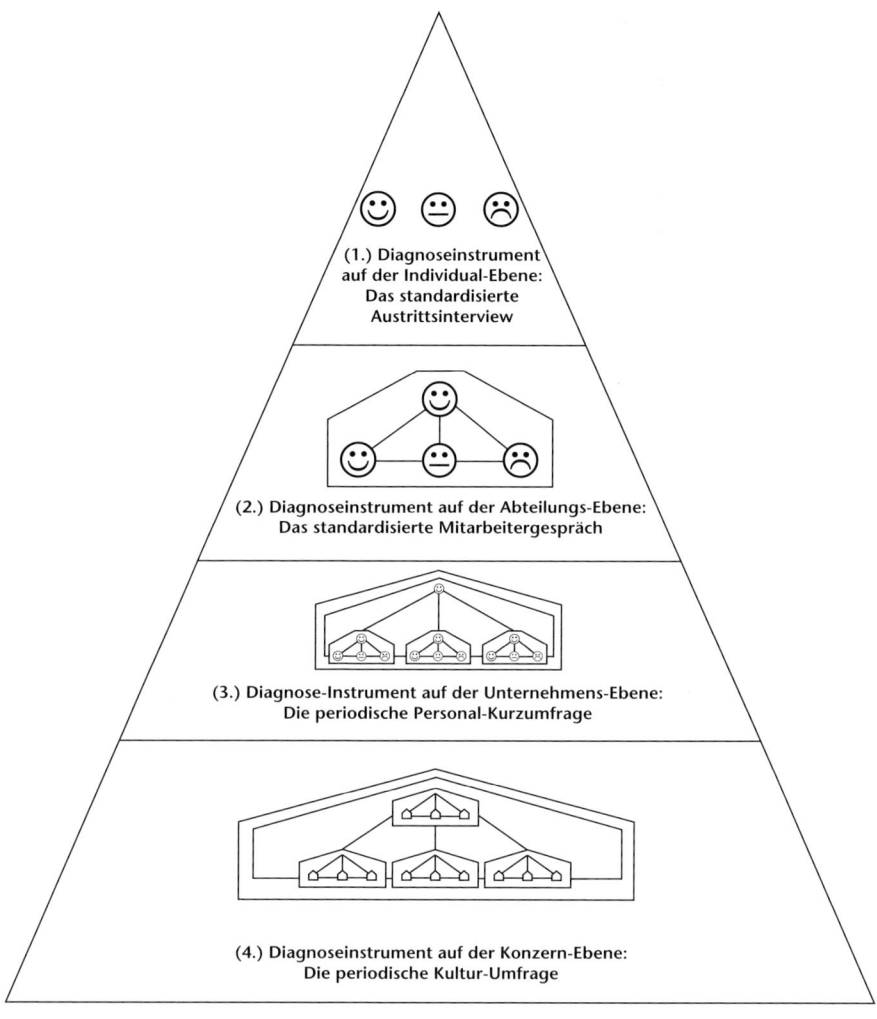

Abbildung 98: Konzept zur Erfolgsevaluation des Personalmanagements

Mit der sozialen Erfolgsevaluation streben wir dabei zwei zusammengehörende Ziele an:

(1) Die *soziale Unternehmensdiagnose*, d. h. die periodische, möglichst objektive, systematische und zweckmäßige Diagnose der sozialen Stärken und Schwächen des Unternehmens als Ganzes und verschiedener Organisationseinheiten aus Sicht der Mitarbeitenden.

(2) Die *soziale Unternehmenstherapie*, d. h. aufgrund der Diagnoseergebnisse die partizipative Erarbeitung, Einführung und Erfolgskontrolle von Aktionsplänen zur permanenten Verbesserung der sozialen Dimension der einzelnen Abteilungen im Interesse sowohl der Personal- als auch der Unternehmensentwicklung.

179

Um diese zwei Ziele zu erreichen, haben wir ein vierstufiges Diagnose-Instrumentarium (vgl. Abbildung 98) entwickelt, das auch als eHR-Audit-Programm erhältlich ist.[20]

4.3.1 Diagnose auf Individual-Ebene (Das standardisierte Austrittsinterview)

Bekanntlich gelingt es in den meisten Fällen den Vorgenetzten besser, ihre Erwartungsvorstellungen den unterstellten Mitarbeitern zu vermitteln, als es umgekehrt den Angestellten gelingt, ihre Einstellungen und Anliegen den Vorgenetzten mitzuteilen.

Der Hauptgrund liegt in der Rollenbeziehung des Unter-/Überordnungs-Verhältnisses. Der Vorgenetzte wird dabei oft von Wahrnehmungen und Erwartungen der Mitarbeitenden systematisch abgeschirmt. So sind viele Mitarbeitenden daran interessiert, ihren Vorgenetzten von sich aus keine Informationen zu geben, die sie in einem ungünstigen Licht erscheinen lassen könnten.

Um diese Kommunikationshemmnisse, die zu Fehlentscheidungen im Unternehmen führen können, abzubauen, müssen Feedback-Methoden angewandt werden. Eine wichtige Informationsquelle bildet dabei das Austrittsinterview, ein in der Theorie noch wenig erforschtes und in der Praxis oft nur unsystematisch angewandtes Feedback-Instrument.

Unter einem Austrittsinterview verstehen wir ein planmäßiges und systematisches Vorgehen der Personalabteilung mit dem Ziel, alle ausscheidenden Organisationsmitglieder durch eine Reihe gezielter Fragen zu veranlassen:

- möglichst objektive Informationen über die Austrittsgründe und die Stärken und Schwächen des Unternehmens und des Arbeitsplatzes abzugeben (Diagnosefunktion) sowie
- möglichst sinnvolle Verbesserungen vorzuschlagen (Therapiefunktion).

Ein formales Merkmal des Austrittsinterviews besteht darin, dass die Antworten der befragten Mitarbeiter statistisch ausgewertet werden.

Austrittsinterviews geben dabei nicht unmittelbar Aufschluss, wie Mitarbeiter wirklich handeln, fühlen oder denken, sondern sie vermitteln lediglich sprachliche (verbale) Informationen über diese Vorgänge. Damit sei auch kurz auf das Problem der Informationsverfälschung hingewiesen.

---

20 Vgl. Hilb: »Personal-Audit-Programm«, mit PC-Software-Programm »Pro Audit« und »eHR-Audit« der SWIFT Basel 2002. In diesem Software-Programm werden die in Abbildung 98 aufgeführten Instrumente in vier integrierbaren PC-Programmen vorgestellt. Vgl. auch www.eHRAUDIT.ch.

Bei einem Austrittsinterview besteht immer die Gefahr, dass das ausscheidende Organisationsmitglied

- einerseits diese Gelegenheit zum emotionalen Abreagieren benutzt,
- andererseits beim Versuch, seine Entscheidungen zu »rationalisieren« andere als die tatsächlich ausschlaggebenden Austrittsgründe angibt.

Eine Antwortverfälschung ist vor allem dann zu erwarten,

- wenn der Austretende die Verhältnisse im Unternehmen zu wenig kennt,
- wenn der Austretende vermutet, seine Aussagen könnten gegen ihn ausgelegt werden (z. B. bei späteren Referenzauskünften),
- wenn der Austretende intellektuell überfordert wird oder
- wenn der Austretende zu delikaten Problemen Stellung nehmen muss.

Um die Gefahr der zum Teil bewussten, zum Teil unbewussten Informationsverfälschung zu verhindern, müssen im Austrittsinterview Kontrollmechanismen eingebaut werden.

Im Folgenden sei deshalb diese in der Praxis erprobte standardisierte Methode des Austrittsinterviews vorgestellt.[21]

Das Verfahren des standardisierten Austrittsinterviews weist drei Merkmale auf:

- die einheitliche Interviewsituation
- die Imagekarten als Hilfsmittel der Gesprächsführung und
- die Profilmethode zur Ergebnisdarstellung und Erfolgskontrolle.

(1) Die einheitliche Interviewsituation

Alle Austrittsinterviews sollten

- am letzten Arbeitstag des ausscheidenden Mitarbeiters
- auf freiwilliger Basis
- immer im selben Raum (z. B. in einem bestimmten Sprechzimmer)
- in entspannter Atmosphäre (z. B. bei einer Tasse Kaffee)
- ohne jegliche Störungen von außen
- nach Aushändigung des Arbeitszeugnisses
- immer durch denselben Interviewer (z. B. den Personalverantwortlichen)

durchgeführt werden.

Mit der Vereinheitlichung (Standardisierung) der Fragenformulierung, der Fragenreihenfolge und der Antwortvorgaben wird nicht nur eine bessere Vergleichbarkeit der Interviewergebnisse, sondern auch eine Verbesserung der materiellen

---

21 Das Konzept ist bisher in zwölf Sprachen übersetzt worden und hat vor allem in den USA weite Verbreitung gefunden. Mein in den USA publizierter Beitrag über »The Standardized Exit Interview« gehörte nach Angaben der Herausgeberin des »Personnel Journal« im Erscheinungsjahr zu den zehn meist gelesenen Artikel dieser führenden amerikanischen Fachzeitschrift.

Genauigkeit (Gültigkeit), der formalen Genauigkeit (Zuverlässigkeit) und der Wirtschaftlichkeit dieses Feedback-Mediums erzielt.

Abbildung 99: Der austretende Mitarbeitende hat die Karten in drei vorgegebene Kategorien einzuteilen

(2) Die Imagekarten als Hilfsmittel der Gesprächsführung

Der scheidende Mitarbeitende erhält 22 willkürlich nummerierte Karten, die Faktoren enthalten, die für das Wahrnehmen von Arbeitszufriedenheit von Bedeutung sind. Diese müssen durch den Personalverantwortlichen in Zusammenarbeit mit den Führungskräften situativ ermittelt werden. Je nach Landeskultur, Branche, Personalkategorie (z. B. Außendienst, Produktion), Hierarchieebene, Unternehmensgröße müssen z. T. unterschiedliche Faktoren gewählt werden.

Als Beispiel seien folgende Faktoren für den Innendienst (ohne Führungsfunktionen) eines Schweizer Versicherungsbetriebs genannt:

1. Gesicherte Beschäftigung
2. Gute Entwicklungsmöglichkeiten
3. Guter Verdienst
4. Gute Arbeitszeitregelung
5. Gute Verpflegungsmöglichkeiten in der Firma
6. Umfassende Information über das Firmengeschehen
7. Gute Weiterbildungsmöglichkeiten
8. Gute Sozialleistungen
9. Gute Organisation in meiner Abteilung
10. Angenehme Arbeitsplatzgestaltung
11. Klarheit der Geschäftsziele (man weiß, was die Unternehmung als Ganzes erreichen will)
12. Große Selbstständigkeit in der Arbeit
13. Sinnvolle und befriedigende Tätigkeit
14. Gutes Verhältnis zum Vorgesetzten
15. Guter Name der Firma in der Öffentlichkeit
16. Kostenbewusstsein (keine Verschwendung)
17. Gutes Verhältnis zu Arbeitskollegen
18. Gerechte Beurteilung der Leistungen der Mitarbeiter

19. Echte Mitsprachemöglichkeiten am Arbeitsplatz
20. Gerechte Arbeitsauslastung
21. Großes Engagement des Vorgesetzten für das Unternehmen
22. Gute Ferienregelung

Dem ausscheidenden Mitarbeiter werden folgende Fragen gestellt: »Wenn Sie einmal diese Karten hier durchsehen ...« (Kartensatz vorlegen), »... was davon ist Ihrer Ansicht nach in dieser Firma verwirklicht (+), was zum Teil verwirklicht (=), was ist nicht verwirklicht (–)?

Könnten Sie bitte drei entsprechende Kartenhäufchen bilden?« (Vgl. Abbildung 99).

Der Interviewer bespricht und notiert nun alle Karten im Einzelnen mit dem Mitarbeitenden: Zunächst die (–)-Karten, dann die (=)-Karten, wobei immer nach möglichen Ursachen und Verbesserungsvorschlägen gefragt wird.

Sodann werden kurz die (+)-Karten besprochen, und zum Schluss wird ein zusammenfassendes Urteil formuliert.

Das Kartenspiel, das vor jedem Austrittsinterview gemischt wird, so dass die Karten bei jedem Interview in unterschiedlicher Reihenfolge vorliegen und sich dadurch nicht bemerkbar gegenseitig beeinflussen können, scheint im Zusammenhang mit dem Austrittsinterview die optimale Form der Erhebung zu sein.

Durch die Zuordnung der Karten in drei Kategorien (+ / = / –) wird in nur einem Durchlauf des Kartenspiels ein relativ differenzierter Tatbestand erfasst. Dabei wirkt das Kartenspiel stimulierend und kurzweilig auf den ausscheidenden Mitarbeitenden. Das Beurteilen und Abwägen reizt ihn zu intensiverer Mitarbeit beim Interview und erhöht sein Interesse nicht nur für die eine Frage, sondern für das ganze Austrittsinterview.

Der Vorteil dieses Kartenverfahrens besteht allerdings nicht nur darin, dass man spontanere Antworten und innerhalb kurzer Zeit relativ viele Feedback-Informationen erhält, sondern unter anderem auch darin, dass man die Objektivität der Aussagen zum Teil überprüfen kann: Die Karten enthalten Imagefaktoren, die im Unternehmen mit Sicherheit positiv zu bewerten sind. In einer Firma können z. B. die Sozialleistungen sehr fortschrittlich sein. Teilt nun ein Mitarbeiter beim Austrittsinterview unter anderem auch diese unbestreitbar positiven Imagefaktoren in die negative Kategorie ein, so ist mit großer Wahrscheinlichkeit von einer Informationsverfälschung auszugehen.

Die Ergebnisse der einzelnen Interviews – auch wenn sie zum Teil subjektiv gefärbt sind – geben dem Personalverantwortlichen nützliche Hinweise, die mit dem Vorgenetzten des Austretenden in geeigneter Weise besprochen werden sollten. Liegt (z. B. nachdem verschiedene Austrittsinterviews mit Mitarbeitenden aus derselben Abteilung durchgeführt worden sind) ein offensichtliches persönliches Fehlverhalten eines Vorgenetzten vor, sollte versucht werden, in einem persönlichen Gespräch auf die Führungskraft einzuwirken.

(3) Profilmethode zur Ergebnisdarstellung und Erfolgskontrolle

Das Wertvolle an diesem standardisierten Verfahren besteht vor allem darin, dass am Ende jedes Jahres das Gesamtergebnis aus allen Einzelinterviews präsentiert werden kann. Da die Karten nummeriert sind, können sie leicht ausgewertet und anhand eines internen Imageprofils dargestellt werden (vgl. Abbildung 100).

Dieses Jahresendergebnis liefert dem Personalverantwortlichen wertvolle Hinweise zur Formulierung der Ziele der Personalabteilung für das nächste Jahr und zeigt der Unternehmensleitung und den Führungskräften die gegenwärtigen sozialen Stärken und Schwächen des Unternehmens.

Die Diagnose, die aus dem Austrittsinterview resultiert, kann manches aufdecken, was die Verantwortlichen des Unternehmens nicht erwartet haben. In diesem Fall ist es oft schwierig, mit den Befunden zu überzeugen. Vor allem dann, wenn dabei zwangsläufig Maßnahmen von Führungskräften kritisch betrachtet werden. Emotionaler Widerstand gegen die Ergebnisse ist verständlich. Aus diesem Grunde und weil es sich bei den Ergebnissen lediglich um Trendwerte handelt, muss eine Form der Ergebnisdarstellung gefunden werden, die flexibel ist und den unberechtigten Anschein eines Überlegenheitsgefühls des diagnostizierenden Personalverantwortlichen vermeidet.

Der Profilbericht muss als Diskussionsgrundlage und nicht als therapeutisches Rezept präsentiert werden. Da es neben den Ergebnissen des Austrittsinterviews noch weitere Grundlagen für Verbesserungsmaßnahmen gibt (vgl. hierzu Kapitel 4.3.2 und 4.3.3), müssen die verantwortlichen Führungskräfte selbst die Entscheidungen treffen, und der diagnostizierende Personalverantwortliche muss sich mit der Beraterrolle begnügen.

Wertvoll an dieser Profilmethode ist ferner, dass der Vergleich mit dem Vorjahresergebnis zur Erfolgskontrolle bisheriger Personalmaßnahmen dienen kann.

Abbildung 100: Jahresauswertung aller standardisierter Austrittsinterviews[22] (ein Praxisbeispiel) →

---

22 Um eine Scheinpräzision zu vermeiden, haben diese Auswertungen nur bei genügend großer Anzahl Interviewter pro Personalkategorie einen Sinn.

Das standardisierte Austrittsinterview Gesamtauswertung		Für die Zeit von bis		Datum Visum	

Firma					

| Rangordnung der durch die Gesamtheit der befragten Austretenden als positiv bewerteten Imagefaktoren | | Imagefaktoren (vgl. Kasten) | Rangordnung der durch befragte Austretende verschiedener Personalkategorien als positiv bewerteten Imagefaktoren | | |
| Gesamt-rang | in Prozent | | in Prozenten 90 80 70 60 50 40 30 20 10 0 | Rang innerhalb | | |
				Kader-personal	Büro-personal	Betriebs-personal
1.	91%	Guter Name der Firma in der Öffentlichkeit	87% / 95% / 89%	1.	1.	1.
2.	84%	Gesicherte Beschäftigung	86% / 84% / 83%	2.	3.	3.
3.	81%	Gute Sozialleistungen	73% / 79% / 86%	3.	4.	2.
4.	73%	Gutes Verhältnis zu Arbeitskollegen	68% / 85% / 78%	5.	2.	4.
5.	74%	Gutes Verhältnis zum Vorgesetzten	67% / 77% / 74%	6.	5.	5.
6.	70%	Selbstständige und abwechslungsreiche Tätigkeit	71% / 73% / 66%	4.	6.	6.
7.	59%	Befriedigende Arbeitszeitregelung	50% / 64% / 58%	9.	8.	8.
8.	58%	Interessante Aus- und Weiterbildungsmöglichkeiten	47% / 64% / 57%	10.	7.	9.
9.	52%	Guter Verdienst	52% / 43% / 61%	7.	12.	7.
10.	49%	Gerechte Beurteilung der Leistungen der Mitarbeiter	51% / 52% / 44%	8.	9.	13.
11.	45%	Gute Verpflegungsmöglichkeiten in der Firma	41% / 42% / 50%	12.	13.	11.
12.	44%	Angenehme Arbeitsplatzgestaltung	28% / 41% / 53%	17.	14.	10.
13.	43%	Gute und klare Abteilungsorganisation	42% / 44% / 43%	11.	11.	14.
14.	41%	Klarheit der Geschäftsziele	31% / 47% / 38%	16.	10.	15.
15.	36%	Gute Aufstiegschancen	38% / 27% / 45%	13.	17.	12.
16.	32%	Echte Mitsprachemöglichkeiten bei Entscheiden, die den Arbeitsplatz betreffen	34% / 31% / 31%	15.	15.	17.
17.	30%	Kostenbewusstsein (keine Verschwendung)	15% / 30% / 36%	18.	16.	16.
18.	27%	Genügende Information über das Firmengeschehen	37% / 23% / 28%	14.	18.	18.
19.	20%	Volle Auslastung der Arbeitsplätze	20% / 18% / 22%	19.	19.	19.
20.	18%	Genügend Freizeit fürs Privatleben	10% / 21% / 22%	21.	20.	19.
21.	15%	Gute Freizeiteinrichtungen in der Firma	10% / 13% / 14%	21.	21.	21.
22.	12%	Gute Ferienregelung	13% / 10% / 11%	20.	22.	22.

Kaderpersonal
Büropersonal (ohne Kaderfunktion)
Betriebspersonal (ohne Kaderfunktion)

Die erweiterte Version des Konzepts besteht darin, dass dem Austretenden nicht nur die Frage nach der Zufriedenheit, sondern (gemäß der Methode, die wir in Kapitel 4.3.2 beschreiben) in gleicher Weise mit andersfarbigen Kärtchen die Frage nach der Wichtigkeit gestellt wird.

Dies kann dann bei der Auswertung einzelner oder aller Austrittsinterviews pro Jahr und Organisationseinheit als Zufriedenheits- und Wichtigkeitsprofil (vgl. Praxisbeispiel in Abbildung 101) und als Defizitprofil (vgl. Abbildung 102) dargestellt werden.[23]

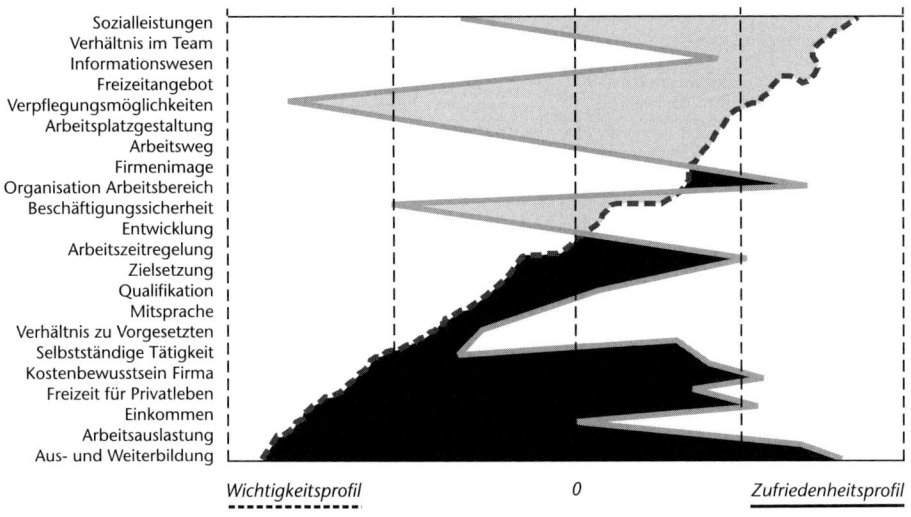

Abbildung 101: Praxisbeispiel eines Zufriedenheits- und Wichtigkeitsprofils von 164 Austretenden eines Unternehmens

Nun lässt sich gegen diese Methode einwenden, dass das Gespräch bei einzelnen (vor allem bei vermeidbaren unerwünschten) Austritten von Mitarbeitenden zu spät erfolgt.

Tatsächlich benötigen Vorgenetzte und Personalverantwortliche im Alltag weitere Gesprächshilfsmittel, und zwar vor allem für Mitarbeitende, die im Unternehmen tätig sind.

---

23 Vgl. Praxisbeispiel aus Broch et al. (1992).

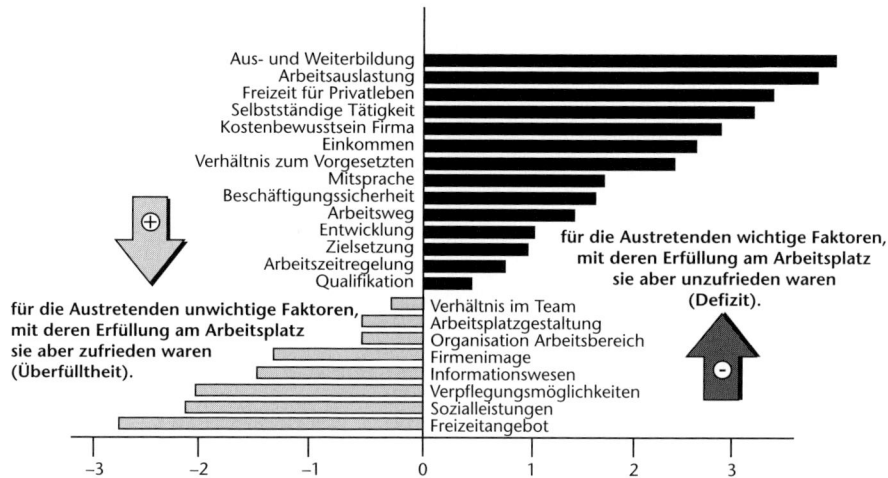

Abbildung 102: Praxisbeispiel eines Defizitprofils
(Wichtigkeit minus Zufriedenheit ergibt Defizit)

Zwei Beispiele solcher Hilfsmittel werden im Folgenden kurz vorgestellt:

Das im nächsten Kapitel vorgestellte Konzept eignet sich für die soziale Diagnose der Arbeitszufriedenheit von Arbeitsgruppen bzw. von kleineren Unternehmen, das im übernächsten Kapitel erwähnte Diagnose-Instrument vor allem für größere Organisationen.

4.3.2 Diagnose auf Abteilungs-Ebene
(Das standardisierte Mitarbeitergespräch)

Diagnose ohne nachfolgende Therapie ist ebenso gefährlich wie Therapie ohne vorherige Diagnose. Dies trifft auch für das standardisierte Mitarbeitergespräch zu, das periodisch mit gegenwärtigen Mitarbeitenden durchgeführt wird.

(1) Die Ausgangssituation

Das Vorgehen beim standardisierten Mitarbeitergespräch soll anhand eines praktischen Beispiels veranschaulicht werden:

Die Geschäftsleitung eines kleinen Industrieunternehmens (mit 150 Mitarbeitern, die in sechs Hauptabteilungen tätig sind) beauftragte uns mit der periodischen Durchführung einer Analyse der Arbeitszufriedenheit. Mit der siebenköpfigen Geschäftsleitung wurden zunächst die Methodik und anschließend die zu untersuchenden Faktoren (gemäß Abbildung 103) besprochen.

Faktoren	Wichtig	Es geht so	Unwichtig	Verbesserungsvor-schläge
1. Gesicherte Beschäftigung				
2. Gute Aufstiegsmöglichkeiten				
3. Guter Verdienst				
4. Attraktive Arbeitszeit-regelung				
5. Gute Verpflegungsmöglich-keiten				
6. Umfassende Information über das Firmengeschehen				
7. Gute Weiterbildungsmöglich-keiten				
8. Gute Sozialleistungen				
9. Gute Organisation in der Ab-teilung				
10. Angenehme Arbeitsplatzge-staltung				
11. Klarheit der Geschäftsziele				
12. Sinnvolle und befriedigende Tätigkeit				
13. Gutes Verhältnis zum Vorge-setzten				
14. Guter Name der Firma in der Öffentlichkeit				
15. Große Selbstständigkeit in der Arbeit				
16. Gutes Verhältnis zu Arbeits-kollegen				
17. Gerechte Beurteilung der Leistungen				
18. Echte Mitsprachemöglichkei-ten am Arbeitsplatz				
19. Gerechte Arbeitsauslastung				
20. Großes Engagement des Vorgesetzten für die Firma				
Faktoren	☺	☹	☹	Verbesserungsvor-schläge

Abbildung 103: Standardisiertes Gesprächsformular

Da in diesem Betrieb bereits seit längerer Zeit unser im vorigen Kapitel vorgestelltes Konzept des standardisierten Austrittsinterviews verwendet wurde, einigte man sich auf die gleichen Faktoren.

Wir beauftragten ein Dreierteam von angehenden Absolventinnen und Absolventen der Studienrichtung »Führung und Personalmanagement« unter Leitung eines Institutsmitarbeiters mit der Durchführung. Dies ermöglichte es, die Anonymität besser sicherzustellen, da die Befrager in der Rolle von Unternehmensexternen auftraten.

Als einleitende Maßnahme wurden alle Mitarbeitende durch die jeweiligen Geschäftsleitungsmitglieder über Ziel, Befrager und Zeitraum der Gespräche vorinformiert. Jeder Befrager führte anschließend in vier Tagen rund 50 halbstündige Gespräche in je zwei Hauptabteilungen durch.

Die einzelnen Gespräche liefen wie folgt ab: Der Mitarbeiter wurde durch die externen Befrager in ein Sprechzimmer gebeten. Der Befrager stellte sich, das Gesprächsziel und die Kartenmethode kurz vor. Sodann wurde der Mitarbeiter aufgefordert, anhand des roten Kartensatzes die Wichtigkeit der einzelnen Kartenfaktoren auf der roten Wichtigkeitsschablone (vgl. Abbildung 104) in die drei Kategorien einzuordnen. Während der Befragte anschließend den zweiten, grünen Kartensatz auf die grüne Zufriedenheitsschablone (vgl. Abbildung 105) wiederum in die drei Kategorien zu verteilen hatte, trug der Befrager die bereits eingeordneten roten Wichtigkeitsfaktoren direkt auf das Gesprächsformular als rotes Wichtigkeitsprofil ein. Anschließend wurden die eingeordneten grünen Karten direkt als grünes Zufriedenheitsprofil auf das Formular übertragen (vgl. Abbildung 106).

Wichtig	Es geht so	Unwichtig
14 Guter Name der Firma in der Öffentlichkeit	13 Gutes Verhältnis zu Vorgesetzten	7 Interessante Weiterbildungs- möglichkeiten
Ausgewählte (+) Karten	Ausgewählte (=) Karten	Ausgewählte (-) Karten

Abbildung 104: Roter Kartensatz und rote Schablone für die Wichtigkeit

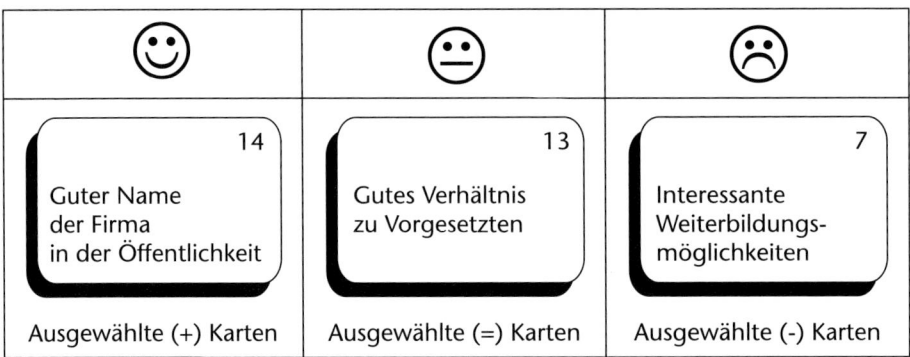

Abbildung 105: **Grüner Kartensatz und grüne Schablone für die**
Zufriedenheit

Damit ergaben sich direkt die individuellen Defizit-Werte für den jeweiligen Arbeitszufriedenheitsfaktor. Der Befrager diskutierte im Folgenden lediglich die Defizit-Faktoren, bei denen die Wichtigkeit höher bewertet wurde als die Zufriedenheit. Dabei wurde das Gespräch so gestaltet, dass die Faktoren in der Reihenfolge des Ausmaßes der Defizit-Werte diskutiert wurden. Für jeden Faktor wurde zum einen nach der Hauptursache der Abweichung und zum anderen nach einem Vorschlag zur Verbesserung der Situation gefragt. Am Ende des Gesprächs wurden noch drei generelle Fragen gestellt:

1. »Was gefällt Ihnen an der Firma X am besten?«

2. »Was gefällt Ihnen an der Firma X am wenigsten?«

3. »Was sollte Ihrer Ansicht nach unternommen werden, um die zuletzt genannte Schwachstelle zu beseitigen?«

Nachdem alle Gespräche durchgeführt worden waren, begann die PC-gestützte Auswertung nach Hauptabteilungen im Vergleich zum Gesamtunternehmen.

Abbildung 106: **Beispiel eines während des Gesprächs erstellten**
Auswertungsprofils →

	(3)	(2)	(1)	
Faktoren	Wichtig	Es geht so	Unwichtig	Defizitursache und Verbesserungsvorschläge
1. Gesicherte Beschäftigung				
2. Gute Aufstiegsmöglichkeiten				
3. Guter Verdienst				zu große Lohnunterschiede Basis-Akademiker
4. Attraktive Arbeitszeitregelung				es fehlen Möglichkeiten für Teilzeitarbeit und Job-Sharing
5. Gute Verpflegungsmöglichkeiten				
6. Umfassende Information über das Firmengeschehen				
7. Gute Weiterbildungsmöglichkeiten				
8. Gute Sozialleistungen				
9. Gute Organisation in der Abteilung				
10. Angenehme Arbeitsplatzgestaltung				
11. Klarheit der Geschäftsziele				
12. Sinnvolle und befriedigende Tätigkeit				zu viele Routinearbeiten
13. Gutes Verhältnis zum Vorgesetzten				Vorgesetzter ist stur, lobt selten
14. Guter Name der Firma in der Öffentlichkeit				
15. Große Selbstständigkeit in der Arbeit				keine Freiheiten, Chef kontrolliert stark
16. Gutes Verhältnis zu Arbeitskollegen				
17. Gerechte Beurteilung der Leistungen				Systematische Leistungsbewertung fehlt
18. Echte Mitsprachemöglichkeiten am Arbeitsplatz				Man wird vielleicht zum Teil befragt, es wird aber dann doch anders entschieden
19. Gerechte Arbeitsauslastung				
20. Großes Engagement des Vorgesetzten für die Firma				Vorgesetzter interessiert sich mehr für den Fußballclub als für die Firma
Faktoren	zufrieden ☺	es geht so 😐	unzufrieden ☹	Defizitursache und Verbesserungsvorschläge

Wichtigkeits-Profil
Zufriedenheits-Profil

(2) Die standardisierten Hilfsmittel

Für dieses »Standardisierte Mitarbeitergespräch« werden die folgenden vier Hilfsmittel verwendet:

I. Ein standardisiertes Gesprächsformular, auf dem die Gesprächsergebnisse festgehalten werden (vgl. Abbildung 103). Die Wichtigkeit wird dabei in roter Farbe, die Zufriedenheit in grüner Farbe jeweils als Profil eingetragen.

II. Zwei durchnummerierte Kartensätze (vgl. Abbildung 104 und 105), auf denen jeweils die Nummern und die Faktoren des Gesprächsformulars (gemäß Abbildung 103) angegeben sind.

Die beiden Kartensätze sind in Plastikhüllen eingelegt und unterscheiden sich lediglich in der Farbe: Der rote Kartensatz wird für die subjektive Bewertung der Wichtigkeit, der grüne Kartensatz für die subjektive Bewertung der Ist-Situation benötigt.

III. Zwei Vorlageschablonen (vgl. Abbildung 104 und 105) im Format A4 sind ebenfalls in Plastikhüllen eingelegt und unterscheiden sich lediglich in Titelbezeichnung und Farbe.

IV. Drei Auswertungsprofile:

1. für jeden Befragten (vgl. Abbildung 106),
2. für die befragten Organisationseinheiten (vgl. Abbildung 107 und 108) und
3. für das Gesamtpersonal.

Als Befrager eignen sich vor allem unternehmensexterne Personalfachkräfte, denen aus der Sicht des Personals die vertrauliche Behandlung aller Gesprächsdaten zugetraut wird.

Als Befragte kommen je nach Ausgangssituation das Personal ausgewählter Abteilungen oder die Gesamtbelegschaft kleinerer Unternehmen in Frage.

(3) Die Folgemaßnahmen

Einen Tag nach der Befragungsaktion wurden die Gesamt-Unternehmensergebnisse anhand der Defizit-Profil-Methode dem Geschäftsleitungsteam vorgestellt und gemeinsam das weitere Vorgehen festgelegt.

Anschließend wurde mit jedem einzelnen Geschäftsleitungsmitglied das Wichtigkeitsprofil und das Zufriedenheitsprofil (vgl. Abbildung 107) sowie das Defizitprofil (vgl. Abbildung 108) seiner Hauptabteilung besprochen.

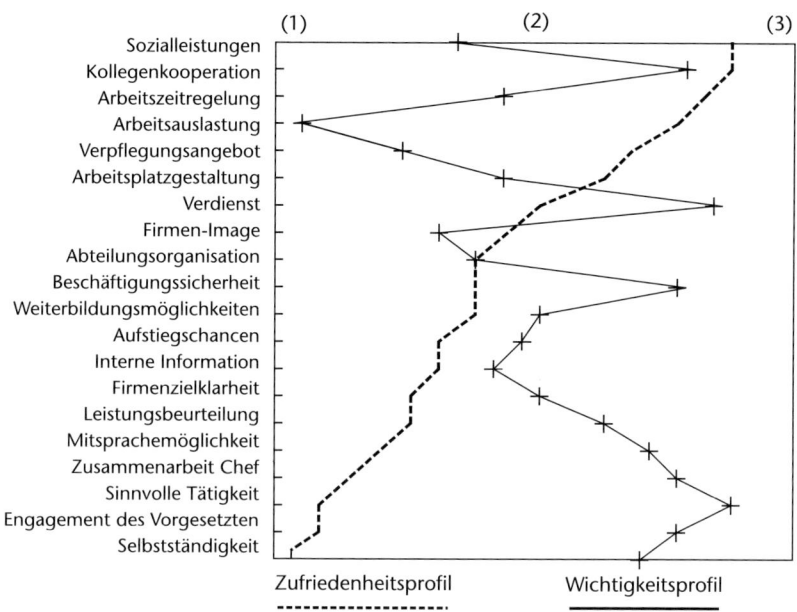

Abbildung 107: Zufriedenheits- und Wichtigkeitsprofile aus Sicht des Personals einer Abteilung

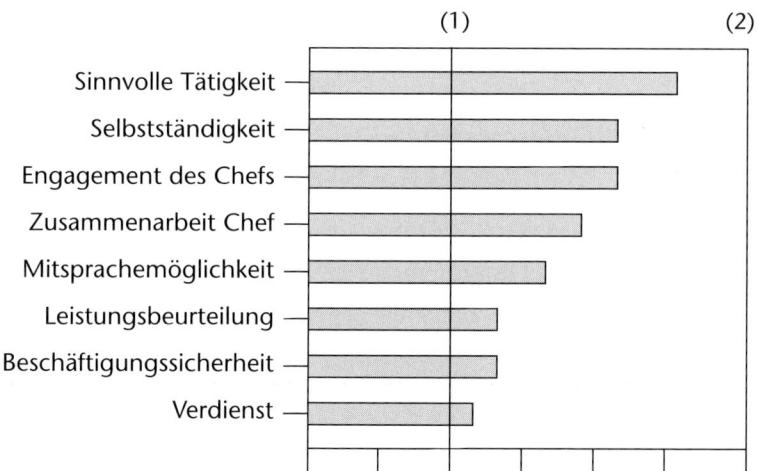

Abbildung 108: Profil der entwicklungsfähigen Bereiche (= Defizitprofil) einer Abteilung mit überdurchschnittlicher innerer Kündigungsrate

Eine prägnante Zusammenfassung der wichtigsten Antworten auf die offenen Schlussfragen wurde in konstruktiver Weise vorgetragen, ohne Rückschlüsse auf einzelne Mitarbeitende zu ermöglichen.

Eine Woche später präsentierten die externen Befrager allen Mitarbeitenden jeder Hauptabteilung im Beisein des jeweiligen Hauptabteilungsleiters und Geschäftsleitungsmitglieds die Ergebnisse der Umfrage anhand der zwei Profile (vgl. Abbildung 107 und 108).

Die Hauptabteilungsleiter hatten nun die Aufgabe, gemeinsam mit ihren Mitarbeitenden einen Aktionsplan (vgl. Abbildung 109) zu entwickeln, der festlegte, wer, was, für wen unternimmt, um die größten Defizit-Werte (>1) in der jeweiligen Hauptabteilung zu beseitigen.

Wer?	Was?	Für wen?	Bis wann?	Wie?	Womit?	Mit welchem Erfolg?

Abbildung 109: Aktionsplanformular

Um den Erfolg der eingeleiteten Maßnahmen zu überprüfen, hat es sich bewährt, das standardisierte Mitarbeitergespräch (neben dem begleitenden Einsatz des standardisierten Austrittsinterviews) periodisch, z. B. alle 18 Monate, durchzuführen.

Dabei zeigt sich, dass der Änderungsbereitschaft und den sich anschließenden Verbesserungsaktionen der Hauptabteilungsleiter entscheidende Bedeutung für den Erfolg dieses Diagnoseinstruments zukommt.

Diagnose ohne nachfolgende Therapie ist ebenso gefährlich wie Therapie ohne vorherige Diagnose.

Dies gilt auch für das im folgenden Kapitel dargestellte soziale Diagnose-Instrument für größere Unternehmen.

4.3.3 Diagnose auf Unternehmens-Ebene (Die periodische Personal-Kurzumfrage)

(1) Die Ausgangssituation

Überall dort, wo sich das standardisierte Mitarbeitergespräch aus Gründen des unverhältnismäßigen Aufwandes nicht eignet, kann eine Personal-Kurzumfrage wie folgt durchgeführt werden:

– Grundgesamtheit:
Wann immer möglich, sollte unseres Erachtens versucht werden, von der Gesamtbelegschaft eines Unternehmens als Grundgesamtheit auszugehen. Ausnahmen bilden Tochtergesellschaften in Ländern, in denen es aus Gründen spezieller Arbeitgeber-Arbeitnehmerbeziehungen nicht möglich ist, alle Mitarbeitenden zu befragen. In diesem Fall können z. B. die Führungskräfte als Grundgesamtheit gewählt werden.

– Zahl der Befragten:
Aus psychologischen Gründen sollte unseres Erachtens pro Organisationseinheit jeweils eine Totalerhebung durchgeführt werden, d. h. Involvierung **aller** Mitarbeitenden.

– Erhebungsmedium:
– Am einfachsten werden die Umfragen abteilungsweise durchgeführt. Die Mitarbeitenden füllen die Fragebogen gemeinsam in einem Raum aus und werfen den ausgefüllten Fragebogen ohne Namensangabe in eine Urne am Ausgang.
– In lokal dezentralisiert organisierten Unternehmen ist der nach Hause gesandte Fragebogen mit adressiertem Rückantwortcouvert die wirtschaftlichste Umfragemethode.

– Zwangsgrad:
Mit beiden Methoden wird sichergestellt, dass die Teilnahme an der Umfrage freiwillig ist.

– Umfrageorganisation:
Die Projektleitung für die Personalumfrage kann durch den Personalverantwortlichen erfolgen.

– Datenauswertung:
Ein neutrales externes Meinungsforschungsinstitut wird lediglich im Falle der Postwurfumfrage beauftragt, die Kurz-Fragebogen auszuwerten, zu vernichten und der Geschäftsleitung die Gesamtergebnisse pro vorgegebene Abteilungen mitzuteilen.

– Durchführungsart:
Die Gewährung der Anonymität muss sowohl bei der internen als auch bei der externen Datenauswertung sichergestellt werden.

– Datenanalyse:
Der erste Entwurf einer Datenanalyse wird durch den Personalverantwortlichen erstellt und später anhand des Konzepts der überlappenden Kommunikationsgruppen zunächst mit dem zuständigen Hauptabteilungsleiter und sodann mit seinen Mitarbeitenden diskutiert.

– Fragebogenlänge:
Der Fragebogen umfasst lediglich zwei Seiten, d. h. er ist kurz genug, um motivierend zu sein, und lang genug, um jene Daten zu ermitteln, aufgrund derer nachher Verbesserungen angestrebt werden können.

– Standardisierungsgrad:
Der Fragebogen ist zum großen Teil standardisiert, um die Auswertung und Vergleichbarkeit der Daten zu erleichtern. Er enthält zudem drei kurze offene Fragen, um die Möglichkeit zur freien Antwortabgabe zu bieten.

– Erhebungsvariablen:
Um den situativen Gegebenheiten einzelner Divisionen und Tochtergesellschaften gebührend Rechnung zu tragen, kann dem Kurz-Fragebogen ein Divisions- bzw. Lokalteil angeschlossen werden.

– Zeit-Kontext:
Um den Erfolg der aufgrund der Umfrage-Ergebnisse eingeleiteten Verbesserungsaktionen messen zu können, sollte die Umfrage regelmäßig, z. B. alle 18 Monate, durchgeführt werden.

– Raum-Kontext:
Der Vergleich zwischen verschiedenen Tochtergesellschaften kann interessante Aufschlüsse vor allem im Zeitablauf liefern.
Der Kurz-Fragebogen eignet sich auch, um periodisch (ähnlich wie bei Salär- und Benefit-Umfragen) Personal-Umfrage-Vergleiche zwischen vergleichbaren Unternehmen durch ein neutrales Beratungsinstitut durchführen zu lassen.

(2) **Fragebogen**

Zunächst enthält der Fragebogen (vgl. Abbildung 110) wiederum arbeitsrelevante Faktoren, bei denen der Mitarbeitende gebeten wird, anzugeben, wie wichtig bzw. unwichtig diese Kriterien für ihn sind. Es kann sich dabei um dieselben Faktoren handeln, die beim Konzept des standardisierten Austrittsinterviews und des standardisierten Mitarbeitergesprächs verwendet werden. Dies hat den Vorteil, dass Vergleiche möglich werden. In einer weiteren Frage wird er gebeten anzugeben, wie zufrieden er gegenwärtig mit den aufgeführten Faktoren ist. Um die zwei Hauptfragen besser unterscheiden zu können, sind die Faktoren jeweils in unterschiedlicher Reihenfolge aufzulisten.

Abbildung 110: Beispiel eines Fragebogens (den wir für einen Verwaltungsbetrieb entwickelt haben) →

(1) **Wichtigkeit Ihrer Arbeitsziele**
 	
Im Folgenden finden Sie eine Reihe von Zielen, die für Mitarbeiter/innen mehr oder weniger wichtig sein können.
Lesen Sie bitte die Ziele kurz durch und kreuzen Sie sodann zunächst jene **sechs Ziele** an, die für Sie, bezogen auf eine ideale Stelle, am wichtigsten sind (d. h., sechs Ziele in der Kolonne »höchst wichtig« ankreuzen). Beurteilen Sie anschließend, wie wichtig bzw. unwichtig die anderen Ziele für Sie sind, indem Sie diese entsprechend als
  – »wichtig«
  – »weder wichtig noch unwichtig«
  – »unwichtig« oder
  – »völlig unwichtig«
ankreuzen.
Wie wichtig sind für Sie...
	höchst wichtig (Ihre 6 wichtigsten Ziele)	wichtig	weder wichtig noch unwichtig	unwichtig	völlig unwichtig

(1) gute Sozialleistungen (wie z. B. Pensionskasse)					
(2) eine gesicherte Beschäftigung					
(3) ein guter Name Ihrer Abteilung/Anstalt in der Öffentlichkeit					
(4) ein gutes Verhältnis zu Arbeitskolleginnen und -kollegen					
(5) eine gute Zusammenarbeit mit dem Vorgesetzten					
(6) eine sinnvolle Tätigkeit, bei der Sie Ihr Wissen und Können voll einsetzen können					
(7) eine befriedigende Arbeitszeitregelung					
(8) interessante Aus-, Weiter- und Fortbildungsmöglichkeiten					
(9) ein leistungsgerechter Verdienst					
(10) gerechte Beurteilung und Anerkennung der Arbeitsleistungen					
(11) gute Verpflegungsmöglichkeiten am Arbeitsplatz					
(12) angenehme und zweckmäßige Arbeitsplatzverhältnisse					
(13) eine klare Organisation und Kompetenzregelung in Ihrer Abteilung/Anstalt					
(14) die Klarheit der Ziele Ihrer Abteilung/Anstalt					
(15) eine gute Zusammenarbeit mit anderen Abteilungen					
(16) echte Mitsprachemöglichkeiten bei wesentlichen Entscheiden, die Ihre Arbeit betreffen					
(17) das Kostenbewusstsein (keine Verschwendung öffentlicher Mittel)					
(18) genügende Information über das Geschehen innerhalb Ihrer Abteilung/Anstalt					
(19) die gerechte Verteilung der Arbeitsbelastung innerhalb Ihrer Abteilung/Anstalt					
(20) eine Arbeit, die daneben genügend Zeit fürs Privatleben bietet					
(21) Personalanlässe (wie z. B. Weihnachtsfeier, Sporttag, Ausflug)					
(22) eine fortschrittliche Ferienregelung					
(23) eine gute Spesenregelung					
(24) eine spontane Honorierung außerordentlicher Leistungen					
(25) das Engagement Ihres Vorgesetzten für die Ziele Ihrer Abteilung/Anstalt					
(26) gute Entwicklungsmöglichkeiten					
(27) eine informative Personalzeitschrift					
(28) die Vertretung Ihrer Interessen durch die Personalverbände					
(29) die Abgeltung für unregelmäßige Arbeitszeit (Nacht- und Wochenendarbeit in Zeit und Geld)					
(30) die Selbstständigkeit in Ihrem Aufgabenbereich					
(31) anderer Faktor, nämlich: _____					

(2) **Ihre Meinung zu Ihrer Arbeitssituation** (bitte in Stichworten notieren):

(A) Was gefällt Ihnen an Ihrer Arbeit am besten? _____

(B) Was gefällt Ihnen an Ihrer Arbeit am wenigsten? _____

(C) Falls Sie Verbesserungsvorschläge zu Ihrer Arbeitssituation haben,
    bitte in Stichworten notieren:

_____

_____

_____

_____

_____

_____

_____

_____

_____

_____

_____

_____

_____

_____

_____

_____

_____

_____

_____

_____

_____

_____

_____

_____

_____

_____

_____

_____

(3) Ihre Arbeitszufriedenheit

Im Folgenden finden Sie verschiedene Faktoren der Arbeitszufriedenheit. Bitte kreuzen Sie bei jedem Faktor an, wie sehr Sie damit zufrieden bzw. unzufrieden sind.

Wie zufrieden sind Sie ...

	sehr zufrieden	zufrieden	weder zufrieden noch unzufrieden	unzufrieden	sehr unzufrieden
(a) mit der Organisation und Kompetenzregelung in Ihrer Abteilung/Anstalt					
(b) mit dem Verhältnis zu Ihren Arbeitskolleginnen und -kollegen					
(c) mit dem Verdienst					
(d) mit den Aus-, Weiter- und Fortbildungsmöglichkeiten					
(e) mit der Zeit, die Ihnen fürs Privatleben zur Verfügung steht					
(f) mit der Information über Ihre Abteilung/Anstalt					
(g) mit den Arbeitsplatzverhältnissen					
(h) mit der Arbeitszeitregelung					
(i) mit der Anerkennung Ihrer Arbeitsleistungen					
(j) mit den Verpflegungsmöglichkeiten am Arbeitsplatz					
(k) mit den Sozialleistungen (z. B. Pensionskasse)					
(l) mit der Verteilung der Arbeitsbelastung in Ihrer Abteilung/Anstalt					
(m) mit der Selbstständigkeit in Ihrem Aufgabenbereich					
(n) mit dem Namen, den Ihre Abteilung/Anstalt in der Öffentlichkeit aufweist					
(o) mit Ihrem Vorgesetzten					
(p) mit der Klarheit der Ziele Ihrer Abteilung/Anstalt					
(q) mit der Interessantheit Ihrer Tätigkeit					
(r) mit dem herrschenden Kostenbewusstsein in der öffentlichen Verwaltung					
(s) mit der Sicherheit Ihrer Beschäftigung					
(t) mit den Mitsprachemöglichkeiten bei wesentlichen Entscheidungen, die Ihre Arbeit betreffen					
(u) mit der Ferienregelung					
(v) mit den Personalanlässen in Ihrer Abteilung/Anstalt					
(w) mit der Honorierung außerordentlicher Leistungen					
(x) mit dem Engagement Ihres Vorgesetzten für die Ziele Ihrer Abteilung/Anstalt					
(y) mit der Spesenregelung					
(z) mit der Abgeltung unregelmäßiger Arbeitszeit (Nacht- und Wochenendarbeit)					
(aa) mit der Personalzeitschrift					
(ab) mit der Vertretung Ihrer Interessen durch die Personalverbände					
(ac) mit den Entwicklungsmöglichkeiten, die Ihnen Ihr Arbeitgeber bietet					
(ad) mit der Zusammenarbeit mit anderen Abteilungen/Anstalten					
(ae) mit anderem Faktor, nämlich _____					
Und jetzt alles in allem: Wie zufrieden sind Sie mit Ihrer Stelle insgesamt?					

Um die Möglichkeit zu geben, individuelle Eindrücke und Bedürfnisse artikulieren zu können, sind drei kurze offene Fragen eingeflochten. Für spezifische Mitarbeiter-Kategorien wie das Außendienst-Personal sind separate Fragebogen zu entwickeln, die sich lediglich darin unterscheiden, dass einzelne, für diese Personal-Gruppe irrelevante Faktoren (z. B. Arbeitszeitregelung) weggelassen und einzelne relevante Faktoren (z. B. Spesenregelung) zusätzlich aufgeführt sind.

(3) Die Folgemaßnahmen

Anhand des Konzepts der überlappenden innerbetrieblichen Kommunikationsgruppen (vgl. Kapitel 4.1.2/3) werden die Ergebnisse zuerst dem Geschäftsleitungs-Team und anschließend abteilungsweise den Mitarbeitern präsentiert und mit ihnen diskutiert.

Dies nach folgendem Programm:
– Umfrage-Ziele
– Umfrage-Methode (mit Angabe der Rücklaufquote je Personalgruppe)
– Umfrage-Ergebnisse
– Verbesserungsaktionsplan

Was die Ergebnis-Präsentation betrifft, so weist unsere Defizit-Methode den Vorteil auf, den Mitarbeitern die Resultate grafisch sehr eindrücklich aufzeigen zu können:

Beispiel der Ergebnisse eines Unternehmens 2002 und 2003:

(A) Soll-Profil
(B) ./. Ist-Profil

(C) Defizit (= Entwicklungsbedürfnis)

Sowohl Abweichungen von einzelnen Organisationseinheiten im Verhältnis zum Durchschnitt des Unternehmens als auch Abweichungen im Vergleich mit den letzten Umfrageresultaten können anhand dieser Methode sowohl für die Wichtigkeit, Zufriedenheit als auch für das Verbesserungsbedürfnis ermittelt werden.

Der Nachteil dieses Konzepts liegt darin, dass es sich nicht um wissenschaftlich exakte Ergebnisse, sondern lediglich um Trendwerte handelt, die vor allem im zeitlichen und abteilungsweisen Vergleich aufschlussreich sind.

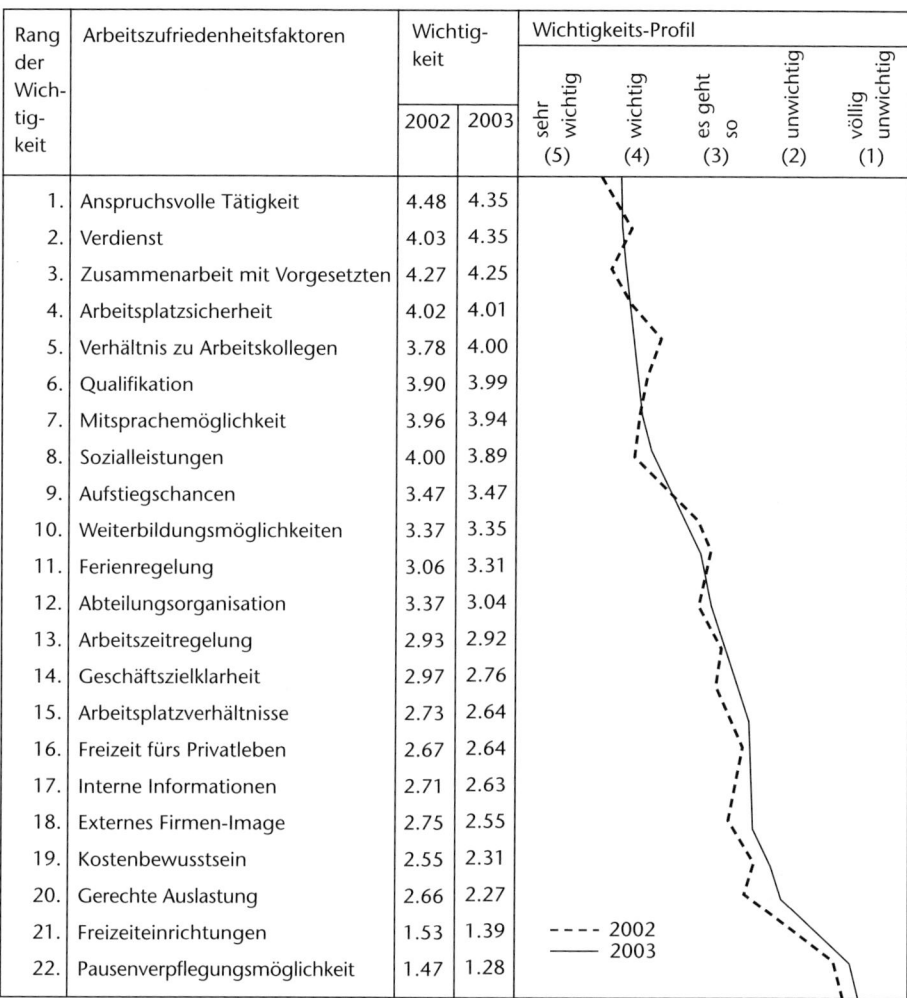

Rang der Wichtigkeit	Arbeitszufriedenheitsfaktoren	Wichtigkeit		Wichtigkeits-Profil				
		2002	2003	sehr wichtig (5)	wichtig (4)	es geht so (3)	unwichtig (2)	völlig unwichtig (1)
1.	Anspruchsvolle Tätigkeit	4.48	4.35					
2.	Verdienst	4.03	4.35					
3.	Zusammenarbeit mit Vorgesetzten	4.27	4.25					
4.	Arbeitsplatzsicherheit	4.02	4.01					
5.	Verhältnis zu Arbeitskollegen	3.78	4.00					
6.	Qualifikation	3.90	3.99					
7.	Mitsprachemöglichkeit	3.96	3.94					
8.	Sozialleistungen	4.00	3.89					
9.	Aufstiegschancen	3.47	3.47					
10.	Weiterbildungsmöglichkeiten	3.37	3.35					
11.	Ferienregelung	3.06	3.31					
12.	Abteilungsorganisation	3.37	3.04					
13.	Arbeitszeitregelung	2.93	2.92					
14.	Geschäftszielklarheit	2.97	2.76					
15.	Arbeitsplatzverhältnisse	2.73	2.64					
16.	Freizeit fürs Privatleben	2.67	2.64					
17.	Interne Informationen	2.71	2.63					
18.	Externes Firmen-Image	2.75	2.55					
19.	Kostenbewusstsein	2.55	2.31					
20.	Gerechte Auslastung	2.66	2.27					
21.	Freizeiteinrichtungen	1.53	1.39	---- 2002				
22.	Pausenverpflegungsmöglichkeit	1.47	1.28	—— 2003				

Abbildung 111: Diese Abbildung zeigt auf, dass sich die arbeitsplatzbezogenen Werthaltungen des befragten Personals im Durchschnitt innerhalb von 1¹/₂ Jahren kaum verändert haben

Rang der Zufriedenheit	Arbeitszufriedenheitsfaktoren	Zufriedenheit		Zufriedenheitsprofil				
		2002	2003	sehr zufrieden (5)	zufrieden (4)	es geht so (3)	unzufrieden (2)	sehr unzufrieden (1)
1.	Verhältnis zu Arbeitskollegen	4.13	4.26					
2.	Zusammenarbeit mit Vorgesetzten	3.69	4.08					
3.	Sozialleistungen	4.22	4.06					
4.	Arbeitsplatzverhältnisse	3.91	3.96					
5.	Anspruchsvolle Tätigkeit	4.03	3.90					
6.	Arbeitszeitregelung	3.98	3.89					
7.	Externes Firmen-Image	3.76	3.87					
8.	Pausenverpflegungsmöglichkeit	3.94	3.74					
9.	Abteilungsorganisation	3.26	3.65					
10.	Freizeit fürs Privatleben	3.68	3.63					
11.	Mitsprachemöglichkeit	3.36	3.57					
12.	Verdienst	3.50	3.55					
13.	Qualifikation	3.40	3.52					
14.	Arbeitsplatzsicherung	3.58	3.46					
15.	Freizeiteinrichtungen	3.58	3.45					
16.	Weiterbildungsmöglichkeiten	3.30	3.42					
17.	Interne Information	2.93	3.30					
18.	Aufstiegschancen	2.36	3.29					
19.	Geschäftszielklarheit	3.16	3.25					
20.	Gerechte Auslastung	2.98	3.21					
21.	Ferienregelung	3.55	3.05					
22.	Kostenbewusstsein	2.94	3.02					
	Arbeitszufriedenheit gesamt	3.7	3.9					

---- 2002
—— 2003

Abbildung 112: Diese Abbildung zeigt auf, dass sich das »Betriebsklima« innerhalb der untersuchten Organisationseinheit nach 1¹/₂ Jahren u.a. aufgrund der eingeleiteten Maßnahmen verbessert hat. Auch die Fragebogen-Rücklaufquote stieg im hier dargestellten Beispiel eines Unternehmens nach 1¹/₂ Jahren von 66% auf 75%

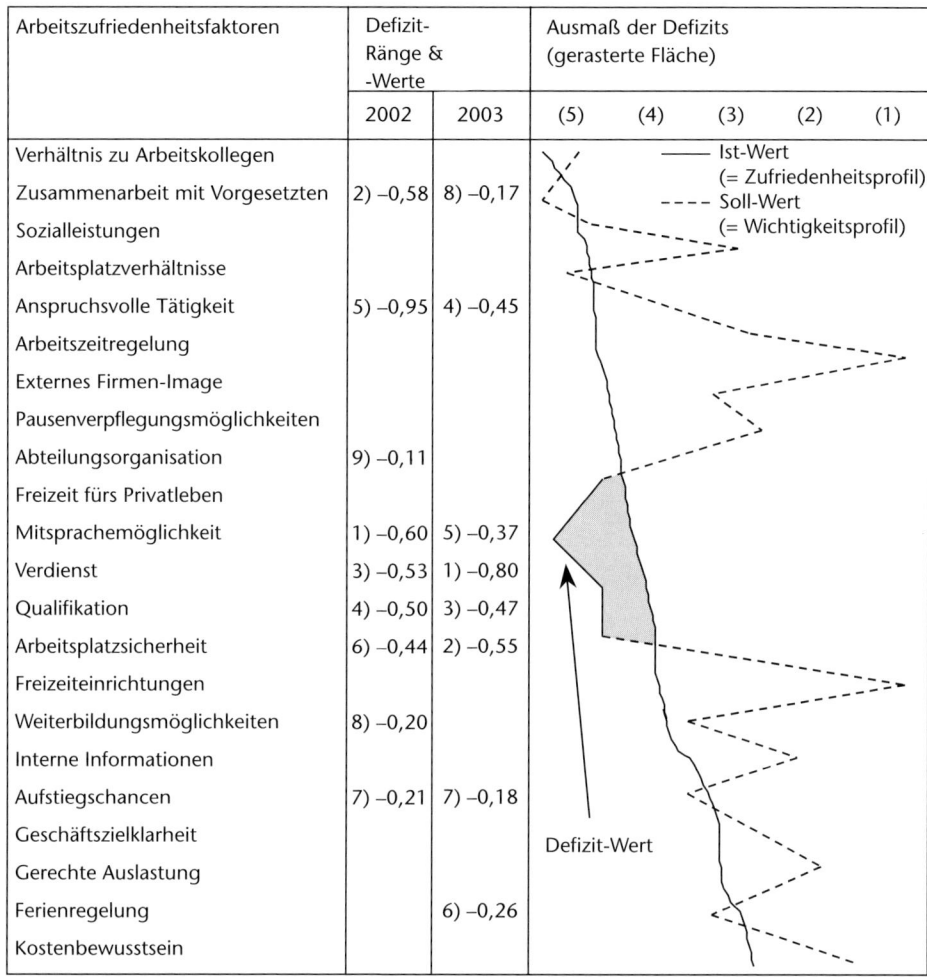

Arbeitszufriedenheitsfaktoren	Defizit-Ränge & -Werte		Ausmaß der Defizits (gerasterte Fläche)				
	2002	2003	(5)	(4)	(3)	(2)	(1)
Verhältnis zu Arbeitskollegen							
Zusammenarbeit mit Vorgesetzten	2) –0,58	8) –0,17					
Sozialleistungen							
Arbeitsplatzverhältnisse							
Anspruchsvolle Tätigkeit	5) –0,95	4) –0,45					
Arbeitszeitregelung							
Externes Firmen-Image							
Pausenverpflegungsmöglichkeiten							
Abteilungsorganisation	9) –0,11						
Freizeit fürs Privatleben							
Mitsprachemöglichkeit	1) –0,60	5) –0,37					
Verdienst	3) –0,53	1) –0,80					
Qualifikation	4) –0,50	3) –0,47					
Arbeitsplatzsicherheit	6) –0,44	2) –0,55					
Freizeiteinrichtungen							
Weiterbildungsmöglichkeiten	8) –0,20						
Interne Informationen							
Aufstiegschancen	7) –0,21	7) –0,18					
Geschäftszielklarheit							
Gerechte Auslastung							
Ferienregelung		6) –0,26					
Kostenbewusstsein							

Legende im Diagramm:
—— Ist-Wert (= Zufriedenheitsprofil)
- - - Soll-Wert (= Wichtigkeitsprofil)
Defizit-Wert

Abbildung 113: Diese Abbildung zeigt auf, wie sich die Defizit-Werte in den letzten 1¹/₂ Jahren verändert haben

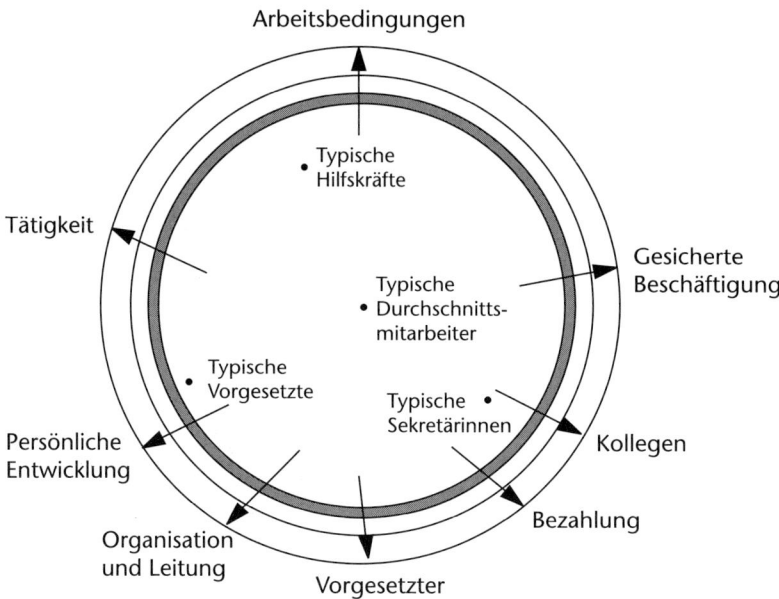

Abbildung 114: Wichtigkeits-Mapping (Wichtigkeit von Arbeitszufriedenheitsfaktoren für verschiedene Personalzielgruppen)

Wir gehen davon aus, dass mit steigendem Defizitwert auch das Verbesserungsbedürfnis zunimmt. In unserem Beispiel haben sich bei den meisten Arbeitszufriedenheitsfaktoren nach 1 1/2 Jahren geringere Defizitwerte eingestellt. Ausnahmen bildeten die drei Faktoren »Verdienst«, »Arbeitsplatzsicherheit« und
»Ferienregelung« (für die entsprechende Verbesserungsmaßnahmen erarbeitet
und verwirklicht werden mussten).

Zusätzlich können für das gesamte Unternehmen so genannte Typologie-Map-
pings sowohl für die Wichtigkeit von Arbeitszufriedenheitsfaktoren (vgl. Abbildung 114), wie für die Zufriedenheit (vgl. Abbildung 115) erarbeitet werden.

»Der praktische Nutzen des Mappings zeigt sich vor allem darin, dass sich die
umfangreichen Umfrageergebnisse mit einem Blick erfassen lassen.

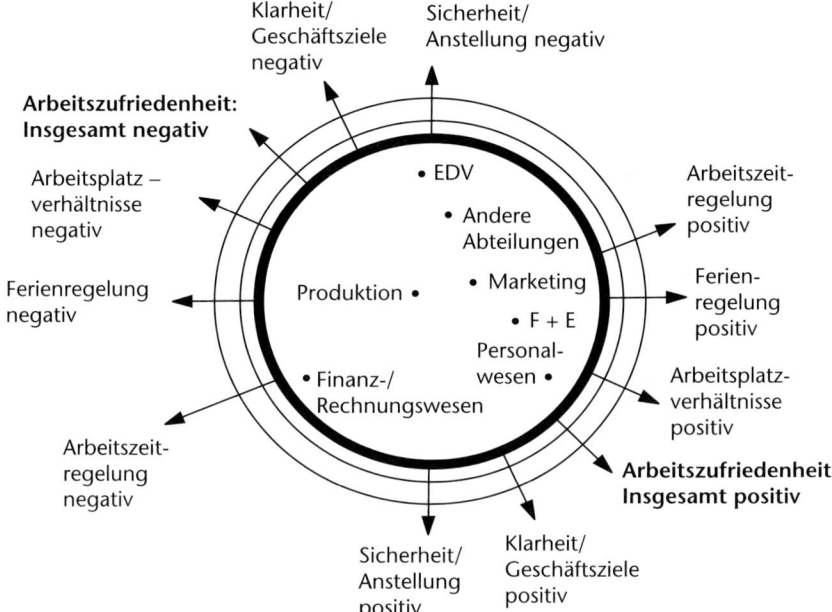

Abbildung 115: Zufriedenheits-Mapping (Arbeitszufriedenheit in verschiedenen Abteilungen einer Organisation X)

Die Inhalte zahlreicher Computertabellen mit vielen numerischen Daten, die für Detailfragen unentbehrlich sind, werden mit dem Mapping auf das Wesentliche reduziert.«[24]

»Wichtigkeits-Mappings« können uns klar aufzeigen, dass bei der Personalgewinnung und -entwicklung mit zielgruppenspezifischen Strategien vorgegangen werden muss. Aus Abbildung 114 geht z. B. hervor, dass für Vorgenetzte die Tätigkeit selbst und die Entwicklungsmöglichkeiten, für Sekretärinnen dagegen z. B. das Arbeitsteam von zentraler Bedeutung sind.

Was das »Zufriedenheits-Mapping« (vgl. Abbildung 115) betrifft, so zeigt unser Beispiel, dass die höchste Arbeitszufriedenheit in der Firma X zum Umfragezeitpunkt in der Abteilung »Personalwesen«, und die geringste Arbeitszufriedenheit in der Abteilung »EDV« vorherrscht.[25]

---

24 Vgl. Lötscher (1981, S. 27).

25 Was kann man aus dieser Darstellung herauslesen? Nehmen Sie als Beispiel die »Arbeitszufriedenheit insgesamt«. Ziehen Sie eine Linie zwischen den Aussagen »insgesamt positiv« und »insgesamt negativ«. Verschieben Sie dann im rechten Winkel zu dieser Linie einen Maßstab von »insgesamt positiv« langsam zu »insgesamt negativ«. Sie erkennen dabei, dass in diesem Beispiel die Personalabteilung das beste, die F+E-Abteilung das zweitbeste und die EDV-Abteilung das relativ schlechteste Betriebsklima aufweist. Dasselbe Vorgehen kann nun auch für die einzelnen Arbeitszufriedenheitsfaktoren gewählt werden.

Weiter kann aus Abbildung 115 herausgesehen werden, dass z. B. lediglich in der Abteilung »Finanz- und Rechnungswesen« Unzufriedenheit mit der herrschenden Arbeitszeitregelung besteht.

(4) Die partizipative Erarbeitung, Einführung und Erfolgskontrolle des Verbesserungsaktionsplans aufgrund der Umfrage-Ergebnisse

In den nach dem Konzept der überlappenden Kommunikationsgruppen durchgeführten Abteilungsinformations-Sitzungen wird versucht,

1. unter der Leitung des Hauptabteilungsleiters einen Aktionsplan für die Hauptabteilung zu erstellen (z. B. in unserem Beispiel: Einführung der gleitenden Arbeitszeit für das Finanzpersonal),
2. unter der Projektleitung des Personalverantwortlichen bei der Erarbeitung eines Aktionsplans für das gesamte Personal mitzuwirken.

Die partizipative Entwicklung und Realisierung dieser Verbesserungsaktionspläne entscheidet im Wesentlichen über Erfolg oder Misserfolg der Personalumfrage.

Unternehmensleitungen, die nicht die notwendige Veränderungsbereitschaft aufweisen, sollten lieber auf die Durchführung solcher Umfragen verzichten. Wird lediglich diagnostiziert, ohne eine Verbesserung der Situation anzustreben, so kann dies sehr negative Folgen haben: Nicht erfüllte Erwartungen können zu Frustrationen der Mitarbeiter führen.

Dies gilt auch für das im folgenden Kapitel dargestellte Diagnose-Instrument für ganze Unternehmensgruppen.

4.3.4 Diagnose auf Konzern-Ebene (Die periodische Umfrage zur Unternehmensführung)

Wir gehen davon aus, dass ein Unternehmen ein einzigartiges System darstellt, das, um überleben zu können, versucht, sich in Übereinstimmung mit der Umwelt zu entwickeln.

Die Unternehmensentwicklung kann durch folgende vier Phasen beeinflusst werden (vgl. nachfolgende Abbildung):

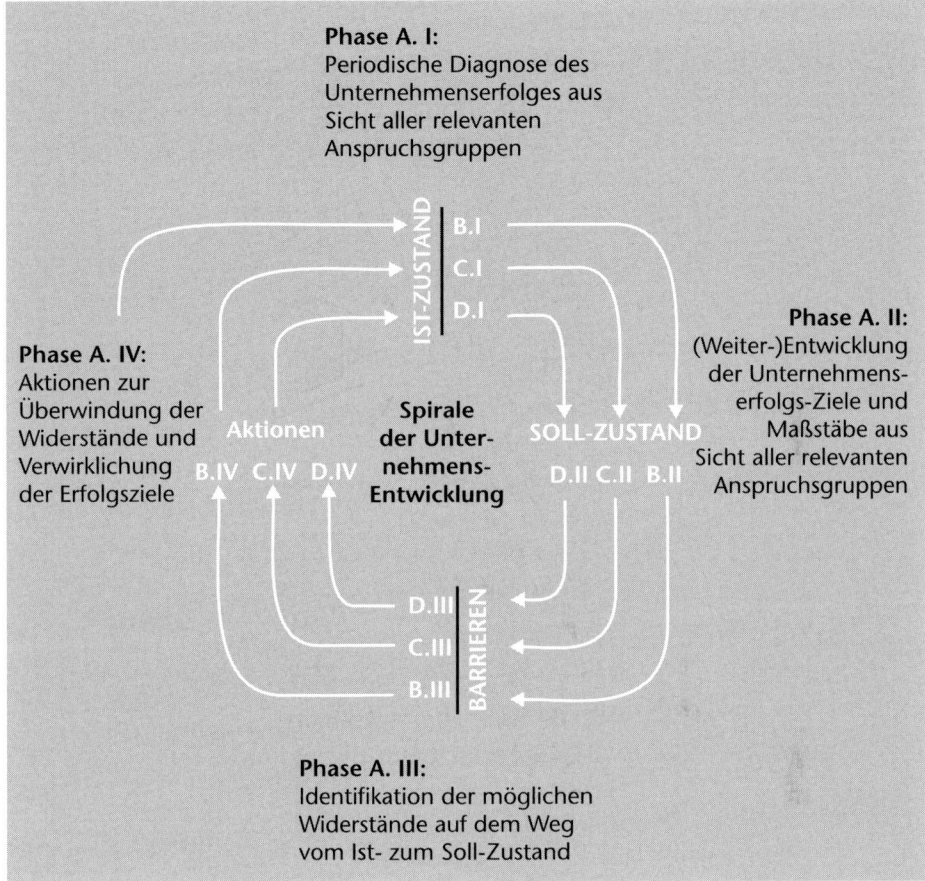

Phase A. I:
Periodische Diagnose des Unternehmenserfolges aus Sicht aller relevanten Anspruchsgruppen

Phase A. IV:
Aktionen zur Überwindung der Widerstände und Verwirklichung der Erfolgsziele

Phase A. II:
(Weiter-)Entwicklung der Unternehmens-erfolgs-Ziele und Maßstäbe aus Sicht aller relevanten Anspruchsgruppen

Phase A. III:
Identifikation der möglichen Widerstände auf dem Weg vom Ist- zum Soll-Zustand

Abbildung 116: Spiralen-Konzept der Unternehmens-Entwicklung

Diese Kreislauf-Formel soll veranschaulichen, dass die Vernachlässigung einer Phase die Unternehmensentwicklung entscheidend beeinträchtigen kann (Extrembeispiel: Wenn eine Phase ausgelassen wird, erfolgt allenfalls überhaupt keine Entwicklung).

Phase I:

Möglichst objektive **Analyse des Ist-Zustandes** der Um- und Inwelt der Unternehmensführung.

Dabei gehen wir bei der Analyse von folgendem Konzept der Unternehmensführung (Abbildung 117) aus:

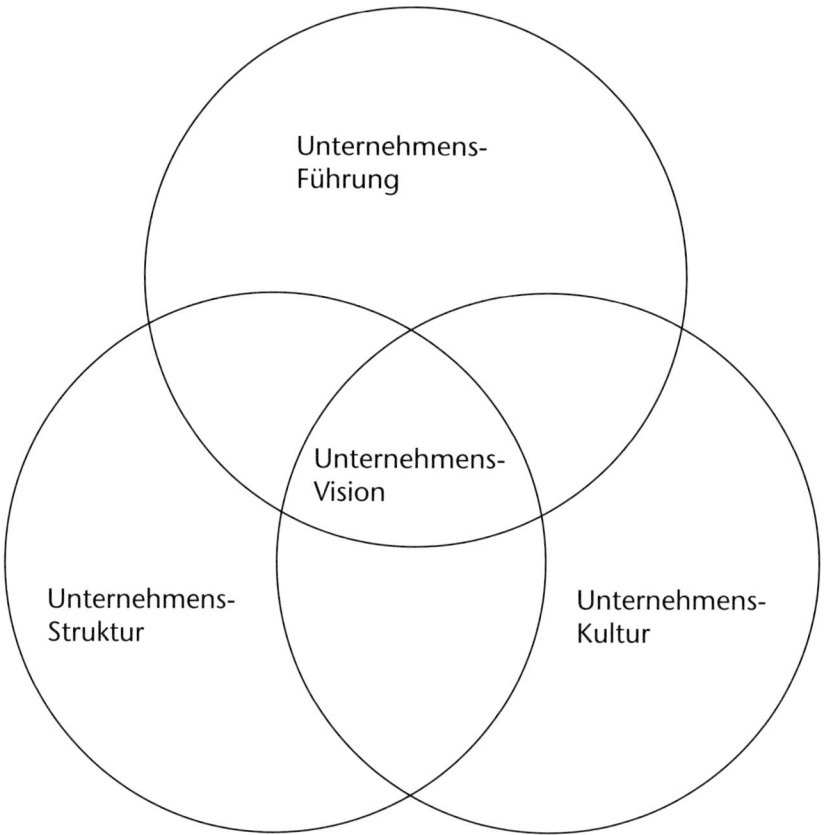

Abbildung 117: Konzept der Unternehmensführung

Bei der Analyse des Unternehmensumfeldes und der einzelnen Umfeldfaktoren geht es darum, die Stärken und Schwachstellen der gegenwärtigen Unternehmensführung, -vision, -struktur und -kultur zu ermitteln (vgl. Abbildungen 117 + 118).

Damit folgt Phase II, die partizipative Entwicklung eines Soll-Konzepts der Unternehmensführung gemäß Kapitel 2 dieses Buches.

Phase II:
Entwurf eines ganzheitlichen Soll-Konzepts der Unternehmensführung

Grundlage des Vorgehens bildet das in Abbildung 118 nochmals wiedergegebene Konzept:

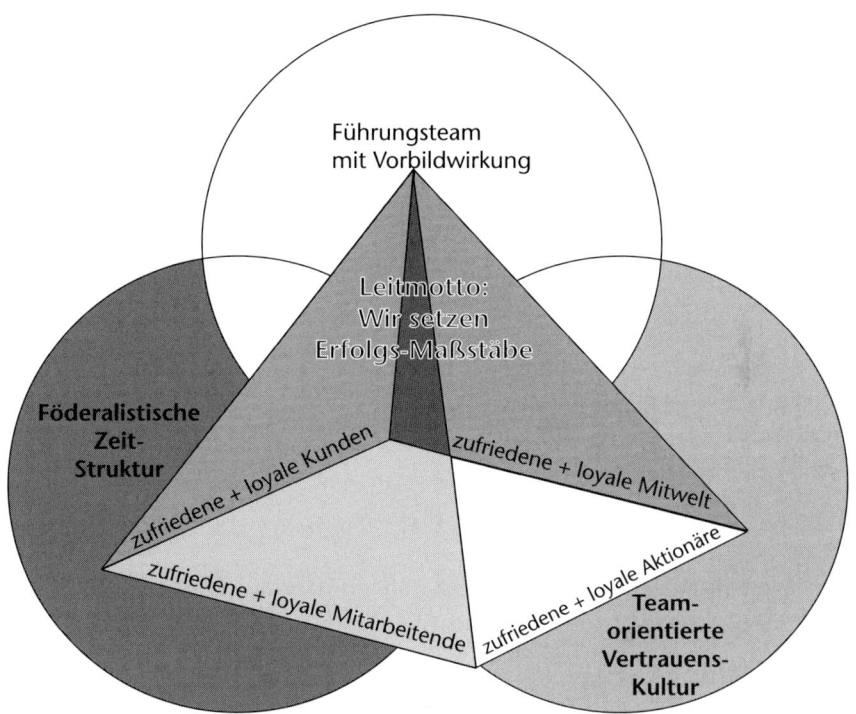

Abbildung 118: Soll-Konzept der Unternehmensführung

Im Zentrum steht dabei eine ganzheitliche Unternehmensvision, auf die alle anderen Führungskomponenten auszurichten sind.

Dieser angestrebte Soll-Zustand ist allerdings erst dann realisierbar, wenn in einem weiteren Schritt die möglichen Widerstände, die bei der Einführung des Konzepts der Unternehmensführung entstehen könnten, identifiziert und überwunden werden (Abbildung 119).

Phase III:
Identifikation der möglichen Widerstände auf dem Weg vom Ist- zum Soll-Zustand der Unternehmensführung

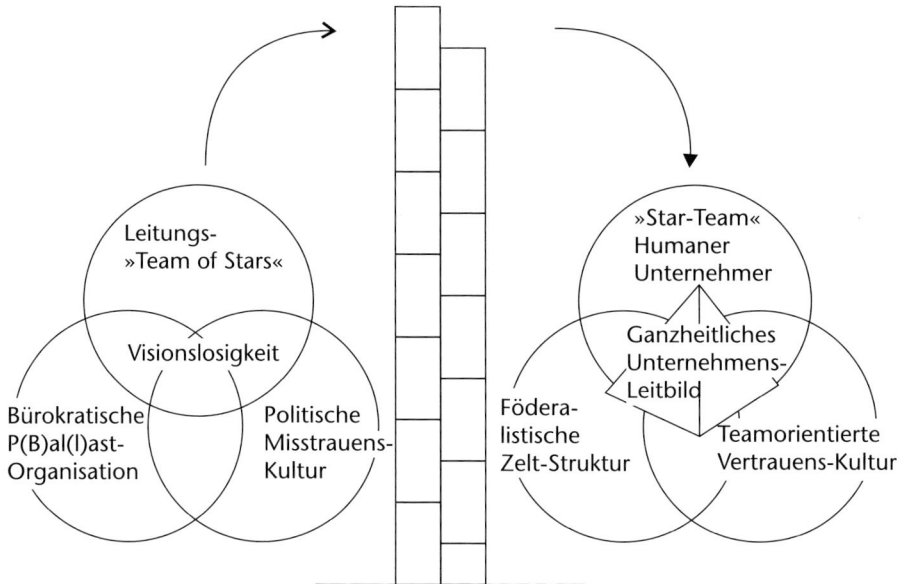

Abbildung 119: Identifikation der möglichen Barrieren auf dem Weg vom Ist- zum Soll-Zustand

Dabei sind einerseits mögliche individual-, gruppen- und organisationspsychologische Barrieren im Unternehmen und andererseits die sog. »3 R«-Widerstände nach Ohmae[26] zu ermitteln.

Es ist zu fragen:

– Ist das Konzept **r**ealistisch?
– Ist der Zeitpunkt zur Konzepteinführung noch bzw. schon **r**eif?
– Stehen genügend sachliche, finanzielle und personelle **R**essourcen zur Verfügung?

Nachdem alle relevanten Widerstände identifiziert worden sind, kann die nächste Phase eingeleitet werden:

---

26 Vgl. Ohmae (1982, S. 270).

Phase IV:

Aktionen zur Überwindung der Widerstände sowie zur Verwirklichung des Soll-Konzepts der Unternehmensführung

Für diese Phase kann ein sehr einfaches Hilfsmittel, ein Aktionsformular (Abbildung 120)[27], verwendet werden.

Frage \ Aktionsschritte	1.	2.	3.	4.	5.	6.	7.	8.
Wer? (Aktionsträger)								
Was? (Aktionsziel)								
Für wen? (Adressaten)								
Wie? (Vorgehen)								
Womit? (Hilfsmittel)								
Wann? (Zeitrahmen)								
Wo? (Ort)								
Resonanz? (Ergebnis)								

Abbildung 120: Aktionsformular

Sind aufgrund dieses Programms die Aktionen eingeleitet worden, geht es in einer letzten Phase darum, eine möglichst objektive, einfache und zweckmäßige Erfolgskontrolle der eingeleiteten Maßnahmen vorzunehmen:

---

27 Das Aktionsprogramm basiert auf der klassischen Lasswell-Formel: Vgl. Lasswell (1964, S. 37).

wieder Phase I:

Controlling der Unternehmens-Vision, -Kultur und -Struktur

Um periodisch sicherzustellen, dass sich das Unternehmen vom Ist- zum Soll-Zustand bewegt, kann ein einfaches, umfassendes und für alle Beteiligten stimulierendes Umfragekonzept verwendet werden, das auf dem Soll-Konzept aufbaut.

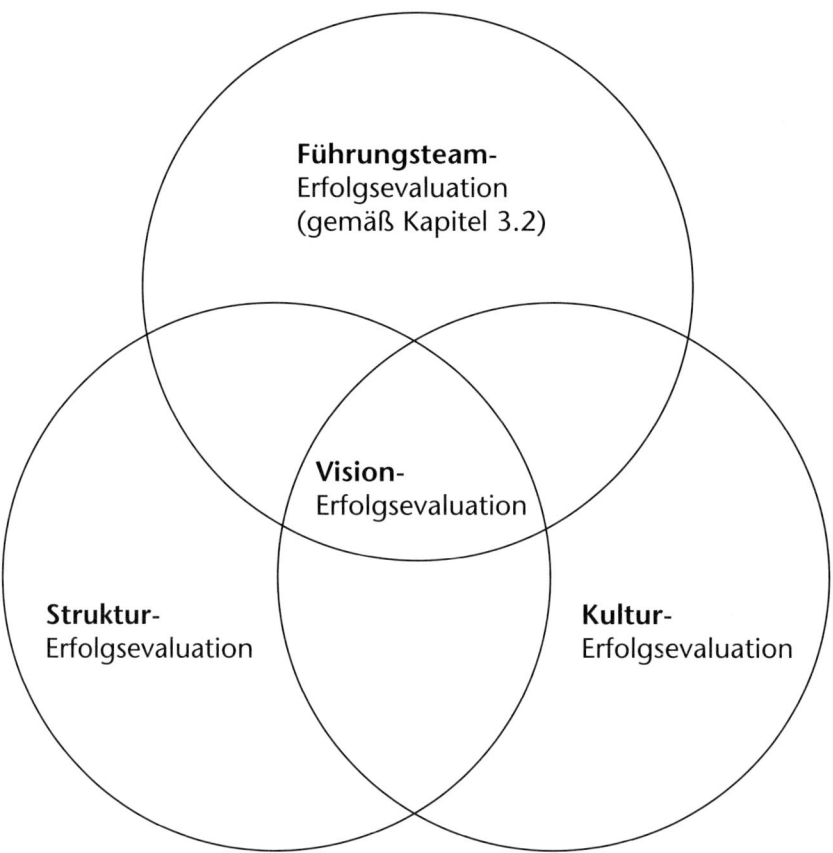

Abbildung 121: Bereiche des Unternehmensführungs-Controllings

Der Kurz-Fragebogen (Abbildung 122) weist alle von der Unternehmensleitung aufgrund der Unternehmensvision angestrebten Führungserfolgsfaktoren auf (Idealprofil = 5er Profil auf dem Fragebogen).

Fragebogen

Bitte kreuzen Sie an, wie Sie persönlich Ihr Unternehmen als Ganzes beurteilen (von 1 = nicht vorhanden, bis 5 = stark ausgeprägt):

Dimensionen		1	2	3	4	5
Vision	(1.1) Neuerungsfreudigkeit					
	(1.2) Risikofreudigkeit					
	(1.3) Qualitätsdenken					
	(1.4) Eigentümerorientierung					
	(1.5) Kundenorientierung					
	(1.6) Langfristiges Strategiedenken					
	(1.7) Mitarbeiterorientierung					
Struktur	(2.1) Unbürokratisches Vorgehen					
	(2.2) Dezentralisation					
	(2.3) Einfachheit der Organisationsstruktur					
	(2.4) Optimale Anzahl von Führungsebenen					
	(2.5) Flexibilität der Planung					
	(2.6) Partizipative Entscheidungsfindung					
	(2.7) Wirksamkeit der Entscheidungs-implementierung					
Kultur	(3.1) Teamfähigkeit des Managements					
	(3.2) Führung durch Vorbild					
	(3.3) Einheitliches Wertesystem					
	(3.4) Führung durch Zielsetzung					
	(3.5) Offenheit der innerbetrieblichen Kommunikation					
	(3.6) Partizipative Entscheidungsfindung					
	(3.7) Wirksamkeit der Entscheidungs-implementierung					

Besten Dank für Ihre Mitarbeit!

Legende: 1) Beispiel eines Firmen-Ist-Profils: ··········

2) Beispiel eines Branchen-Ist-Profils: ⎯⎯⎯

3) Beispiel eines Ideal-Profils: ‑ ‑ ‑ ‑ ‑

Abbildung 122: Kurz-Fragebogen zur Unternehmens-Vision, -Kultur und -Struktur (Deckblatt wird anonym abgegeben und ausgewertet – Transparentes Kopieblatt dient dem Umfrageteilnehmer zum Vergleich mit dem Ergebnis-Profil)

Jede Führungskraft bzw. jeder Mitarbeitende erhält periodisch (z. B. alle 18 Monate) die Gelegenheit, während einer Arbeitssitzung den Fragebogen in der Arbeitsgruppe anonym auszufüllen und in eine Umfragebox einzuwerfen. Die Umfrageteilnehmer behalten eine durchsichtige Durchschlagskopie des Fragebogens und können somit bei der Ergebnispräsentation am nächsten Tag feststellen, inwieweit ihre Einschätzung der Unternehmensentwicklung derjenigen des Durchschnitts der übrigen Teilnehmer entspricht.

Unterschiede zwischen dem Durchschnittsprofil einer Organisationseinheit und dem Idealprofil (5) können der Unternehmensleitung wichtige Hinweise zum Stand und zur Weiterentwicklung der angestrebten Unternehmens-Führung, -Vision, -Kultur und -Struktur vermitteln.

Dieses Konzept wurde bereits zur Entwicklung folgender Vergleichs-Profile verwendet:

1. Entwicklung eines **Branchen-Profils**

Bei der Erfassung des Branchen-Profils in 16 multinationalen High-Tech-Firmen ergaben sich branchenspezifische Besonderheiten, z. B. ausgeprägtes Qualitätsdenken und starke Eigentümerorientierung sowie bürokratische Palastorganisation.

2. Entwicklung von **Länder-Profilen**

Bei der Untersuchung von Länder-Profilen aus der Sicht von oberen Führungskräften vergleichbarer bundesdeutscher und schweizerischer Großunternehmen ergaben sich signifikante länderspezifische Unterschiede, z. B. wurden deutsche Firmen durchweg als öffentlichkeitsorientierter und Schweizer Unternehmen als mitarbeiterorientierter und als weniger bürokratisch bewertet.

3. Entwicklung von **Niederlassungs-Profilen**

Bei der Durchführung von periodischen Umfragen in verschiedenen Auslandsniederlassungen eines internationalen Unternehmens zeigten sich z. T. große Profilunterschiede, die zum einen landeskultur- bzw. managementspezifisch begründet wurden.

Solche Untersuchungen können wertvolle Vergleichswerte darstellen, falls sie möglichst objektiv, systematisch und zweckmäßig durchgeführt werden.

Mit Hilfe dieser letzten Phase ist der Kreislauf der Unternehmensführung geschlossen, indem die Ergebnisse der Umfrage wieder Grundlagen zur erneuten Ist-Analyse sowie Ansporn zur ständigen Verbesserung des Soll-Konzepts der Unternehmensführung liefern.

5
Schlussfolgerungen

Eine Umfrage, die wir in 16 führenden amerikanischen und europäischen High-Tech-Unternehmen durchgeführt haben, ergab, dass selbst in diesen Organisationen das Personalmanagement im Vergleich zu den anderen Funktionsbereichen wie Marketing, F+E und Finanzwesen noch einen relativ tiefen Entwicklungsstand aufweist.

Selbst in diesen Organisationen

- ist das Personalmanagement nicht auf eine ganzheitliche Unternehmensvision ausgerichtet,
- sind die zentralen Funktionen des Personalmanagements (wie Personalgewinnung,- beurteilung, -honorierung und -entwicklung) nicht genügend miteinander integriert,
- wurden die Personalmanagementinstrumente ohne genügende Involvierung der Linienverantwortlichen entwickelt und
- fehlt es an einer objektiven Erfolgsevaluation des Personalmanagements.

In diesem Buch wird das Konzept eines visionsorientierten und integrierten Personalmanagements vorgestellt, das versucht, diese Schwachstellen zu beseitigen.

In den Kapiteln 2 bis 4 wurden die verschiedenen miteinander integrierten Module vorgestellt. Im Folgenden wird das Konzept nochmals zusammenfassend dargestellt.

(1) Wichtigste Voraussetzungen für die Implementierung eines zukunftsorientierten Personalmanagements sind:

- ein Team von gezielt zusammengesetzten humanen Unternehmerpersönlichkeiten, die gegenüber Mitarbeitenden, Kunden, Aktionären und der Öffentlichkeit eine Vorbildfunktion einnehmen,
- eine innovative Vertrauens- und Lernkultur im Unternehmen,
- eine föderalistische Zelt-Struktur mit möglichst überschaubaren kleinen und unternehmerisch-autonomen Einheiten sowie
- eine partizipativ und kaskadenartig eingeführte ganzheitliche Unternehmensvision, die Nutzen für alle relevanten Anspruchsgruppen stiftet.

(2) Die Schaffung dieser Voraussetzungen erleichtert es, visionsorientierte Konzepte der Personal-

- Gewinnung
- Beurteilung
- Honorierung und
- Entwicklung

unter Involvierung der Linienverantwortlichen einzuführen und diese Konzepte gezielt miteinander zu integrieren.

(3) Ein umfassendes innerbetriebliches Kommunikationsinstrumentarium besteht aus einem ganzheitlichen

- Personalinformationsmanagement-,
- Kooperationsgestaltungs- und
- Diagnose-

Konzept und dient der Integration und Erfolgskontrolle des visionsorientierten Personalmanagements.

Ist dieses Konzept bereits schwierig in einem nationalen Umfeld zu verwirklichen, so steigt die Komplexität der Einführung mit zunehmendem Internationalisierungsgrad des Unternehmens.

Die wissenschaftlichen Versuche, multikulturelle Vergleiche im Personalmanagement anzustellen, können dabei in drei Gruppen[1] aufgeteilt werden:

1) Kulturspezifische Ansätze, die betonen, dass die Unterschiede im Personalmanagement in verschiedenen Ländern vor allem kulturell bedingt und deshalb Personalmanagementkonzepte nicht in andere Kulturbereiche übertragbar seien.

2) Konvergenz-Ansätze, die behaupten, dass sich die verschiedenen Konzepte langsam angleichen und

3) Sowohl-als-auch-Ansätze[2], die davon ausgehen, dass Personalmanagementkonzepte zum Teil universal anwendbar seien, zum Teil aber kulturspezifische, nicht in andere Kulturen übertragbare Elemente enthielten.

Wir gehen vom letzten Ansatz aus. Das multikulturelle Personalmanagement steckt dabei sowohl in Theorie[3] als auch in der Praxis[4] noch weitgehend in den Kinderschuhen.

Wir wollen zunächst (aufgrund der Abbildung 123) vier Entwicklungsphasen des multikulturellen Personalmanagements darstellen und aufgrund einer Stärken-Schwächen-Analyse der einzelnen Ansätze Folgerungen für Theorie und Praxis ziehen. Es geht dabei vor allem darum, die Möglichkeiten und Grenzen der Anwendung des zuvor dargestellten Konzepts des visionsorientierten und integrierten Personalmanagements in internationalen Unternehmen aufzuzeigen.

---

1 Vgl. Hilb (1985, S. 7 ff.).
2 Vgl. Laurent (1986, S. 97–102).
3 Vgl. u.a. Price Waterhouse Cranfield Project (1991).
4 Vgl. u.a. Perlmutter/Heenan (1974, S. 121–131).

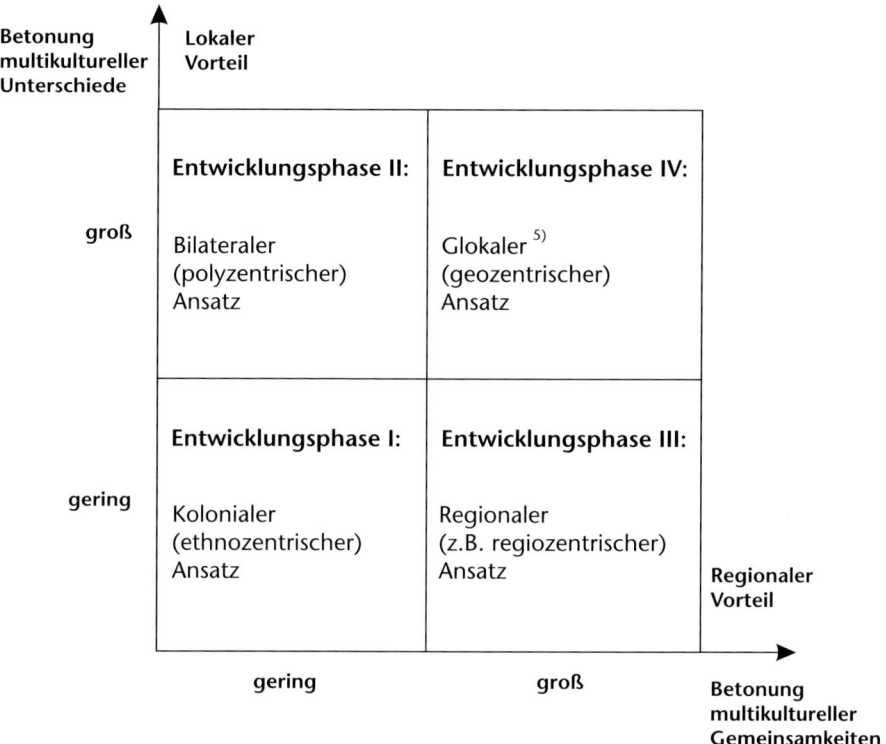

**Abbildung 123: Entwicklungsphasen des multikulturellen Personal-
managements**

Entwicklungsphase I:
Ethnozentrisches Personalmanagement als kolonialer Ansatz

Dieser Ansatz wird häufig am Anfang der unternehmerischen Internationalisierung bzw. temporär in Krisenzeiten gewählt. Die Personalpolitik des Stammhauses wird dabei einheitlich auf alle in- und ausländischen Niederlassungen übertragen. Als Geschäftsführer und als Leiter anderer Schlüsselpositionen der Auslandsgesellschaften wirken Stammhausangehörige.

Von wenigen Ausnahmen abgesehen (z. B. Sony), verwenden die meisten japanischen Unternehmen im Ausland (immer noch) diesen Ansatz.

Die Vorteile zeigen sich vor allem in der ersten Phase der Internationalisierung eines Unternehmens. In diesem Fall gibt es berechtigte Gründe, einen erfahrenen Stammhausangehörigen mit dem Aufbau einer neuen Auslandsgesellschaft zu betrauen, um die Stammhausstrategie und die Personalpolitik gezielt durchzusetzen.

5 Vgl. Hilb (2002)

219

Dieser Ansatz sollte allerdings nur zeitlich begrenzt (am Anfang oder in Krisenzeiten) angewandt werden, da die Nachteile langfristig überwiegen: Die Entsendung von Stammhausangehörigen ins Ausland bewirkt neben sehr hohen Transfer- und Kompensationskosten für die entsandten Führungskräfte vor allem die Gefahr der mangelnden Berücksichtigung lokaler Markt- und Personalbedürfnisse.

Es gibt diesbezüglich zahlreiche Beispiele japanischer und europäischer Multis, die den ethnozentrischen Ansatz vertraten und z. B. in den USA die besten Führungskräfte auf der 2. und 3. Ebene verloren haben, nur weil diesen (aufgrund des »falschen Passes«) der Weg zum Leiter der Niederlassung verwehrt blieb.

Diese Nachteile sind häufig der Grund dafür, dass viele Unternehmen nach einer gewissen internationalen Erfahrungszeit dazu übergehen, den polyzentrischen Ansatz zu verwirklichen.

Entwicklungsphase II:
Polyzentrisches Personalmanagement als bilateraler Ansatz

Dieses föderalistische Konzept betont die nationale Eigenständigkeit der Niederlassungen in der Entwicklung, Einführung und Erfolgskontrolle der Personalpolitik. Alle Niederlassungsangehörige sind Lokale.

Zahlreiche amerikanische und europäische Firmengruppen (z. B. IBM) wenden diesen Ansatz an. Er wird meist in Branchen vertreten, in denen der Kontakt der Geschäftsführer mit Regierungs- und öffentlichen Verwaltungsstellen sehr wichtig ist und durch lokale Führungskräfte besser gewährleistet werden kann.

Die Vorteile dieses Ansatzes bestehen ferner darin, dass es sich um das kostengünstigste Konzept handelt, dass die Ausrichtung auf nationale Bedürfnisse der Kunden und Mitarbeiter eher gewährleistet ist und dass auch auf internationaler Ebene die Vorteile, die föderalistische Zelt-Organisationen bieten (vgl. Kapitel 2.3), zur Geltung gebracht werden können.

Die Nachteile dürfen allerdings nicht übersehen werden: In vielen Unternehmen, die diesen Ansatz verwenden, haben sich einzelne Auslandsniederlassungen von den globalen Strategien des Stammhauses entfremdet. Ferner kann mit diesem Ansatz eine der wichtigsten komparativen Stärken multinationaler gegenüber nationalen Unternehmen nicht genutzt werden: Für Mitarbeitende sind in multinationalen Unternehmen die Personal-Entwicklungsmöglichkeiten ebenso beschränkt wie in nationalen Gesellschaften.

Entwicklungsphase III:
Regionales Personalmanagement als regiozentrischer Ansatz

Dieser Ansatz, der sich auf unserem Kontinent im Hinblick auf die Integration Europas als Euro-Personalmanagement äußert, geht davon aus, dass im Europa ohne Grenzen auch ein entsprechend regional einheitliches Konzept der Personalgewinnung, -beurteilung, -honorierung und -entwicklung angestrebt werden sollte.

Dieser Ansatz wird von einigen wenigen amerikanischen Multis vertreten, die häufig über regionale Hauptsitze, z. B. für Nordamerika (mit USA, Kanada und Mexiko als Mitglieder der NAFTA), für Südamerika und Afrika, für Europa und für Asien verfügen.

Das regionale Konzept hat den Vorteil, dass Unternehmen die grenzenlosen Personalmärkte großer Wirtschaftszonen (wie EU) durch regionale Personalpolitik nutzen und damit Wettbewerbsvorteile gegenüber lediglich national ausgerichteten Unternehmen wahrnehmen können.

Die Nachteile bestehen darin, dass die globalen Ressourcen an Humanpotenzial nicht optimal gefördert werden. Man geht dabei irrtümlich davon aus, dass gemeinsame Wirtschaftsräume auch einheitliche Länderkulturen bedeuten. Obwohl als wirtschaftliche Einheiten gerechtfertigt, existieren aufgrund unserer eigenen Beratungserfahrung in rund 50 Ländern und aufgrund der weltweiten Studien von Hofstede[6] keine entsprechend einheitlichen Kontinental-Kulturen. Es gibt somit z. B. weder eine Europa-Kultur noch eine Asien-Kultur noch eine Amerika-Kultur. So sind z. B. die kulturellen Unterschiede zwischen Großbritannien und Griechenland bedeutend größer als zwischen Großbritannien und Neuseeland oder zwischen den USA und Mexiko bedeutend größer als zwischen den USA und Australien.

Die bisher vorgestellten Konzepte sind zusammenfassend als ethnozentrische Ansätze i.w.S. oder als Derivat des ethnozentrischen Ansatzes i.e.S. zu verstehen:

– auf der Entwicklungsstufe I rein ethnozentrischer,
– auf der Entwicklungsstufe II niederlassungs-ethnozentrischer und
– auf der Entwicklungsstufe III regional-ethnozentrischer

Ansatz. Gemeinsam ist ihnen eine einseitige Betrachtungsperspektive, welche die komparativen Vorteile einzelner Ansätze nicht miteinander verbindet. So werden einseitig entweder (auf Stufe II) die multikulturellen nationalen Unterschiede oder (auf Stufe III) die regionalen Gemeinsamkeiten überschätzt oder (auf Stufe I) eine Weder-noch-Strategie verfolgt und somit die Vorteile des Sowohl-als-auch-Ansatzes des multikulturellen Personalmanagements (Stufe IV gemäß Abbildung 123) nicht wahrgenommen.

---

6 Vgl. Hofstede (1984) und (1991), ferner Scholz/Schroter (1991, S. 35).

Entwicklungsphase IV:
Geozentrisches Personalmanagement als glokaler Ansatz

Lediglich der geozentrische Ansatz versucht, sowohl die unternehmensweiten länderkulturspezifischen Gemeinsamkeiten als auch die nationalen Unterschiede im Personalmanagement gebührend zu berücksichtigen. Dabei werden weltweit normative personalpolitische Rahmengrundsätze sowie globale Systemvereinheitlichungen unter Berücksichtigung strategischer regionaler Bedingungen und operativer nationaler Eigenheiten partizipativ entwickelt, eingeführt und überprüft.

Dieser Ansatz wird unabhängig von Stammlandkultur und Branche von einigen der weltweit erfolgreichsten transnationalen Unternehmen angewandt. So ist z. B. bei Nestlé selbst der Vorstandsvorsitzende der Unternehmensgruppe kein Stammlandangehöriger und es gibt nur einen Schweizer in der Konzernleitung.

Die Nachteile dieses Ansatzes bestehen in den außerordentlich hohen Transfer- und Kompensationskosten (die bis zu dreimal die Höhe derjenigen Kosten, die bei der Verfolgung des polyzentrischen Ansatzes anfallen würden, erreichen können) sowie in der potentiellen Gefahr des zu häufigen Familienumzugs transferier- und promotionsfreudiger Führungskräfte, die häufig ohne genügende multikulturelle Vorbereitung entsandt werden.

Trotzdem werden u.E. in Zukunft mit zunehmendem Anteil des internationalen Geschäfts am Gesamtumsatz die Vorteile des glokalen Ansatzes aus folgenden Gründen überwiegen:

– Optimale Nutzung des internationalen Humanpotenzials.
– Bessere Identifikation des Leitungsteams von Auslandsniederlassungen mit den globalen Visionen und Strategien des Stammhauses bei gleichzeitiger Berücksichtigung lokaler Bedürfnisse und Stärken.
– Entwicklung einer weltoffenen lernfähigen Unternehmenskultur, in der versucht wird, die komparativen und übertragbaren Stärken der verschiedenen Länderkulturen zu einer wettbewerbsstarken Synthese zu vereinen.
– Schaffung attraktiver beruflicher und persönlicher Entwicklungsmöglichkeiten für die Mitarbeiter der verschiedenen nationalen Gesellschaften.

Da sich diese Vorteile auf einen relativ kleinen Teil von transferwilligen kosmopolitischen Führungskräften beschränken, sollte in Zukunft ein kombinierter Ansatz[7] angestrebt werden.

---

7 Vgl. Wunderer (1991).

Diese Kombination wird je nach Dimension und Zielgruppe des Personalmanagements (gemäß Abbildung 124) unterschiedlich gewählt.

Dimension	Zielgruppe	Ansatz
Normative Dimension	Geschäftsleitungsteam im In- und Ausland	Geozentrischer Ansatz
Strategische Dimension	Transferwillige Führungs-(nachwuchs)-kräfte sowie Projektteams	Regiozentrischer Ansatz
Operative Dimension	Personal (ohne Führungs-funktionen)	Polyzentrischer Ansatz

Abbildung 124: Kombinierter Ansatz des multikulturellen Personalmanagements

Konzern-Personalverantwortliche beschränken sich dabei auf die partizipative Entwicklung, Einführung und Erfolgskontrolle von visionsorientierten integrierten Konzepten zur Gewinnung, Beurteilung, Honorierung und Entwicklung von Geschäftsleitungsteams im In- und Ausland. Regionale Personalverantwortliche beschäftigen sich mit der Entwicklung, Einführung und Erfolgsevaluation von abgeleiteten regionalen Strategien für Führungs(nachwuchs)kräfte und Mitglieder regionaler Projektteams. Lokale Personalverantwortliche konzentrieren sich auf aus regionalen Strategien abgeleitete operative Personalkonzepte für alle lokal tätigen Mitarbeitende, die nicht ins Ausland transferiert werden wollen.

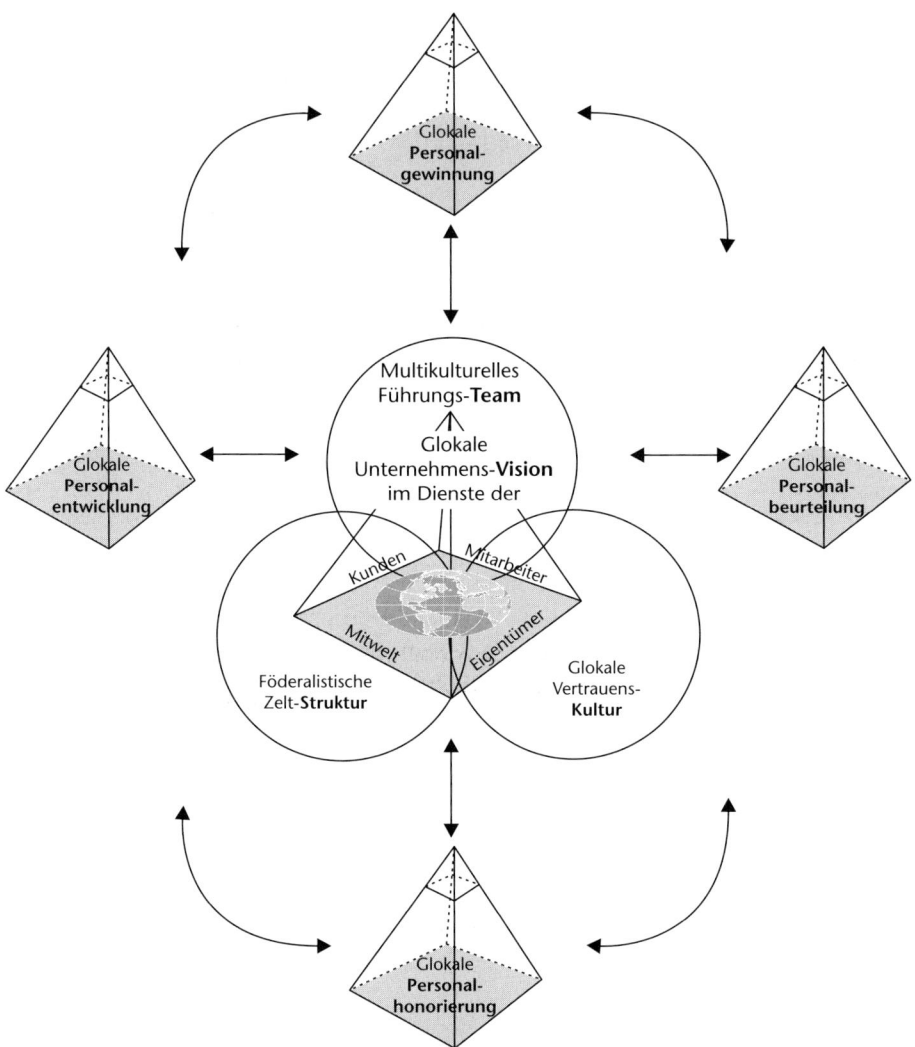

Abbildung 125: Konzept des integrierten Personalmanagements in Transnationalen Unternehmen[8]

---

8 Hilb (2002).

Solche Organisationen können als transnationale Unternehmen bezeichnet werden. Diese weisen folgende drei Merkmale auf: »global competitiveness, multinational responsiveness, and world-wide learning«.[9]

Das Konzept des integrierten Personalmanagements lässt sich dabei (gemäß Abbildung 125) auf transnationale Unternehmen übertragen.

Im Einzelnen geht es darum, im komplexen multikulturellen Unternehmensumfeld eine dynamische Balance zwischen den zahlreichen Dualitäten anzustreben.

Das heißt: ». . . in such a turbulent and competitive environment the key top management task becomes one of maintaining a dynamic balance between key oppositions. Dualities should be viewed not as threats to consistency and coherence but as opportunities for creative organization development, for gaining competitive advantage, for organizational learning and renewal.«[10]

Auf das Konzept des integrierten Personalmanagements übertragen heißt dies:

Auch in transnationalen Gesellschaften dient

1. ein ganzheitliches Managementkonzept mit einem multikulturellen Führungsteam, einer kaskadenartig entwickelten glokalen Unternehmensvision, einer Vertrauenskultur und einer föderalistischen Zeltstruktur idealtypisch als Voraussetzung des integrierten Personalmanagements,

2. ein Kreislaufkonzept der gezielten glokalen Personal-Gewinnung, -Beurteilung, -Honorierung und -Entwicklung der situationsgerechten Umsetzung der ganzheitlichen Unternehmensvision und

3. ein umfassendes multikulturelles Kommunikations-, Kooperations- und Erfolgsevaluations-Konzept zur Integration des Personalmanagements.

Mit unserem Buch über »Transnationales Management der Human-Ressourcen«[11] haben wir versucht, dieses »Leerstellengerüst für Sinnvolles«[12] auch auf transnationale Unternehmen zu übertragen.

Wenn die Versuche, komparative Studien innerhalb der »Triade«, z. B. zwischen amerikanischen und japanischen Verhältnissen anzustellen[13], etwas näher betrachtet werden, so fällt auf, dass gemäß der Lernvergangenheit amerikanische Autoren rein-quantitative[14], japanische Autoren rein-qualitative Forschungs-

---

9 Bartlett/Goshal (1989, S. 210) sowie zur Abgrenzung zwischen globalen-, multi-, inter- und transnationalen Unternehmen (S. 65).

10 Evans/Doz (1989, S. 224).

11 Vgl. Hilb (2002).

12 Vgl. Ulrich (1970).

13 Vgl. hierzu z. B. die entsprechenden Studien gemäß der Literaturauswertung von Von Keller (1980, S. 647 ff.).

14 Vgl. z. B. Austin (1975).

methoden[15] verwenden. Auch von Keller[16] geht in seinem Versuch, die Methoden komparativer Forschungsprojekte zu vergleichen, davon aus, dass es sich bei der Methodenwahl lediglich um eine »Entweder-Oder«-Frage handelt.

Ein Versuch, westliche und japanische Verhältnisse zu vergleichen, kann allerdings nur dann gelingen, wenn von einem »Sowohl-als-auch«-Ansatz ausgegangen wird.

Die Übersicht von Kellers[16] soll deshalb mit einem »Dritten Weg« ergänzt werden, mit einem Ansatz, den wir bereits in einer multikulturellen Vergleichsstudie[17] angewandt haben. Das Ziel dieser Studie war es, die Gemeinsamkeiten und Unterschiede der Personalpolitiken japanischer, schweizerischer und amerikanischer Firmengruppen darzustellen.

Als Ergebnis wurde ein umfassendes Konzept einer Unternehmens- und einer daraus abgeleiteten Rahmen-Personalpolitik für transnationale Unternehmen vorgestellt. Es handelte sich dabei gleichsam um eine Synthese der kulturunabhängigen und damit übertragbaren komparativen Stärken japanischer, schweizerischer und amerikanischer Firmengruppen.

Folgende zehn Bereiche einer transnationalen Personalpolitik wurden untersucht:

1. Personalführungspolitik
2. Personalmarketingpolitik
3. Arbeitsgestaltungspolitik
4. Personalbeurteilungspolitik
5. Betriebliche Bildungspolitik
6. Personalentwicklungspolitik
7. Lohnpolitik
8. Sozialleistungspolitik
9. Innerbetriebliche Kommunikationspolitik
10. Mitwirkungspolitik

---

15 Vgl. z. B. Yoshino (1970).
16 Vgl. von Keller (1980, S. 506 ff.).
17 Vgl. Hilb (1985).

Unterscheidungskriterium \ Untersuchungsmethode	Rein quantitative Untersuchung	Unser Ansatz: Sowohl qualitative als auch quantitative Untersuchung	Rein qualitative Untersuchung
① Theoretische Ausgangsposition des Forschers	»Universalist« (meist mit Kenntnissen, jedoch ohne vertiefte Erfahrungen in den untersuchten Kulturgebieten)	Teils »Kulturist« / teils »Universalist« (meist mit Kenntnissen **und** Erfahrungen in den untersuchten Kulturgebieten)	»Kulturist« (meist mit vertieften Erfahrungen in den untersuchten Kulturgebieten)
② Forschungsziel	**Testen von Hypothesen** (Suche nach »harten« Daten)	**Entdecken von Hypothesen** (Suche nach Grundlagen für »harte« Daten aufgrund der Verarbeitung auch »weicher« Informationen)	**Beantworten von einzelnen offenen Forschungsfragen** (Suche nach Antworten aufgrund von »weichen« [nicht-quantitativen] Informationen)
③ Anzahl der untersuchten Kulturen	**Multi**-Länder-Studien	**Wenig**-Länder-Studien	**Einzel**-Länder-Studien
④ Kulturspezifischer Forschungsansatz	Forschungsansatz **in »westlichen« Industrieländern:** • analytisch (zergliedernd) • subordinierend (hierarchisch) • rational (systematisch) • abstrakt (deduktiv) • (zielstrebiges) »Entscheidungsbaumdenken«	Forschungsansatz zum **Vergleich von westlichen Ländern mit Japan:** sowohl-als-auch »Spiral-Ansatz«	Forschungsansatz **in Japan:** • synthetisch (ganzheitlich) • koordinierend (harmonisierend) • intuitiv (analogisierend) • konkret (induktiv) • (ganzheitliches) »Umzingelungsdenken«
⑤ Methodenideal	**Naturwissenschaftliche** Forderung nach interkulturell überprüfbaren **Messergebnissen** (Kritischer Rationalismus)	**Sozialwissenschaftliche** Forderung **sowohl** nach dem Verständnis des Erlebten **als auch** nach beschränkt interkulturell überprüfbaren globalen Messergebnissen (Optimistischer Realismus)	**Geisteswissenschaftliche** Forderung nach dem **Verstehen** des subjektiv Erlebten (Historismus)
⑥ Art des Forschungsvergleiches	**Vergleich von** ausgewählten **Teilbereichen** anhand einzelner ausgewählter Dimensionen	**Vergleich des Ganzen anhand** relevanter ausgewählter **Dimensionen**	**Vergleich des Ganzen** auf einer komplexen und Gesamtsicht-Ebene
⑦ Wahl der Stichprobe	**Repräsentative Stichprobe**	**»Convenience«-Stichproben**	**Exemplarische Stichprobe** (»Fallstudie«)
⑧ Forschungsmethode	Verwendung lediglich »**harter**« Forschungsmethoden (z. B. der Demoskopie)	Kombinierter Einsatz von **sowohl** »weichen« **als auch** »harten« Forschungsmethoden	Verwendung lediglich »**weicher**« Forschungsmethoden (z. B. der persönlichen Erfahrungen)
⑨ Ziel der Datenanalyse	Suche nach **Gemeinsamkeiten von Kulturen**	Suche nach **Gemeinsamkeiten von und Unterschieden** zwischen Kulturen	Suche nach **Unterschieden zwischen Kulturen**

Abbildung 126: Methoden komparativer Studien im Vergleich

Im Bereich der Forschung multikulturellen Personalmanagements[18] wird es in Zukunft vermehrt darum gehen, mit international zusammengesetzten Projektteams weitere, möglichst objektive, systematische und zweckmäßige interkulturelle Vergleichsstudien, z. B. anhand des in diesem Buch vorgestellten Konzepts des integrierten Personalmanagements, durchzuführen. Nur so können wir die Schwachstellen der gegenwärtigen Forschung überwinden, die in einem ». . . excessive ethno- and eurocentrism and an inability to break the chains of the past«[19] bestehen.

Ob (international tätige) Unternehmen im härter werdenden Wettbewerb in Zukunft zu den Gewinnern oder Verlierern gehören werden, wird u.a. durch den Entwicklungsstand des multikulturellen Personalmanagements[20] mitbestimmt werden.

---

18 Vgl. Adler/Ghador in: Pieper (1990, S. 255).
19 Laurent (1982, S. 15).
20 Vgl. Hilb (2002).

6
Ausblick

6.1 Förderung der freiwilligen Loyalität von internen und externen Arbeitspartnern

Die Marktveränderungen fordern von den Unternehmen, dass sie ihre Organisation ständig anpassen und umgestalten müssen. Mit dem Wegfall der Arbeitsplatz-Sicherheit stellt sich das Problem der Loyalität der Mitarbeiter. In diesem Schlusskapitel wird der Weg von der gegenwärtig häufig fehlenden oder zwangsweisen zur zukunftsgerechten freiwilligen Loyalität bzw. vom traditionellen legalistischen Arbeitsvertrag zum modernen flexiblen psychologischen Partnervertrag aufgezeigt.

Von der fixen zur flexiblen Gestaltung unseres Lebenswegs

Der traditionelle Lebensweg spielt sich (vereinfacht ausgedrückt) in drei klar voneinander getrennten Phasen ab:

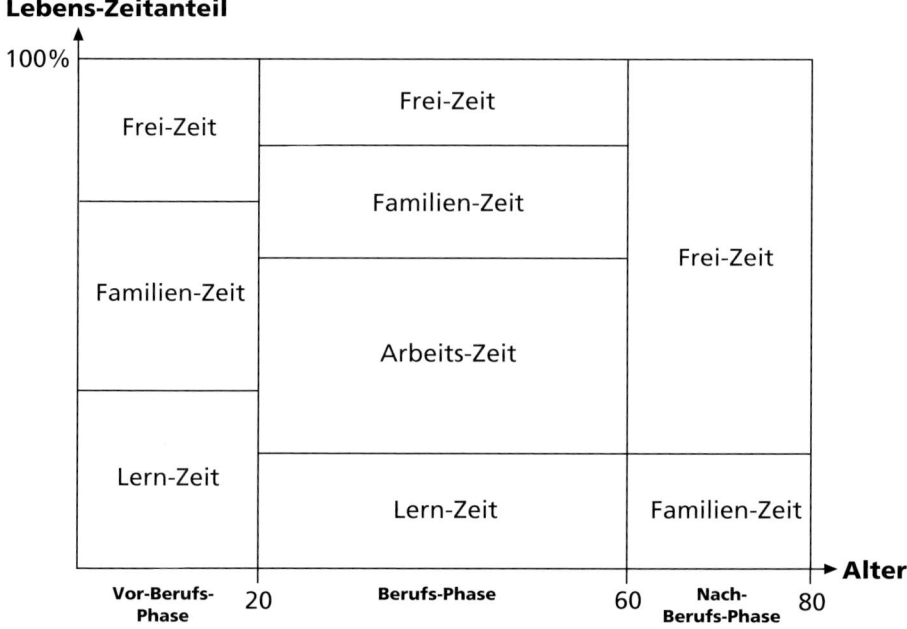

Abb. 127: Traditionelle mechanistische Gestaltung der Lebensphasen

In der Vor-Berufs-Phase geht es vor allem um theoretisches Lernen, weder die Schul- noch die Familien-Zeit wird durch praktisches Arbeiten (z. B. Reinigen des Schulhauses oder Mithilfe im Haushalt) begleitet.

Nach der Schulzeit tritt meist mechanistisch eine plötzliche Änderung ein: Die bisher unbekannte Arbeits-Zeit erhält plötzlich während der Berufsphase eine dominante Stellung.

Nach der Berufsphase erfolgt meist erneut ein mechanistischer Einschnitt: Pensionierung bzw. Zwangspensionierung bewirkt häufig eine einseitige Betonung der Freizeit, die meist arbeits- und lern-los erfolgt.

Der gesellschaftliche, wirtschaftliche und technologische Wandel begünstigt ein neues flexibles Konzept der Gestaltung der Lebensphasen:

Lebens-Zeitanteil

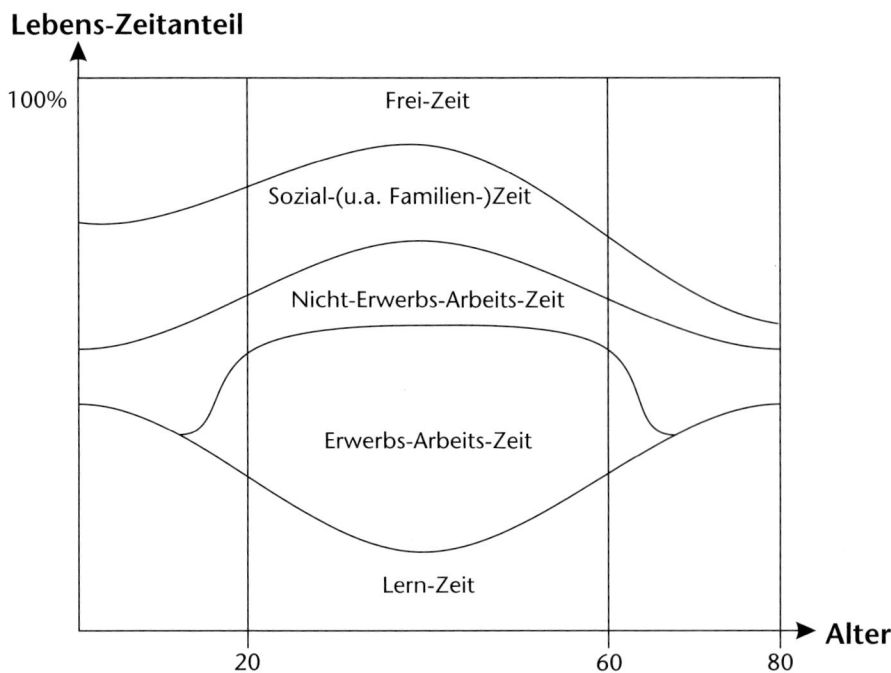

Abb. 128: Moderne flexible Gestaltung der Lebensphasen

Auch nach diesem Konzept wird die Lern-Zeit in der Vor-Berufs-Phase, die Arbeits-Zeit in der Berufs-Phase und die Frei-Zeit in der Nach-Berufs-Phase eine dominante Stellung einnehmen. Allerdings werden alle Lebenszeiten während aller Phasen enthalten sein und die Übergänge erfolgen menschenwürdig flexibel.

Diese Übergänge sind nur möglich, wenn der traditionelle fixe legalistische Arbeitsvertrag im Alltag durch einen flexiblen psychologischen Partnervertrag abgelöst wird.

Von der fehlenden und abhängigen zur freiwilligen Loyalität

Dabei werden Mitarbeitende jeweils nur so lange bei einem Arbeitgeber freiwillig loyal bleiben, als die Rahmenbedingungen stimmen.

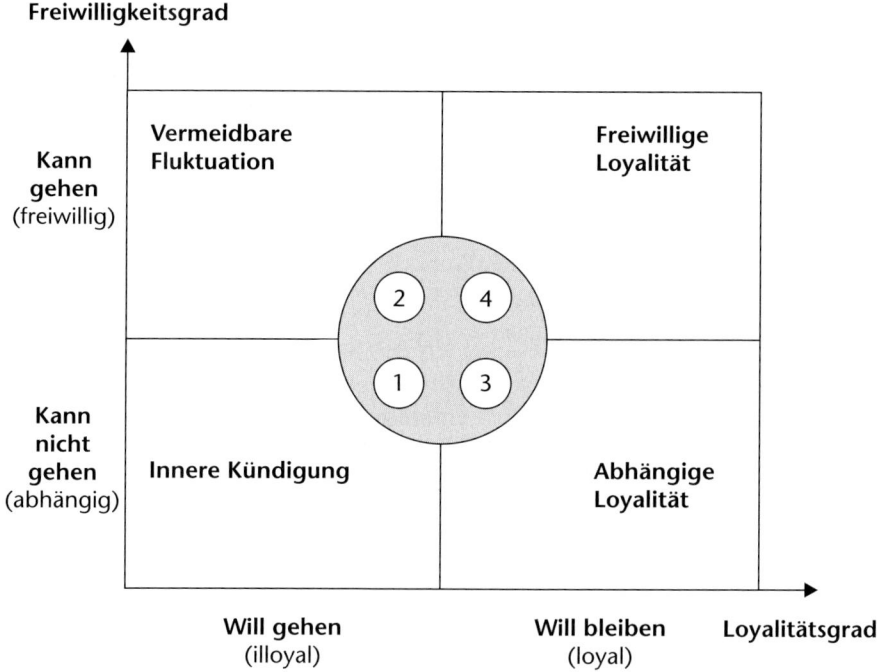

Abb. 129: Vom Verzicht auf Engagement (innere Kündigung) zur freiwilligen Loyalität

Der traditionelle fixe legalistische Arbeitsvertrag führt häufig:

- zum Verzicht vieler Mitarbeitenden auf Engagement (zur inneren Kündigung) aufgrund einer fehlenden Situationskontrolle (Entwicklungsstufe 1),
- zur freiwilligen Illoyalität (zur vermeidbaren Fluktuation) vieler Mitarbeitenden aufgrund besserer Rahmenbedingungen konkurrierender Arbeitgeber (Entwicklungsstufe 2),
- zur abhängigen Loyalität vieler Mitarbeitenden aufgrund meist materieller Bindungen vieler Mitarbeitenden an den Arbeitgeber.

Zukünftige Erwerbstätige verlangen neue flexible psychologische Partnerverträge. Als sog. Lebensunternehmer suchen sie in ihrem Leben je nach Lebensphase unterschiedliche Kombinationen von Erwerbs- und Nichterwerbs-, Arbeits-, Familien-, Frei- und Lern-Zeit.

Sie wechseln je nach Lebenssituation zwischen:

– Selbstständigkeit und Anstellung
– einem Arbeitgeber und mehreren Arbeitgebern (Portfolio-Arbeitspartner)
– Vollzeit- und Teilzeit-Erwerbstätigkeit
– Einzelunternehmer und Kooperationspartner

6.2 Vom brutalen zum humanen (Mit-)Unternehmer

Monotone Tätigkeiten werden durch die zunehmende Automation und Virtualisierung immer mehr abgebaut. Es verbleiben nicht automatisierbare Tätigkeiten, die für die humanen Lebensunternehmer (d. h. sowohl selbstständige Klein-Unternehmer als auch unselbstständige Mit-Unternehmer) mit **Gestaltungs-, Sozial- und Aktions-Kompetenzen** notwendig sind.

Humane (Mit-)Unternehmer unterscheiden sich dabei von brutalen (Mit-)Unternehmern (Mafiosi) dadurch, dass sie über ausgeprägte Sozialkompetenz, d. h. über **Emotionale Intelligenz, Soziale Intelligenz und Integrität** verfügen.

Das heißt, sie verhalten sich im privaten und beruflichen Alltag nach ethischen Grundsätzen (vgl. dunkles Feld in Abb. 130).

Solche Lebensunternehmer und (Portfolio-)Arbeitspartner von Unternehmen verhalten sich nach dem alten jamaikanischen Sprichwort:

> »Never take a job, you can't afford to lose.«

Moderne Unternehmen auf der anderen Seite bieten neue flexible psychologische Verträge an, die z. B. auf unserem Ansatz des »Integrierten Personal-Managements« aufbauen.

Legalität

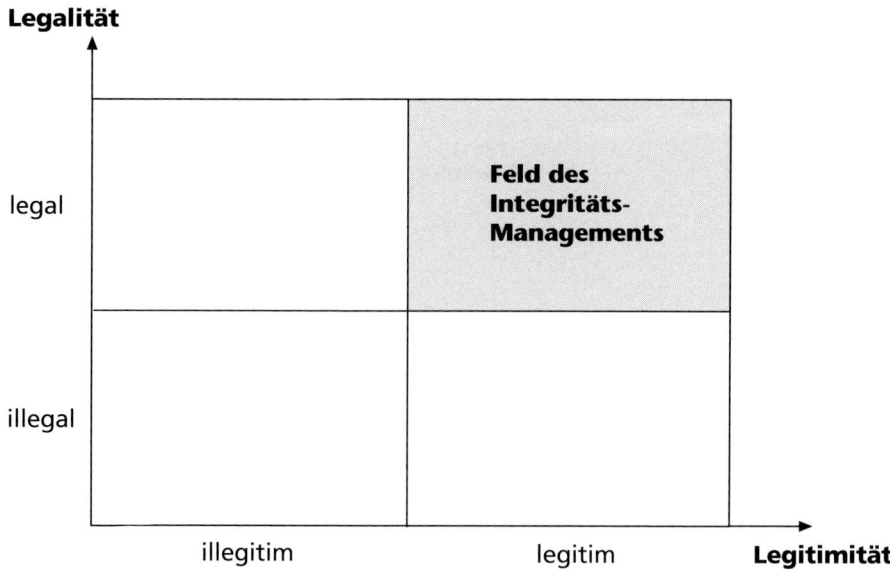

Abb. 130: Zusammenhang Legitimität-Legalität

6.3 Vom stabilen zum mobilen Management von Arbeitspartnern

»Putting the Internet into every employee's pocket«, ist z. B. das erklärte Ziel von Nokia (gemäß einer Aussage von dessen Chef Tonna Ollila). In der zukünftigen mobilen Wissensgesellschaft wird somit die Mobilität der Arbeitspartner mit dem Mobilfon und dem Internet/Intranet/Extranet sowie dem Bild kombiniert. Um das Personal-Management proaktiv auf dieses Zukunftszenario auszurichten, kann unser integrierter Ansatz durch den $\textcircled{m}$-Faktor[1] ergänzt werden (Abbildung 131).

---

1 Vgl. Hilb (2001)

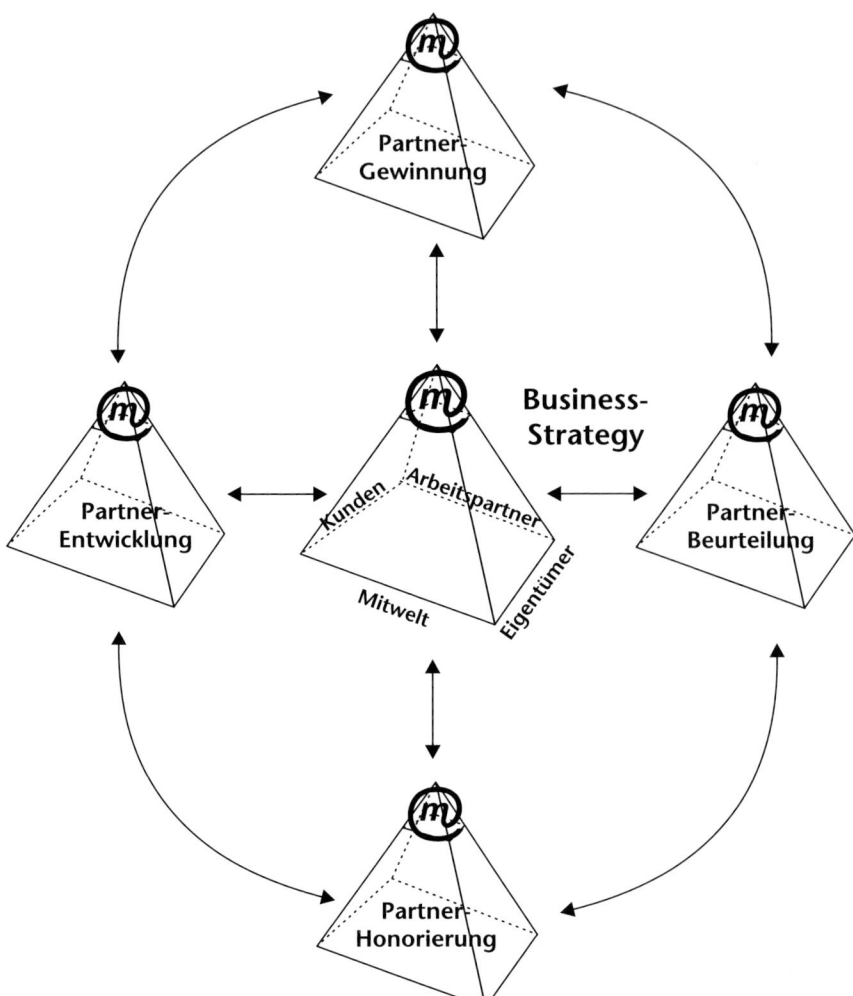

Abb. 131: Integriertes ⓜanagement von internen und externen
Arbeitspartnern

Dieses Konzept entspricht unserem KISS + (m)-Prinzip:

(K) eep it

(I) ntegrated (d. h. Gewinnung, Beurteilung, Honorierung und Entwicklung der internen und externen Vollzeit- und Portfolio-Arbeitspartner sind miteinander integriert)

(S) trategic (d. h. sie bauen strategisch auf ganzheitlichen, gemeinsamen mit den Arbeitspartnern entwickelten Geschäftserfolgsmaßstäben und Kooperationsregeln auf)

(S) timulating (d. h. sie wirken für alle relevanten Anspruchsgruppen, d. h. für Kunden, Eigentümer, Mitunternehmer und Mitwelt der Unternehmen stimulierend)

(m) obile (d. h. sie kombinieren die Mobilität der Arbeitspartner mit dem Mobilfon und dem Internet/Intranet/Extranet)

(1) Voraussetzungen des (m)anagements von Arbeitspartnern

Flexibles und integriertes Management der Arbeitspartner weist (gemäß Abb. 131) folgende Voraussetzungen auf:

- ein aus Sicht aller relevanten Anspruchsgruppen des Unternehmens vorbildliches **Leitungsteam**,
- das erst eine im globalen Wettbewerb langfristig überlebensnotwendige innovative **Vertrauenskultur** ermöglicht,
- die wiederum nachhaltig nur durch die föderalistische und vernetzte **Zelt-Struktur** erhalten werden kann,
- in der jeder Partner noch die **Kunden**, die **Eigentümer**, die **Arbeitspartner** und die **Mitwelt kennt**, und
- was es erst ermöglicht, aufgrund von »Gummi-Leitplanken« anhand unseres »Matrioschka«-Ansatzes anspruchsgruppenorientierte **Erfolgsmaßstäbe** für jede Zelt-Einheit zu entwickeln.

Erst damit kann es gelingen, das Sinn-Angebot und die Leistungs-Nachfrage des Unternehmens mit der Sinn-Nachfrage und dem Leistungs-Angebot der (internen und externen) Arbeitspartner in Einklang[2] zu bringen.

Das Quadrat stellt jene Marktsituation dar, in der die Rahmenbedingungen des Unternehmens den Ansprüchen der Arbeitspartner entsprechen. Alle nicht gleichseitigen Viereckfelder deuten auf eine Marktsituation hin, in der ein Ungleichgewicht zwischen Ansprüchen und Gegebenheiten besteht.

---

2 Vgl. *Marchand, R.* (2000)

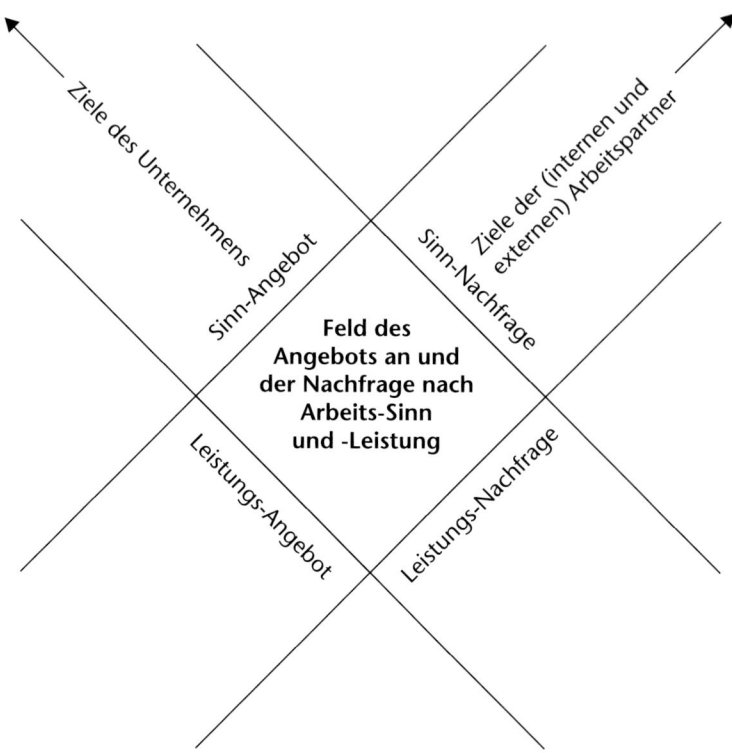

Abb. 132: Feld von Arbeitssinn- und Leistungs-Angebot und -Nachfrage

(2) Kreislaufkonzept des Ⓜanagements von Arbeitspartnern

Das integrierte Kreislauf-Konzept des flexiblen Managements von (internen und externen) Arbeitspartnern setzt sich z. B. aus folgenden gezielten Maßnahmen der **Gewinnung, Beurteilung, Honorierung und Entwicklung** von Vollzeit- und Portfolio-Partnern zusammen.

a) Gewinnung von Arbeitspartnern

Dabei stehen zwei Maßnahmen im Vordergrund

- Statt Arbeitsplatz-Sicherheit wird gezielt die interne und externe Arbeitsmarktfähigkeit gefördert (z. B. durch Gewährung monatlicher Prämien zur Förderung der eigenen Arbeitsmarktfähigkeit). Diese Maßnahme ist notwendig, weil in Zukunft keine Stellen mehr zu besetzen, sondern nur noch wechselnde Aufgaben zu erfüllen sind.
- Statt fixer legalistischer Arbeitsverträge werden flexible Partner-Verträge angeboten.

Danach gibt es nicht mehr wie bisher festangestellte 100%-Mitarbeiter, sondern verschiedene Kategorien von internen und externen Arbeits-Partnern[3] z. B.

– Wenige Kernkompetenz-Partner, die vollzeitig oder als Portfolio-Partner teilzeitig tätig sind (und über firmenexistenzsichernde Kernkompetenzen verfügen).

– Selbstständige Lebens-Unternehmer, z. B. ehemalige Mitarbeitende, die als externe Partner Aufgaben erledigen, die nicht zu den Kernkompetenzen des Unternehmens gehören.

– Temporär-Beschäftigte (die auftrags- und saisonbedingte Engpässe überwinden und die Fixkosten minimieren helfen).

b) Beurteilung von Arbeitspartnern

Dabei stehen folgende zwei Aspekte im Vordergrund:

– Statt der Anwesenheits- und Input-Beurteilung vor allem Prozess- und Output-Beurteilung der internen und externen Arbeitspartner.
– Statt fehlende ($0°$-) oder einseitige ($1°$-)Beurteilung aus Sicht des Vorgesetzten umfassende $360°$-Beurteilung der internen und externen Arbeitspartner aus Sicht aller relevanten Anspruchsgruppen, auch der Familie.

c) Honorierung von Arbeitspartnern

Wiederum stehen zwei Maßnahmen im Vordergrund:

– Statt wie bisher fixe senioritätsorientierte Individualentlöhnung vermehrt differenziert-variable kompetenz- und ergebnisorientierte Honorierung.
– Statt stetig wachsendes sicheres Einkommen vermehrt lebensphasengerechte Cafeteria-Honorierung.

d) Entwicklung von Arbeitspartnern

Wiederum stehen zwei Trends im Vordergrund:

– Statt Fremdbestimmung Selbstbestimmung der Entwicklung der Arbeitspartner durch neue Rollenverteilung: Arbeitspartner als Selbstentwickler, direkter VorgeNetzter als Coach, indirekter VorgeNetzter als Mentor, Personalverantwortlicher als Gestalter und Controller, Unternehmensleiter als Promotor.
– Statt ungezielter Teilnahme an kostspieligen Seminaren, vermehrt gezielte on-the-job- und near-the-job-Maßnahmen.

---

3 Vgl. *Handy, C.* (1994).

Als Beispiel kann das 3 × 3-System eines erfolgreichen dänischen Unternehmens erwähnt werden:

| 3 × 3 | »**We see functional flexibility as the key to our future survival.** We are working towards **The 3 × 3 System**: each partner in the organisation should be able to do **three** different jobs & for each job there should be three **people** able to perform it.« |

(3) Erfolgsbewertung des Ⓜanagements von Arbeitspartnern

Um den Erfolg des flexiblen Managements der Arbeitspartner periodisch zu bewerten, um gezielt die Rahmenbedingungen zu verbessern, kann unser Konzept der »Integrierten Erfolgsbeurteilung im Unternehmen«[4] verwendet werden.

Dabei geht es darum, periodisch die Ansprüche, die Zufriedenheit und die Loyalität der **Kunden**, der **Aktionäre**, der **Arbeitspartner** und der **Öffentlichkeit** von Unternehmen integriert zu bewerten, um gezielt Verbesserungsmaßnahmen einzuleiten, die dazu führen, dass alle relevanten Anspruchsgruppen sich freiwillig loyal zum Unternehmen verhalten.

(4) Zusammenfassung

Zusammenfassend geht es darum, in Zukunft folgende gezielte, aufeinander abgestimmte Flexibilisierungsmaßnahmen einzuleiten:

(1) Arbeitsvertrag:	→	»*Partnervertrag*« bzw. »*Portfolio-Partnervertrag*«
(2) Zeit:	→	»*Mobilzeit*«
(3) Aufgaben:	→	»*Multipreneuring*«
(4) Arbeitsplätze:	→	»*Desk Sharing*«
(5) Arbeitsorte:	→	»*Virtual Office*«
(6) Honorierung:	→	»*Variabilisierung*«
(7) Sozialleistungen:	→	»*Cafeteriarisierung*«
(8) Strukturen:	→	»*Virtuelle Netzwerke*«
(9) Führung:	→	»*VorgeNetzte*«

Abb. 134: Flexibilisierungsmaßnahmen

---

4 Vgl. *Hilb, M.* (2003).

Es geht dabei um eine nachhaltige (nicht kurzatmige) Flexibilität. Es gilt in Zukunft eine Balance anzustreben zwischen

- Langfristiger Vertrauenskultur und flexibler virtueller Netzstruktur,
- Richtungsweisenden Gummi-Leitplanken und flexiblem Alltags-Handeln,
- Flexibilitätsnotwendigen Reserven und striktem Controlling der Ressourcen.

7
Anhang

7.1 Literaturverzeichnis

Ackermann, H.-F. (1989): »Strategisches Personalmanagement auf dem Prüfstand – Kritische Fragen an ein zukunftsorientiertes Konzept der Personalarbeit«, in: ›Personalmanagement im Wandel‹, Stuttgart, S. 1–29

Adams, J. D. (1989): »Transforming Leadership from Visions to Results«, Alexandria

Ansoff, H. I. (1991): »Critique of Henry Mintzberg's ›The Design School: Reconsidering the Basic Premises of Strategic Management‹«, in: ›Strategic Management Journal‹, Vol. 12, No. 6, 449–461

Armstrong, M. (2006): »A Handbook of Human Resource Management Practice«, London, 3rd edition

Armstrong, P. (1989): »Limits and Possibilities for HRM in an Age of Management Accountancy«, in: ›New Perspectives on Human Resource Management‹, London

Badura, B. (1971): »Sprachbarrieren. Zur Soziologie der Kommunikation«, Stuttgart

Bartlett, C. A./Ghoshal, S. (2000): »Transnational Management«, London

Bartlett, C. A./Ghoshal, S. (1989): »Managing Across Borders«, Boston

Baird, L./Meshoulam, I. (1988): »Managing Two Fits of Strategic Human Resource Management«, in: ›Academy of Management Review‹, Vol. 13, No. 1, 116–28

Becker, B./Huselid, M./Ulrich, D., (2001): »The HR Scorecard. Linking People, Strategy, and Performance«, New York

Becker, F. (1991): »Potentialbeurteilung: Eine kafkaeske Komödie!?«, in: ZfP, 1/1991, S. 63–78

Beer, M./Spector, B./Lawrence P. R./Quinn Mills, D./Walton, R. E. (1988): »Managing Human Assets«, New York

Beer, M./Laurence, P.R./Mills, D.Q./Walton, R.E. (1985): »Human Resource Management: A General Manager's Perspective«, New York

Beer, St. (1994): »Beyond Dispute. The Invention of Team Syntegrity«, Chichester.

Beer, St. (1981): »Brain of the Firm«, Chichester

Berner, S. (2000): »Reaktionen der Verbleibenden auf einen Personalabbau«, Diss. St. Gallen

Berthel, J. (1989) »Personalmanagement«, Stuttgart 1989

Biedermann, T. J./Gerber, B./Peretti, K./Rieder, C./Vorwalder, K. (1991): »Tele-Team-Management« Team-Diplomarbeit NDU-HSG, St. Gallen

Bleicher, K. (1992): »Unternehmungskultur«, in: ›Handwörterbuch des Personalmanagements‹, Stuttgart, S. 2242–2252

Bleicher, K. (1991): »Das Konzept Integriertes Management«, Frankfurt/Main/New York

Bleicher, K. (1990): »Zukunftsperspektiven organisatorischer Entwicklung«, in: ZfO 3/1990, S. 152 f.

Bleicher, K. (1989): »Chancen für Europas Zukunft«, Wiesbaden

Block, P. (1987): »The Empowered Manager«, San Fransisco

Block, P. (1989): »Flawless Consulting«, San Diego

Bolles, R. N. (1989): »The Three Boxes of Life«, Berkeley

Bonsen, M. (1987): »Was ist Vision?«, in: ›qdi impuls‹, Nr. 4, S. 45–59

Boxall, P. F. (1992): »Strategic Human Resource Development: Beginning of a New Theoretical Sophistication«, in: ›Human Resource Journal‹, Vol. 2, No. 3/1992, p. 60–74

Boxal, P./Purcell, J. (2007): »Strategy and Human Resource Management. Management, Work & Organisations«, New York, 2nd edition

Brewster, Ch. et. al. (2000): »Project on International Strategic Human Resource Management: 2000 International Executive Report«, Cranfield

Brewster, Ch./Larsen, H. (1992): »Human Resource Management in Europe: Evidence from Ten Countries«, in: ›The International Journal of HRM‹, Dec. 92, p. 409–434

Broch, J.-R./Graf, P./Schaub, P./Wachter, Th. (1992): »Erfassung und Auswertung von Austrittsgründen«, SKP-Teamarbeit, Zürich

Brockbank, M. (1988): »Strategy and Organization«, in: ›Strategic Human Resource Planning Seminar‹, Michigan Business School, The University of Michigan, Ann Arbor

Brown, R. (1965): »Social Psychology«, New York

Bungard, W. (1992): »Qualitätszirkel in der Arbeitswelt«, Göttingen

Butler, J. E. (1988): »Human Resource Management as a Driving Force in Business Strategy«, in: ›Journal of General Management‹, Vol. 13, no. 4, p. 88–102

Byham, W.C. (1977): »Targeted Selection«, Pittsburgh

Cappelli, P. (2008): »Talent Management for the Twenty-first Century«, in: Harvard Business Review, March 2008, pp. 74–81

Capra, F. (1987) »Das neue Denken«, Bern

Carrell, M. R. (1992): »Personnel/Human Resource Management«, New York

Ceriello, V. R. (1992): »Human Resource Management Systems (Strategies, Tactics and Techniques)«, New York

Collins, J. (2001): »Good to great. Why some companies make the leap ... and others don't«, New York

Cooke R./M. Armstrong (1990): »The Search for Strategic HRM«, in: ›Personal Management‹, December, p. 31–33

Deal, T. E./Kennedy, A. A. (1982): »Corporate Culture«, Reading

Dessler, G. (2008): »A Framework for Human Resource Management«, Prentice Hall, 5th edition

Devanna, M. A./Fombrun, C. J./Tichy, N. M. (1984): »A Framework for Strategic Human Resource Management«, in: ›Strategic Human Resource Management‹, New York

Dicke, A./Schulte Ch. (1986): »Cafeteria-System (Ziele, Gestaltungsformen, Beispiele und Aspekte der Implementierung)«, in: ›Die Betriebswirtschaft‹, 46. Jg., 5, S. 577–589

Domsch, M. (1992): »Vorgesetztenbeurteilung«, in: Selbach, R./Pullig, K.-K.: ›Handbuch der Mitarbeiterbeurteilung‹, Wiesbaden, S. 255 ff.

Dowling, P./Festing, M./Engle, A. (2007): »International Human Resource Management«, London

Drumm, H. J. (Hrsg.) (1989): »Individualisierung der Personalwirtschaft«, Bern/Stuttgart

Drumm, H. J. (1989a): »Personalwirtschaftslehre«, Berlin

Dyer, L. (1988): »Human Resource Management: Envolving Roles and Responsibilities«, Washington

Dyer, L./Holder G. (1988): »A Strategic Perspective of Human Resource Management«, in: ›Human Resource Management: Evolving Roles and Responsibilities‹, Washington

Dyer, W. G. (1987): »Team Building«, Reading

Elsik, W. (1992): »Strategisches Personalmanagement (Konzeption und Konsequenzen)«, Dissertation WU Wien, München

Ende, W. (1982): »Theorien der Personalarbeit im Unternehmen«, Dissertation Königstein

Evans, P. A. L./Doz, Y. (1989): »Human Resource Management in International Firms«, London

Evans, P. A. L. (1986): »The Strategic Outcomes of Human Resource Management«, in: ›Human Resource Management‹, Vol. 25, no. 1, p. 149–167

Evans, P. A. L./Lorange, P., (1989): »The Two Logics Behind Human Resource Management«, in: ›Human Resource Management in International Firms‹, Basingstoke

Evans, P. A. L./Pucik, V. (2002): »The global challenge. Frameworks for international human resources management«, New York

Feix, W. E. (Hrsg.) (1991): »Personal 2000: Visionen und Strategien erfolgreicher Personalarbeit«, Frankfurt/Wiesbaden

Fisher, C. D. (1989): »Current and Recurrent Challenges in HRM«, in: ›Journal of Management‹, Vol. 15, no. 2, p. 157–180

Fitzenz, J. (1990): »Human Value Management«, San Francisco/Oxford

Fombrun, C. J./Tichy, N. M./M. A. Devanna (1984): »Strategic Human Resource Management«, New York

Franko, L. G. (1984): »Die dynamischen multinationalen Konzerne«, Genf

Freeman, R. E. (1984): »Strategic Management – A Stakeholder Approach«, Boston

Freimuth, J. (1990): »Personalmarketing, Personalimage und Unternehmenslegitimität«, in: ›Personal‹, Heft 8, 1990, S. 314–316

French, W. L./Bell. CH. (1978): »Organization Development«, London

Gerpott, T.J. (1992): »Gleichgestelltenbeurteilung: Eine Erweiterung traditioneller Personalbeurteilungsansätze«, in: Selbach, R./Pullig, K.-K.: ›Handbuch der Mitarbeiterbeurteilung‹, Wiesbaden, S. 211 ff.

Gomez, P./Zimmermann, T. (1993): »Unternehmensorganisation«, Frankfurt/New York

Goold, M./Campbell, A. (1987): »Strategies and Styles: The Role of the Centre in Managing Diversified Corporations«, Oxford

Gordon, T. (1970): »Managerkonferenz – Effektives Führungstraining«, München

Gorman, T. (1996): »Multipreneuring«, New York

Griffin, M./Neal, A./Parker, S. (2007): »A new model of work role performance: Positive behavior in uncertain and interdependent contexts«, in: Academy of Management Journal, Vol. 50, No. 2, pp. 327–347

Guest, D. (1990): »Human Resource Management: Its Implications for Industrial Relations and Trade Unions«, in: ›New Perspectives on Human Resource Management‹, London

Guest, D. (1990): »Human Resource Management and the American Dream«, in: ›Journal of Management Studies‹, Vol. 27, no. 4, p. 377–397

Guest, D. (1991): »Personnel Management: The End of Orthodoxy?«, in: ›British Journal of Industrial Relations‹, Vol. 29, no. 2, p. 149–175

Guntern, G. (1992): »Im Zeichen des Schmetterlings (Leadership in der Metamorphose)«, Bern

Haldi, E.D. (2001): »Nutzenpozentiale internetgestützter Informations- und Kommunikationssysteme«, Dissertation St. Gallen 2001

Hall, J. (1978): Testfragebogen »Sozialbeziehungen im Betrieb«, »Führungsverhalten« und »Gruppeneffektivität«, Malmö

Hambrick, D. C. (1987): »Business Strategies and the H. R. Link«, in: ›Management Presentation‹, Kenilworth

Handy, C. (1994): »The Age of the Paradox«, Boston

Hedberg, B. L. T. (1981): »How organizations learn and unlearn«, in: Nystrom, P.C.: ›Handbook of organizational design‹, Vol. 1, Oxford, S. 3–27

Hedberg, B. L. T. et al. (1976): »Camping on seasons: prescriptions for a self-designing organization«, in ›Administrative Science Quarterly‹, 21, S. 41–65

Heider, J. (1986): »The Tao of Management«, Toronto

Heller, R. (2001): »Charles Handy«, London

Hendry, C./Pettigrew, A. (1986): »The Practice of Strategic Human Resource Management«, in: ›Personnel Review‹, Vol. 15, no. 5, p. 3–8

Hendry, C./Pettigrew, A. (1990): »Human Resource Management: An Agenda for the 1990s'«, in: ›International Journal of Human Resource Management‹, Vol. 1, no. 1, p. 17–43

Hendry, C./Pettigrew, A./Sparrow, P. (1988): »Changing Patterns of Human Resource Management«, in: ›Personnel Management‹, November, p. 37–41

Hermsen, C. (1993): »Mergers and Acquisitions: Integrationsmanagement von Akquisitions-Objekten – dargestellt am Beispiel des Personalmanagements«, Dissertation St. Gallen 1993

Hilb, M. (2008): »New Corporate Governance«, Berlin/New York

Hilb, M. (2007): »›Re-Direct the ship‹: Kreislaufkonzept der Unternehmensentwicklung«, in: Andergassen, G./Paris, W. (Hrsg.): »Freiheit und Glück«, Meran, S. 137–149

Hilb, M. (2003): »Integrierte Erfolgsbewertung von Unternehmen«, Neuwied – Kriftel, 2. Auflage

Hilb, M. (2002): »Transnationales Management der Human-Ressourcen«, Neuwied – Kriftel, 2. Auflage

Hilb, M. (2001): »Das integrierte ⓜ-HRM«, in; »PSP Directory«, Zürich, S. 24ff.

Hilb, M. (1997): »Management by Mentoring – Ein wiederentdecktes Konzept zur Personalentwicklung«, Köln, 2. Auflage

Hilb, M. (1992): (Hrsg.): »Innere Kündigung – Ursachen und Lösungsansätze«, Zürich

Hilb, M. (1992a): »The Challenge of Management Development in Western Europe«, in: ›The International Journal of Human Resource Management‹, 3/Dec., S. 375–584

Hilb, M. (1991): »Personalmanagement-Funktionen im Ueberblick«, in: Lattmann, Ch./Staffelbach, B. (Hrsg.): ›Die Personalfunktion der Unternehmung im Spannungsfeld von Humanität und wirtschaftlicher Rationalität‹, Bern, S. 127–142

Hilb, M. (1989): »The Company Mission, the Culture and their Implications for HR Management«, Forschungsbericht für die European Personnel Directors Group of the Pharmaceutical Industry, Amsterdam

Hilb, M. (1986): »Japanese and American Multinational Companies: Business Strategies«, Tokyo

Hilb, M. (1986): »Die dreidimensionale Unternehmungs-Mission«, in: Charles Lattmann (Hrsg.), ›Personalmanagement und strategische Unternehmensführung‹, Wien/Heidelberg

Hilb, M. (1985): »Personalpolitik für multinationale Unternehmen«, Zürich

Hilb, M. (1984): »Diagnose-Instrumente zur Personal- und Organisationsentwicklung«, Bern/Stuttgart

Hilb, M. (1975): »Die Personalzeitschrift als Instrument der innerbetrieblichen Informationspolitik«, Bern/Stuttgart

Hofstede, G. (1991): »Cultures and Organizations«, London

Hofstede, G. (1984): »Cultural Dimensions in Management and Planning«, in: ›Asia Pacific Journal of Management‹, January

Hofstede, G. (1980): »Culture's Consequences: International Differences in Work-Related Values«, Beverley Hills

Hopfenbeck, W. (1990): »Allgemeine Betriebswirtschafts- und Managementlehre«, Landsberg

Hunt, J. W. (1981): »American Behavioural Science: Some Cross Cultural Problems«, in: ›Organizational Dynamics‹, Summer 1981, S. 55–62

Jackson, S. E./Schuler R. S./Rivero, J. C. (1989): »Organizational Characteristics as Predictors of Personnel Practices«, in: ›Personnel Psychology‹, Vol. 42, no. 4, p. 727–786

Jalland, R.M./Gunz, H.P. (1993) »Career Streams, Strategies and Organization Learning«, (A Presentation for the EAISM Conference on »HRM Strategy for Global Effectiveness«), Toronto

Jent, N. (2002): »Learning from Diversity«, Dissertation St. Gallen

Jongeward, D. (1976): »Everybody Wins: Transactional Analysis Applied to Organizations«, Reading

Kälin, K. (1991): »Egogramm«, Auszug aus NDU-Dokumentation: Block 10, St. Gallen

Kawasaki, I. (1969): »Japan unmasked«, Tokyo

Keenoy, T. (1990): »Human Resource Management: Rhetoric, Reality and Contradiction«, in: ›International Journal of Human Resource Management‹, Vol. 1, no. 3, p. 363–384

Keirsey, D./Bates, M. (1984): »Please understand me«, DelMar 1984

Kienbaum, J. (Hrsg.) (1992): »Visionäres Personalmanagement«, Stuttgart

Klages, H. (1991): »Wertewandel«, in: Feix, W. E. (Hrsg.): ›Personal 2000‹, Wiesbaden

Knowles, M. (1990): »The adult Learner: A Neglected Species«, Houston

Kobayashi, K. (1983): »In search of excellent Japanese companies«, in: ›The Japan Economic Journal‹, 29.11., S. 12

Kochan, T. A./Kath, H. C./McKersie, R. B. (1986): »The Transformation of American Industrial Relations«, New York

Koenig, R. (Hrsg.) (1967): »Handbuch der empirischen Sozialforschung«, Band 1, Stuttgart

Kompa, A. (1990): »Demontage des Assessment Centers: Kritik an einem modernen personalwirtschaftlichen Verfahren«, in DBW 50. Jg., Nr. 5, S. 587–609

Konzes, J. M./Posner, B. Z. (1988): »The Leadership Challenge«, San Francisco

Krulis-Randa, J. S. (1989): »Strategisches Personalmanagement«, in: Krulis-Randa, J.S./ Lattmann, Ch. (Hrsg.): ›Die Aufgaben der Personalabteilung in einer sich wandelnden Umwelt‹, Heidelberg, S. 209–225

Krulis-Randa, J. S. (1983): »Die menschliche Arbeit als Bestandteil der Unternehmensstrategie«, in: ›Die Unternehmung‹, 37 (1983), 2, S. 140 ff.

Lafferty, J. C. (1981): »Level I and II Life Styles Interpretation Manual«, Plymouth

Lasswell, H. D. (1964): »The Structure and Function of Communication in Society«, in: Bryson (Ed.), ›The Communication of Ideas‹, New York

Lattmann, Ch. (Hrsg.) (1987): »Personalmanagement und Strategische Unternehmensführung«, Heidelberg

Lattmann, Ch. (1982): »Die verhaltenswissenschaftlichen Grundlagen der Führung des Mitarbeiters«, Bern

Lattmann, Ch. (1972): »Das norwegische Modell der selbstgesteuerten Arbeitsgruppen«, Bern

Laukmann, Th./Walsh, I. (1986): »Strategisches Management von Human-Ressourcen«, in: ›Arthur D. Little International‹, New York, S. 79–100

Laurent, A. (1986): »The Cross-Cultural Puzzle of International HRM«, in: HRM, Vol. 25

Laurent, J. P. (1982): »The Roots of Modern Japan«, London

Legge, K. (1989): »Human Resource Management: A Critical Analysis«, in: ›New Perspectives on Human Resource Management‹, London

Lengnick-Hall C. A. (1988): »Strategic Human Resources Management: A Review of the Literature and a Proposed Typology«, in: ›Academy of Management Review‹, Vol. 13, No 3, S. 454–470

Likert, R. (1969): »Neue Ansätze der Unternehmensführung«, Bern

Likert, R. (1967): »The Human Organization«, New York

Levering, R./Moskowitz, M./Katz, M. (1985): »The 100 Best Companies to Work for in America«, New York 1985

Lombrisex, R./Uepping, H. (Hg.) (2001): »Employality statt Jobsicherheit«, Neuwied – Kriftel

Lötscher, F. (1981): »Marktsegmentierung mit Hilfe von Clusteranalysen«, in: IHA, 18/ Nr. 1, S. 27

Lowell, B./Joyce, C. (2007): »Mobilizing minds: Creating wealth from talent in the 21st-century organization«, New York

Luhmann, N. (1985): »Soziale Systeme – Grundriß einer allgemeinen Theorie«, Frankfurt/Main

Mahoney, T. A./Edckop, J. R. (1986): »Evolution of Concept and Practice in Personnel Administration/Human Resource Management (PA/HRM)«, in: ›Academy of Management Review‹, Vol. 12, no. 2, p. 223–241

Major, D./Davis, D./Germano, L./Fletcher, T. (2007): »Managing Human Resources in information technology: Best practices of high performing supervisors«, in: Human Resource Management, Vol. 46, No. 3, pp. 411 ff.

Maletzke, G. (1972): »Massenkommunikation«, in: ›Handbuch der Psychologie‹, Band 712, Göttingen, S. 1011–1538

Manu, R. (1990): »Das visionäre Unternehmen«, Wiesbaden

Marais, J.-G. (1971): »Les pièges de l'information intérieure«, in: ›Personnel‹, Nr. 140, S. 40–47

Margerison, C./McCann, D.: »How to Lead a Winning Team«, Bradford 1985

Marr, R. (1987): »Strategisches Personalmanagement – des Kaisers neue Kleider?«, in: Krulis-Randa, J. S. (Hrsg.): ›Strategie und Personalmanagement‹, Heidelberg

Mathis, R./Jackson, J. (2007): »Human Resource Management«, New York/Boston, 12th edition

McQuail, D. (1973): »Soziologie der Massenkommunikation«, Berlin

Merritt, L. (2007): »Human Capital Management: More than HR with a new name«, in: Human Resource Planning, Vol. 30, No. 2, pp. 14–16

Michaels, E./Handfield-Jones, H./Axelrod, B. (2001): »The war for talent«, New York

Miller, P. (1991): »Strategic Human Resource Management: An Assessment of Progress«, in: ›Human Resource Management Journal‹, Vol. 1, no. 4, p. 23–39

Millmore, M./Lewis, P./Saunders, M./Thornhill, A./Morrow, T. (2007): »Strategic Human Resouce Management: Contemporary Issues«, London

Mintzberg, H. (1989): »Mintzberg on Management«, New York

Mintzberg, H. (1990): »The Design School: Reconsidering the Basic Premises of Strategic Management«, in: ›Strategic Management Journal‹, Vol. 11, no. 3, p. 171–195

Mitrani, A. (1992): »Human resource management«, Landisberg

Moss Kanter, R. (1989): »When Giants Learn to Dance«, New York

Müller H. (1970): »The Search for the Qualities Essential to Advancement in a Large Industrial Group«, The Hague

Nadler, L. (1992): »Every Manager's, Guide to Human Resource Development«, New York

Neuberger, O. (1990): »Der Mensch ist Mittelpunkt. Der Mensch ist Mittel. Punkt«, in: ›Personalführung‹, 1/1990, S. 3–10

Noe, R./Hollenbeck, J./Gerhart, B./Wright, P. (2007): »Human Resource Management. Gaining a competitive advantage«, New York, 6th edition

Odiorne, G.S. (1980): »The Portfolio Approach to Human Resources«, Westfield

Oertig, M. (1993): »Dynamisches Personalmanagement«, Dissertationsmanuskript, St. Gallen

Ohmae, K. (1982): »The Mind of the Strategist«, New York

Ordelheide, D./Rudolf, B./Büsselmann, E. (Hrsg.) (1991) »Betriebswirtschaftslehre und ökonomische Theorie«, Stuttgart

Ouchi, W. (1981): »Theory Z – How American Business can meet the Japanese Challenge«, Reading

Pankert, E. (1990): »Effiziente und attraktive Vergütungssysteme für Führungskräfte«, in Hilb, M. (Hrsg.): ›Strategisches Gehalts- und Incentive-Management‹, ›Seminar-Handbuch‹, St. Gallen

Pascale, R. T./Athos, A. G (1981): »The Art of Japanese Management«, New York

Patsch, O. (2001): »Anspruchsgruppen-Management«, Dissertation St. Gallen

Perett, J. M. (1990): »Gestion des ressource humaines«, Paris

Perlmutter, H. V./Heenan D. A. (1974): »How Multinational Should Your Top Management Be?«, in: ›Harvard Business Review‹, No. 6

Peters, T. J. (1988): »Thriving on Chaos«, New York

Peters, T. J./Waterman, R. H. (1982): »In Search of Excellence«, New York

Pfeffer, J. (1998): »The Human Equation. Building profits by putting people first«, New York

Pieper, R. (1990): »Human Resources Management: An International Comparison«, Berlin/New York

Pinchot, G. (1986): »Intrapreneuring«, New York

Pirinen, P. (2000): »Enabling Conditions for Organizational Knowledge Creation by International Project Teams«, Diss. St. Gallen

Poole, M. (1990): »Human Resource Management in an International Perspective«, in: ›International Journal of Human Resource Management‹, Vol. 1, no. 1, p. 1–15

Porter, M. E. (1985): »Competitive Advantage«, New York

Prahalad, C. K./Doz, Y. C. (1987): »The Multinational Mission«, London

Price Waterhouse Cranfield Project (1991): »The Price Waterhouse Cranfield Project on International Strategic Human Resource Management«, Cranfield

Pümpin, C./Kobi, M./Wüthrich, H. (1985): »Unternehmenskultur«, in: ›Die Orientierung‹, Nr. 85, Bern

Purcell, J. (1989): »The Impact of Corporate Strategy on Human Resource Management«, in: ›New Perspectives on Human Resource Management‹, London

Purcell, J. (1988): »The Structure and Function of Personnel Management. Beyond the Workplace: Managing Industrial Relations in the Multi-Establishment Enterprise«, Oxford

Reinecke, P. (1983): »Vorgesetztenbeurteilung – Ein Instrument partizipativer Führung und Organisationsentwicklung«, München 1983

Rieckhof, H. C. (Hg.) (1989): »Strategien der Personalentwicklung«, Wiesbaden

Salaman, G. (Ed.) (1992): »Human Resource Strategies«, London

Schedler K. (1993): »Anreizsysteme in der öffentlichen Verwaltung«, Dissertation St. Gallen

Schein, E. (1995): »Career Survival«, San Diego

Schein, E. (1989): »Organizational Culture: What it is and How to Change it«, in: Evans, P. et al. (eds.): ›HRM in International Firms‹, London

Schein, E. (1987): »The Art of Managing Human Resources«, New York/Oxford

Schein, E. (1971): »Career Dynamics«, New York

Scholz, Ch. (1991): »Personalmanagement«, München

Scholz, Ch./Schröter, M. (1991): »Personalpolitik interkulturell gestalten«, in: ›Gablers Magazin‹, Nr. 11–12, S. 24–39

Scholz, Ch. (1987): »Strategisches Management – ein integrativer Ansatz«, Berlin

Schuler, R. S. (1989): »Strategic Human Resource Management and Industrial Relations«, in: ›Human Relations‹, Vol. 42, no. 2, p. 157–184

Schuler, R. S./Jackson, S. E. (1987): »Linking Competitive Strategies with Human Resource Management Practices«, in: ›Academy of Management Executive‹, Vol. 1, no. 3, p. 207–219

Schuster, F. E. (1986): »The Schuster Report – The Proven Connection between People and Profit«, New York

Schwab, K. (1981): »Was wäre Europa ohne Pionier-Unternehmer«, in: IO 50, Nr. 1, S. 11

Schwab, K./Lorange, P. (1993): »The World Competitive Report 1993«, Lausanne

Schwartz, H. et al. (1981): »Matching Corporate Dynamics and Business Strategy«, in: ›Organizational Dynamics‹, Summer, S. 30–48

Seybold, G. (1967): »Employee communications – policy and tools«, New York

Smith Cook, D./Ferris, G. R. (1986): »Strategic HRM and Firm Effectiveness in Industry Experiencing Decline«, in: ›Human Resource Management‹, Vol. 25 (1986), p. 441–457

Staehle, W. H. (1989): »Management«, München

Staehle, W. H./Karg, P. W. (1981): »Anmerkungen zu Entwicklung und Stand der deutschen Personalwirtschaftslehre«, in: DBW 41. Jg., Nr. 1, S. 83–90

Staerkle, W. H./Schrimer, F. (1990): »Untere und mittlere Manager als Adressaten und Akteure des HRM«, in: ›DBW‹ 50 (1990) 6, S. 707–720

Stahl, G./Bjorkman, I. (2007): »Handbook of Research in International Human Resource Management«, Cheltenham

Storey, J./Sisson K. (1989): »Looking to the Future«, in: ›New Perspectives on Human Resource Management‹, London

Staude, J. (1989): »Strategisches Personalmarketing«, in: W. Weber et al. (Hrsg.): ›Strategisches Personalmanagement‹, Stuttgart, S. 168–178

Steinmann, M.F. (1971): »Massenmedien und Werbung«, Freiburg/Br.

Thygesen-Poulsen, P. (1993): »LEGO – en virksomhed og dens sjael«, Kopenhagen

Tichy, N. M./Devanna, M. A. (1986): »The Transformational Leader«, New York

Tichy, N. (1983): »Managing Strategic Change«, New York

Tichy, N. M./Fombrum C. J./Devanna, M. A. (1982): »Strategic Human Resource Management«, in: ›Sloan Management Review‹, Vol. 23, no. 2, 47–61

Ulrich, H. (1970): »Die Unternehmung als produktives soziales System«, Bern

Ulrich, P. (1983): »Konsens-Management – Zur Ökonomie des Dialogs«, in: ›gdi – impuls‹, 2/83, S. 33–41

Van de Ven, F. (2007): »Fulfilling the Promise of Career Development: Getting to the »Heart« of the matter«, in: Organizational Development Journal, Vol. 25, No. 3, pp. P45-P50

Von Eckardstein, D./Schnellinger, F. (1978): »Betriebliche Personalpolitik«, München

Von Keller, E. (1981): »Die kulturvergleichende Managementforschung«, Dissertation St. Gallen

Vogel, E. F. (1980): »Japan as Number 1 – Lessons for America«, New York

Wächter, H. (1991): »Vom Personalwesen zum Strategic Human Resource Management«, in: Staehle, W. H./Conrad, P. (Hrsg.): »Managementforschung 2«, Berlin/New York, S. 313–340

Wächter, H. (1981): »Das Personalwesen: Herausbildung einer Disziplin«, in: BFuP Nr. 5, S. 462–473

Walton, R. E. (1985): »From Control to Commitment in the Workplace«, in: ›Harvard Business Review‹, Vol. 64, no. 2, p. 77–84

Watson, T. J. (1986): »Management, Organisation and Employment Strategy«, London

Watzlawick, P. (1976): »Wie wirklich ist die Wirklichkeit?«, München

Weber, W./Weinmann, J. (Hg.) (1989): »Strategisches Personalmanagement«, Stuttgart

Weick, K. E. (1979): »The Social Psychology of Organizing«, Reading

Welch, J./Welch, S. (2005): »Winning. The ultimate Business How-to book«, New York

Welge, M. K. (1980): »Management in deutschen multinationalen Unternehmungen«, Stuttgart

Wenk, M. (1993): »Die Beurteilung des Potentials von Führungskräften durch Linienvorgesetzte«, Dissertation St. Gallen

Wils, T./Labelle, C./Guerin, G./Le Louarn J.-Y. (1989): »Strategic Management of Human Resources: A Renunciation of the Social Role of the Firm?«, in: ›Relations Industrielles‹, Vol. 44, no. 2, p. 354–375

Wittmann, S. (2006): »Wie HR Management den Unternehmenswert steigert: Die drei entscheidenden Erfolgsfaktoren«, in: Persorama, Vol. 30, No. 4, S. 20–24

Wittmann, S. (2003): »Zusammenarbeit zwischen Personal- und Geschäftsverantwortlichen: Gezielte Förderung mit HR-Navigator«, in: Persorama, Vol. 27, No. 1, S. 32–35

Wittmann, S. (1998): »Ethik im Personalmanagement – Grundlagen und Perspektiven einer verantwortungsbewussten Führung von Mitarbeitern«, Bern/Stuttgart/Wien

Wittmann, S. (1993): »Ethikbewußtes Personalmanagement«, unveröffentlichter Dissertationsentwurf, St. Gallen

Wohlgemuth, A. C. (1989): »Human Resources Management für die neunziger Jahre«, in: ›Verwaltung + Organisation‹, Nr. 12, S. 332–335

Wunderer, R. (2007): »Führung und Zusammenarbeit«, 7. Auflage, Köln

Wunderer, R./Schlagenhaufer P. (1993): »Personal-Controlling«, Stuttgart

Wunderer, R. (1992): »Von der Personaladministration zum Wertschöpfungs-Center«, in: ›Die Betriebswirtschaft‹, 52, Nr. 2, S. 201–215

Wunderer, R. (1991): »Internationalisierung als Herausforderung für das Personalmanagement«, St. Gallen

Wunderer, R./Sailer M. (1987): »Instrumente und Verfahren des Personal-Controlling«, in ›SGP‹, 3, S. 35–42

Wunderer, R./Grunwald, W. (1980): »Führungslehre«, Band 1, Berlin

Wyss, W. (1992): »DemoSCOPE Soziogrammbericht: Von Nord nach Süd«, Adligenswil/Luzern

7.2 Stichwortverzeichnis